PROBLEMAS Y CUESTIONES DE
QUÍMICA
DE LA PEBAU DE ANDALUCÍA
COOH
cis-but-2-eno
trans-but-2-eno
s
p
Jaime Ruiz-Mateos

TABLA PERIÓDICA DE LOS ELEMENTOS

	1	2	3	4	5	6	7	8	9	10	11	12	13	14	15	16	17	18
1	1 1.0079 H HIDRÓGENO																	2 4.0026 He HELIO
2	3 6.941 Li LITIO	4 9.0122 Be BERILIO											5 10.811 B BORO	6 12.011 C CARBONO	7 14.007 N NITRÓGENO	8 15.999 O OXÍGENO	9 18.998 F FLÚOR	10 20.180 Ne NEÓN
3	11 22.990 Na SODIO	12 24.305 Mg MAGNESIO											13 26.982 Al ALUMINIO	14 28.086 Si SILICIO	15 30.974 P FÓSFORO	16 32.065 S AZUFRE	17 35.543 Cl CLORO	18 39.948 Ar ARGÓN
4	19 39.098 K POTASIO	20 40.078 Ca CALCIO	21 44.956 Sc ESCANDIO	22 47.867 Ti TITANIO	23 50.942 V VANADIO	24 51.996 Cr CROMO	25 54.938 Mn MANGANESO	26 55.845 Fe HIERRO	27 58.933 Co COBALTO	28 58.693 Ni NIQUEL	29 63.546 Cu COBRE	30 65.38 Zn ZINC	31 69.723 Ga GALIO	32 72.64 Ge GERMANIO	33 74.922 As ARSÉNICO	34 78.96 Se SELENIO	35 79.904 Br BROMO	36 83.798 Kr KRIPTÓN
5	37 85.468 Rb RUBIDIO	38 87.62 Sr ESTRONCIO	39 88.906 Y YTRIO	40 91.224 Zr CIRCONIO	41 92.906 Nb NIOBIO	42 95.96 Mo MOLIBDENO	43 (98) Tc TECNECIO	44 101.07 Ru RUTENIO	45 102.91 Rh RODIO	46 106.42 Pd PALADIO	47 107.87 Ag PLATA	48 112.41 Cd CADMIO	49 114.82 In INDIO	50 118.71 Sn ESTAÑO	51 121.76 Sb ANTIMONIO	52 127.60 Te TELURO	53 126.90 I YODO	54 131.29 Xe XENÓN
6	55 132.91 Cs CESIO	56 137.33 Ba BARIO	57 - 71 La-Lu Lantánidos	72 178.49 Hf HAFNIO	73 180.95 Ta TÁNTALO	74 183.84 W WOLFRAMIO	75 186.21 Re RENIO	76 190.23 Os OSMIO	77 192.22 Ir IRIDIO	78 195.08 Pt PLATINO	79 196.97 Au ORO	80 200.59 Hg MERCURIO	81 204.38 Tl TALIO	82 207.20 Pb PLOMO	83 208.98 Bi BISMUTO	84 (209) Po POLONIO	85 (210) At ASTATO	86 (222) Rn RADÓN
7	87 (223) Fr FRANCIO	88 (226) Ra RADIO	89 - 103 Ac-Lr Actínidos	104 (267) Rf RUTHERFORDIO	105 (268) Db DUBNIO	106 (271) Sg SEABORGIO	107 (272) Bh BOHRIO	108 (277) Hs HASSIO	109 (276) Mt MEITNERIO	110 (281) Ds DARMSTADTIO	111 (280) Rg ROENTGENIO	112 (285) Cn COPERNICIO	113 (284) Nh NIHONIO	114 (289) Fl FLEROVIO	115 (288) Mc MOSCOVIO	116 (292) Lv LIVERMORIO	117 (294) Ts TÉNESO	118 (294) Og OGANESÓN

57 138.91 La LANTANO	58 140.12 Ce CERIO	59 140.91 Pr PRASEODIMIO	60 144.24 Nd NEODIMIO	61 (145) Pm PROMETIO	62 150.36 Sm SAMARIO	63 151.96 Eu EUROPIO	64 157.25 Gd GADOLINIO	65 158.93 Tb TERBIO	66 162.50 Dy DISPROSIO	67 164.93 Ho HOLMIO	68 167.26 Er ERBIO	69 168.93 Tm TULIO	70 173.05 Yb YTERBIO	71 174.97 Lu LUTECIO
89 (227) Ac ACTINIO	90 232.04 Th TORIO	91 231.04 Pa PROTACTINIO	92 238.03 U URANIO	93 (237) Np NEPTUNIO	94 (244) Pu PLUTONIO	95 (243) Am AMERICIO	96 (247) Cm CURIO	97 (247) Bk BERKELIO	98 (251) Cf CALIFORNIO	99 (252) Es EINSTEINIO	100 (257) Fm FERMIO	101 (258) Md MENDELEVIO	102 (259) No NOBELIO	103 (262) Lr LAWRENCIO

Número atómico — 5
Masa atómica — 10.811
Símbolo — B
Nombre del elemento — BORO

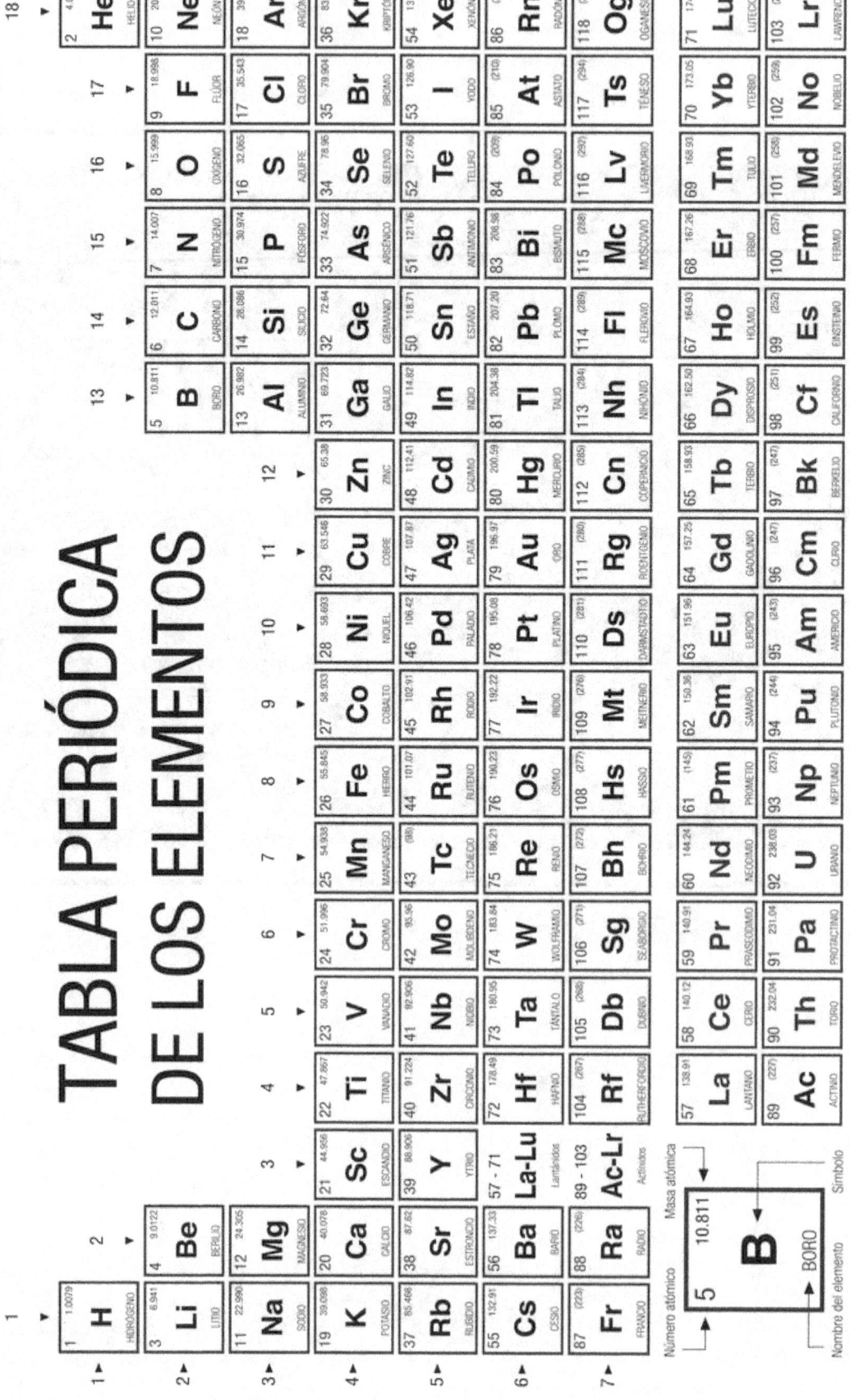

ÍNDICE

PRÓLOGO

Esta es la guía definitiva para la preparación del examen de Química de la PEBAU (antigua Selectividad) y para los exámenes de Química de 2º de Bachillerato. Este libro es fruto de más de 30 años de experiencia y de meses de duro trabajo. Esta es una extensa recopilación de problemas y cuestiones de Química de la PEBAU de Andalucía. Contiene 360 ejercicios (problemas y cuestiones) de los últimos años, 60 de cada tema, además de más de 600 ejercicios de formulación y nomenclatura de orgánica e inorgánica. Los problemas y las cuestiones están resueltos con rigor científico y siguiendo las recomendaciones de la Ponencia de Química de Andalucía, que es la que realiza estas pruebas.

ANÁLISIS DEL EXAMEN DE QUÍMICA DE LA PEBAU

- El examen consta de dos opciones A y B.
- El alumno deberá desarrollar una de ellas completa sin mezclar cuestiones de ambas, pues, en este caso, el examen quedaría anulado y la puntuación global en Química sería cero.
- Cada opción (A o B) consta de seis cuestiones estructuradas de la siguiente forma: una pregunta sobre nomenclatura química, tres cuestiones de conocimientos teóricos o de aplicación de los mismos que requieren un razonamiento por parte del alumno para su resolución y dos problemas numéricos de aplicación.
- Valoración de la prueba:
  Pregunta nº 1:
  Seis fórmulas correctas.................................1,5 puntos.
  Cinco fórmulas correctas...............................1,0 puntos.
  Cuatro fórmulas correctas..............................0,5 puntos.
  Tres fórmulas correctas.................................0,25 puntos.
  Menos de tres fórmulas correctas......................0,0 puntos.
- Preguntas nº 2, 3 y 4..Hasta 1,5 puntos cada una.
- Preguntas nº 5 y 6..Hasta 2,0 puntos cada una.
- Cuando las preguntas tengan varios apartados, la puntuación total se repartirá, por igual, entre los mismos.
- Cuando la respuesta deba ser razonada o justificada, el no hacerlo conllevará una puntuación de cero en ese apartado.
- Si en el proceso de resolución de las preguntas se comete un error de concepto básico, éste conllevará una puntuación de cero en el apartado correspondiente.
- Los errores de cálculo numérico se penalizarán con un 10% de la puntuación del apartado de la pregunta correspondiente.
- En el caso en el que el resultado obtenido sea tan absurdo o disparatado que la aceptación del mismo suponga un desconocimiento de conceptos básicos, se puntuará con cero.
- En las preguntas 2, 3, 4, 5 y 6, cuando haya que resolver varios apartados en los que la solución obtenida en el primero sea imprescindible para la resolución de los siguientes, exceptuando los errores de cálculo numérico, un resultado erróneo afectará al 25% del valor de los apartados siguientes.
- De igual forma, si un apartado consta de dos partes, la aplicación en la resolución de la segunda de un resultado erróneo obtenido en la primera afectará en la misma proporción.
- La expresión de los resultados numéricos sin unidades o unidades incorrectas, cuando sean necesarias, se penalizará con un 25% del valor del apartado.
- La nota final del examen se puntuará de 0 a 10, con dos cifras decimales.

- Del tema conceptos básicos no habrá una pregunta como tal, pero sí un apartado de uno de los problemas.
- En todas las pruebas habrá cuestiones de Química Orgánica.
- En el tema de ácidos y bases, no habrá cuestiones ni problemas de sales de ácido débil y base débil. Sí podrá haberlos de base débil y ácido fuerte o de base fuerte y base débil.
- Se darán datos de presión y temperatura con claridad, en lugar de hablar de condiciones normales o condiciones estándar.
- Este año no se incluirán preguntas de material de laboratorio ni de elaboración de prácticas.

CÓMO HACER EL EXAMEN DE QUÍMICA DE LA PEBAU

- No es necesario explicar exhaustivamente los problemas ni tampoco es recomendable no decir nada. Se recomienda lo que yo llamo el método del asterisco: indicar con un asterisco qué se está calculando.
  Ejemplo: * Concentraciones de equilibrio: y las calculamos.
  * Cálculo de x: y la calculamos.
  * Cálculo del pH: y lo calculamos.
- Es muy importante saber que cuando el enunciado dice "escribe" o "indica" u otro sinónimo, no hay que explicar la respuesta que se está pidiendo. Si se dice "razona" o "justifica" u otro sinónimo, SÍ hay que explicar la respuesta, preferentemente usando un principio o ley de la Química. Ejemplo: escribe la configuración de Fe^3: la escribimos y ya está. Sin embargo, si nos dicen escribe la configuración del Fe^3 y justifícala: la escribimos y explicamos que el orden de llenado de orbitales no coincide con el de expulsión de electrones, que salen antes los s que los d.
- Se acepta el uso de reglas de tres, pero no se recomienda. En su lugar, se recomienda el uso de fórmulas, ecuaciones de proporcionalidad y factores de conversión.

ERRORES FRECUENTES DE LOS ALUMNOS

* Generales:

- No escribir las unidades. Lo correcto es: escribir las unidades de todas las magnitudes que se calculen al final de cada cálculo y no mientras se sustituye en la fórmula. Sólo se permite no escribir las unidades de las constantes de equilibrio, las constantes de disociación de ácidos y bases y los productos de solubilidad.
- Expresarse mal, sobre todo en las cuestiones. Lo correcto es: expresarse correctamente, con frases sencillas (sujeto + verbo + complementos) y usando tecnicismos. Ejemplo: el principio de máxima multiplicidad dice que los electrones tienden a estar lo más desapareados posible en orbitales de la misma energía.
- Escribir la teoría con tus propias palabras. Lo correcto es: escribir las cuestiones de la manera más parecida a como aparecen en este libro. Pueden utilizarse otras expresiones, pero sin caer en expresiones coloquiales, sin usar la mediocridad y sin perder rigor científico.
- Escribir una reacción química incompleta y sin ajustar. Lo correcto es: escribir todos los reactivos y todos los productos y ajustar correctamente la reacción.
- Escribir una disociación de una sustancia en sus iones sin escribir la carga de los iones. Lo correcto es: escribir las cargas de los iones.

* Del tema 1. Formulación:

- Utilizar la nomenclatura tradicional en compuestos binarios. Lo correcto es: utilizar la nomenclatura tradicional para oxoácidos y oxosales. Ejemplo: sulfito de sodio es correcto pero óxido cuproso es incorrecto.
- En las combinaciones de halógeno y oxígeno, escribir antes el halógeno y después el oxígeno. Lo correcto es: al contrario. Ejemplo: Cl_2O_3 es incorrecto y O_3Cl_2 es correcto.
- Escribir el prefijo orto en los oxoácidos de B, P, As, Si y Sb. Lo correcto es no escribirlo. Ejemplo: ácido ortofosfórico es incorrecto; lo correcto es ácido fosfórico.
- En la nomenclatura de Stock, indicar la valencia cuando el primer elemento tiene una única valencia. Lo correcto es: no escribirla. Ejemplo: óxido de aluminio (III) es incorrecto; óxido de aluminio es correcto.
- Utilizar la nomenclatura de Stock para los oxoácidos y las oxosales. Lo correcto es: usar la nomenclatura tradicional para estos compuestos. Ejemplo: H_2SO_4 no es correcto decir tetraoxosulfato (VI) de hidrógeno; es correcto ácido sulfúrico.
- Escribir el benceno como C_6H_6. Lo correcto es dibujar el anillo aromático así:
- En nomenclatura orgánica, escribir el localizador delante del nombre que indica el número de átomos de carbono. Lo correcto es colocar el localizador justamente delante de la terminación a la que se refiere. Ejemplo: 1-butanol es incorrecto; butan-1-ol es correcto.

* Del tema 2. Conceptos básicos:

- No saber lo que significa el concepto masa atómica relativa. Lo correcto es saberlo y saber que es similar a masa atómica o al ya en desuso de peso atómico.
- No saber calcular las cantidades de soluto o de disolvente de una disolución a partir de densidad, porcentaje en masa, etc. Lo correcto: es saber hacerlo mediante varios factores de conversión.
- No saber averiguar el reactivo limitante. Lo correcto es: coger la cantidad del reactivo A y calcular cuánto reaccionaría del reactivo B; si lo que reaccionaría de B es mayor que la cantidad real, B es el limitante; e caso contrario, el limitante es el A.
- No saber el número de Avogadro. Lo correcto es: recordar que vale $6'022 \cdot 10^{23}$.
- No entender el concepto de pureza o riqueza. Lo correcto es: saber que la pureza o riqueza es el porcentaje en masa de una sustancia en una disolución o en un mineral o en cualquier muestra.

* Del tema 3. El átomo, la tabla y el enlace:

- Escribir un orbital con cuatro números cuánticos. Lo correcto es: escribir un orbital con número y letra o con tres números cuánticos y un electrón con cuatro números cuánticos. Ejemplo: 3p es un orbital; (3,2,1) es un orbital y (3,2,1,1/2) es un electrón.
- No saber identificar un elemento químico dada su número atómico (Z) o su configuración electrónica externa. Lo correcto es saber la configuración electrónica externa de todos los elementos de la tabla periódica, saber escribir la tabla periódica completa de memoria y asignar el número atómico a todos los elementos.
- Al hacer la configuración electrónica de un catión, retirar los electrones de la derecha en el orden del diagrama de Möeller. Lo correcto es ordenar la configuración electrónica por capas y retirar ahora los electrones de la derecha.
  Ejemplo: * Configuración del Fe por Möeller: $1s^2\ 2s^2\ 2p^6\ 3s^2\ 3p^6\ 4s^2\ 3d^6$
  * Configuración del Fe por capas: $1s^2\ 2s^2\ 2p^6\ 3s^2\ 3p^6\ 3d^6\ 4s^2$
  * Configuración del Fe^{3+}: $1s^2\ 2s^2\ 2p^6\ 3s^2\ 3p^6\ 3d^5$

– No conocer los conceptos de electrón diferenciador, electrón más externo o electrón de valencia. Lo correcto es: saber que son sinónimos y que se refieren al último electrón que se ha colocado en la configuración electrónica.
– Confundir la disposición de los pares de electrones alrededor del átomo central con la geometría molecular. Lo correcto es: saber que coinciden si no hay pares de electrones libres y que no coinciden si hay pares de electrones libres. Ejemplo: en el agua, los pares de electrones alrededor del oxígeno tienen disposición tetraédrica, pero la geometría de la molécula es angular.
– Cuando nos piden la geometría molecular por la teoría RPECV, dar directamente el resultado. Lo correcto es: indicar cuántos pares de electrones hay de enlace y cuántos pares hay libres alrededor del átomo central y después decir la geometría; también se puede utilizar la simbología del tipo ABE, indicando A el átomo central, B los pares de electrones de enlace y E los pares de electrones libres. Ejemplo: la molécula de agua es del tipo AB_2E_2, luego la geometría es angular.
– Justificar que un elemento tiene un valor mayor o menor de una propiedad periódica porque está más a la derecha, más a la izquierda, más hacia arriba o más hacia abajo en la tabla periódica. Lo correcto es: justificar que un elemento tiene mayor o menor valor de una propiedad periódica por otro motivo más riguroso: porque tiene mayor o menor carga nuclear, porque tiene mayor o menor tamaño, etc.
– En las sustancias moleculares, confundir las fuerzas intramoleculares con las intermoleculares. Lo correcto es saber que dentro de la molécula hay enlace covalente pero que las fuerzas que determinan su punto de fusión, su punto de ebullición y su solubilidad son las fuerzas intermoleculares, que pueden ser fuerzas de van der Waals o enlaces de hidrógeno.
– Explicar que una sustancia tiene una propiedad porque es de un determinado tipo. Lo correcto es: decir de qué tipo es la sustancia y dar la explicación detallada de por qué tiene esa propiedad. Ejemplo: ¿por qué el NaCl es soluble en agua? Explicación incompleta: porque es una sustancia iónica; explicación completa: porque es una sustancia iónica y las moléculas de agua atraen electrostáticamente a los iones, rompen la red cristalina y rodean a los iones.

* Del tema 4. Cinética y equilibrio:
– En la expresión de K_c, sustituyen y no concentraciones. Lo correcto es dividir las concentraciones por el volumen, obtener las concentraciones y sustituir las concentraciones en K_c.
– En problemas donde no nos dan moles iniciales, suponer una cantidad inicial. Lo correcto es: ponerlo en función de n_0 y averiguarlo más tarde mediante el método que se pueda. Por ejemplo: mediante la ecuación de los gases ideales: $P \cdot V = n \cdot R \cdot T$
– Escribir las concentraciones de sólidos y líquidos en la K_c o la K_p de equilibrios heterogéneos con gases. Lo correcto es que sólo aparezcan las concentraciones de gases.
– No saber calcular el Δn en equilibrios heterogéneos. Lo correcto es: que el Δn sólo se refiere a los moles gaseosos.
– No saber trabajar con la constante de concentraciones de no equilibrio, Q. Lo correcto es saber que si nos dan concentraciones iniciales de todas las especies, calculamos Q; si $Q > K_c$, el sistema evoluciona hacia la izquierda; si $Q < K_c$, el sistema evoluciona hacia la derecha y si $Q = K_c$, el sistema está en equilibrio.
– Confundir cuándo en una reacción se debe utilizar una sola flecha ($\rightarrow$) o una doble flecha ($\rightleftharpoons$). Lo correcto es: saber que si se trata de una sal soluble, se utiliza una sola flecha ($\rightarrow$). Si se trata de un equilibrio o de una sal poco soluble, se utiliza una doble flecha ($\rightleftharpoons$).

- Pensar que las sustancias sólidas o liquidas desplazan el equilibrio hacia la derecha o hacia la izquierda en un equilibrio con gases. Lo correcto es: saber que sólo los gases desplazan al equilibrio.
- Confundir los coeficientes de una ecuación química con el orden de una reacción. Lo correcto es: saber que el orden parcial es el exponente de cada concentración en la ecuación de velocidad. Puede coincidir con los coeficientes de la ecuación química o puede que no.
- Confundir el sentido al que se desplaza un equilibrio. Lo correcto es: saber que el equilibrio tiende a hacer lo contrario de lo que hace el agente externo.

* Del tema 5. Ácidos y bases:

- Cuando se neutraliza un ácido con una base, utilizar la fórmula: $c_{Ma} \cdot V_a = c_{Mb} \cdot V_b$. Lo correcto es: saber que hay que tener en cuenta la valencia del ácido y la de la base: $v_a \cdot c_{Ma} \cdot V_a = v_b \cdot c_{Mb} \cdot V_b$
- Confundir cuándo en una reacción se debe utilizar una sola flecha ($\rightarrow$) o una doble flecha ($\rightleftharpoons$). Lo correcto es: saber que si se trata de un ácido fuerte, o una base fuerte o una sal soluble, se utiliza una sola flecha ($\rightarrow$). Si el ácido es débil, o la base es débil o la sal es poco soluble, se utiliza una doble flecha ($\rightleftharpoons$).
- Confundir la disociación de una sal con la hidrólisis posterior. Lo correcto es: escribir la disolución de una sal soluble con una flecha ($\rightarrow$) y la hidrólisis posterior de alguno de los iones fuertes obtenidos con doble flecha ($\rightleftharpoons$).
- Confundir la fórmula de una dilución con la de una valoración ácido-base. Lo correcto es: saber que la de la dilución es: $c_{M1} \cdot V_1 = c_{M2} \cdot V_2$ y la de la valoración es: $v_a \cdot c_{Ma} \cdot V_a = v_b \cdot c_{Mb} \cdot V_b$
- No saber qué ácidos son fuertes y qué ácidos son débiles. Lo correcto es saber que:
  Ejemplos de ácidos fuertes: HCl, HNO_3 , $HClO_4$, HBr , H_2SO_4
  Ejemplo de ácidos débiles: $CH_3 - COOH$, HSO_4^- , H_2CO_3
  Ejemplo de bases fuertes: $NaOH$, KOH, cualquier hidróxido alcalino o alcalinotérreo
  Ejemplos de bases débiles: NH_3

* Del tema 6: Reacciones rédox:

- No saber expresar cuándo ocurre una reacción rédox. Lo correcto es: saber que una reacción rédoc ocurre cuando su energía libre de Gibbs es negativa ($\Delta G < 0$) o, lo que es lo mismo, el potencial estándar es positivo ($E > 0$).
- Pensar que el número de oxidación del oxígeno en el agua oxigenada (H_2O_2) es – 2. Lo correcto es: que tiene – 1.
- No asignar correctamente los números de oxidación en el ion amonio (NH_4^+). Lo correcto es: que el N tiene – 3 y el H + 1.
- Confundir los términos: oxidante, reductor, especie oxidada, especie reducida, oxidación, reducción, electrodo positivo y electrodo negativo. Lo correcto es: que el oxidante es el que se reduce (gana electrones), el reductor es el que se oxida (pierde electrones), la especie oxidada es la que tiene menos electrones, la especie reducida es la que tiene más electrones, la oxidación es la pérdida de electrones, la reducción es la ganancia de electrones, el ánodo es donde ocurre la oxidación, el cátodo es donde ocurre la reducción, el ánodo es negativo en las pilas y positivo en las cubas, el cátodo es positivo en las pilas y negativo en las cubas electrolíticas.
- Confundir el oxidante o el reductor con una pareja rédox. Ejemplo: de estas dos parejas rédox, indica la especie más oxidante y la más reductora: Ag^+/Ag y Cu^{2+}/Cu. Lo correcto es: decir que el más oxidante es el Ag^+ y el más reductor es el Cu.

* Del tema 7: Química orgánica:

- No ajustar las reacciones que se piden. Lo correcto es: ajustarlas y no olvidarnos de ningún reactivo y de ningún producto.
- Confundir fórmulas desarrolladas con semidesarrolladas. Lo correcto es: saber que en las fórmulas desarrolladas aparecen todos los enlaces y en las fórmulas semidesarrolladas sólo aparecen los enlaces C – C.
- Confundir isomería de cadena con isomería de posición en los alquenos. Lo correcto es: que al cambiar de posición el enlace doble se obtiene un isómero de posición.

CÓMO ESTUDIAR QUÍMICA

a) La formulación y nomenclatura: hay que aprenderse todas las reglas de formulación y nomenclatura. Para practicar en la sección de formulación y nomenclatura, se aconseja tapar la columna derecha de las soluciones con un folio e intentar decir o escribir la fórmula o nombre de la columna izquierda.

b) Las cuestiones: hay que memorizarlas. Hay que escribirlas de la manera más parecida a como aparecen en este libro. La mejor forma de memorizar es leer varias veces e intentar repetir lo que se ha leído sin leer el texto.

c) Los problemas: hay que leer el enunciado dos veces por lo menos. Leemos y entendemos la resolución. Una vez hecho esto, con un folio tapamos la resolución e intentamos hacer el problema con bolígrafo y papel. La Química se aprende haciendo un número enorme de problemas. Una vez que los hayamos hecho, le damos varias vueltas, haciéndolos otra vez por el mismo procedimiento.

CONTACTO

* Correo electrónico de contacto: para hacer sugerencias y comentarios:

librosdefq@gmail.com

* Página web: para ver otros libros de la colección y ver las novedades de este curso:

librosdefq.com

FORMULACIÓN Y NOMENCLATURA INORGÁNICAS

Ácido bórico	H_3BO_3
Ácido brómico	$HBrO_3$
Ácido carbónico	H_2CO_3
Ácido clórico	$HClO_3$
Ácido cloroso	$HClO_2$
Ácido crómico	H_2CrO_4
Ácido fosfórico	H_3PO_3
Ácido hipobromoso	$HBrO$
Ácido hipocloroso	$HClO$
Ácido nítrico	HNO_3
Ácido nitroso	HNO_2
Ácido perbrómico	$HBrO_4$
Ácido perclórico	$HClO_4$
Ácido selénico	H_2SeO_4
Ácido selenioso	H_2SeO_3
Ácido sulfúrico	H_2SO_4
Ácido sulfuroso	H_2SO_3
Ácido yódico	HIO_3
Ag_2CrO_4	Cromato de plata
Ag_2O	Óxido de diplata, monóxido de diplata u óxido de plata
Ag_2S	Sulfuro de diplata o sulfuro de plata
Ag_3AsO_4	Arseniato de plata
$AgBrO_3$	Bromato de plata
AgF	Fluoruro de plata
$AgOH$	Hidróxido de plata o monohidróxido de plata
$Al(HSeO_4)_3$	Hidrogenoseleniato de aluminio
$Al(HSO_4)_3$	Hidrogenosulfato de aluminio
$Al(OH)_3$	Trihidróxido de aluminio o hidróxido de aluminio
$Al_2(CO_3)_3$	Carbonato de aluminio
Al_2O_3	Trióxido de dialuminio u óxido de aluminio
$AlCl_3$	Tricloruro de aluminio o cloruro de aluminio
AlH_3	Trihidruro de aluminio o hidruro de aluminio
$AlPO_4$	Fosfato de aluminio
Amoniaco	NH_3
Arseniato de cobalto (II)	$Co_3(AsO_4)_2$
Arseniato de hierro (III)	$FeAsO_4$
Arseniato de sodio	Na_3AsO_4
As_2O_3	Trióxido de diarsénico u óxido de arsénico (III)
As_2S_3	Trisulfuro de diarsénico o sulfuro de arsénico (III)
AsH_3	Trihidruro de arsénico o arsano
Au_2O_3	Trióxido de dioro u óxido de oro (III)
$AuCl_3$	Tricloruro de oro o cloruro de oro (III)
B_2O_3	Trióxido de diboro u óxido de boro
$Ba(MnO_4)_2$	Permanganato de bario
$BaCl_2$	Dicloruro de bario o cloruro de bario
$BaCO_3$	Carbonato de bario
$BaCr_2O_7$	Dicromato de bario

$BaCrO_4$	Cromato de bario
BaO_2	Dióxido de bario o peróxido de bario
$BaSO_4$	Sulfato de bario
$Be(OH)_2$	Dihidróxido de berilio o hidróxido de berilio
BeH_2	Dihidruro de berilio o hidruro de berilio
$Bi(OH)_3$	Trihidróxido de bismuto o hidróxido de bismuto (III)
Bi_2O_3	Trióxido de dibismuto u óxido de bismuto (III)
Bi_2O_5	Pentaóxido de dibismuto u óxido de bismuto (V)
Br_2O_5	Pentaóxido de dibromo u óxido de bromo (V)
Bromato de aluminio	$Al(BrO_3)_3$
Bromato de estroncio	$Sr(BrO_3)_2$
Bromato de sodio	$NaBrO_3$
Bromuro de cadmio	$CdBr_2$
Bromuro de hidrógeno	HBr
Bromuro de magnesio	$MgBr_2$
$Ca(BrO_3)_2$	Bromato de calcio
$Ca(ClO_2)_2$	Clorito de calcio
$Ca(NO_2)_2$	Nitrito de calcio
$Ca(OH)_2$	Dihidróxido de calcio o hidróxido de calcio
$Ca_3(PO_4)_2$	Fosfato de calcio
CaH_2	Dihidruro de calcio o hidruro de calcio
$CaHPO_4$	Hidrogenofosfato de calcio
CaO	Monóxido de calcio u óxido de calcio
CaO_2	Dióxido de calcio o peróxido de calcio
Carbonato de aluminio	$Al_2(CO_3)_3$
Carbonato de cinc	$ZnCO_3$
Carbonato de magnesio	$MgCO_3$
Carbonato de rubidio	Rb_2CO_3
Carbonato de sodio	Na_2CO_3
CCl_4	Tetracloruro de carbono
CdI_2	Diyoduro de cadmio, yoduro de cadmio, diioduro de cadmio o ioduro de cadmio
CdS	Sulfuro de cadmio
CF_4	Tetrafluoruro de carbono o fluoruro de carbono (IV)
CH_4	Tetrahidruro de carbono o metano
Clorato de cobalto (III)	$Co(ClO_3)_3$
Clorato de potasio	$KClO_3$
Clorito de bario	$Ba(ClO_2)_2$
Cloruro de amonio	NH_4Cl
Cloruro de estaño (IV)	$SnCl_4$
CO	Monóxido de carbono, óxido de carbono u óxido de carbono (IV)
$Co(OH)_2$	Dihidróxido de cobalto o hidróxido de cobalto (II)
$Co(OH)_3$	Trihidróxido de cobalto o hidróxido de cobalto (III)
$CoPO_4$	Fosfato de cobalto (III)
$Cr(OH)_3$	Trihidróxido de cromo o hidróxido de cromo (III)
Cr_2O_3	Trióxido de dicromo u óxido de cromo (III)
CrF_3	Trifluoruro de cromo o fluoruro de cromo (III)
Cromato de bario	$BaCrO_4$
Cromato de calcio	$CaCrO_4$

Cromato de estaño (IV)	$Sn(CrO_4)_2$
Cromato de mercurio (I)	Hg_2CrO_4
Cromato de paladio (II)	$PdCrO_4$
Cromato de plata	Ag_2CrO_4
CsCl	Cloruro de cesio
$CsHSO_3$	Hidrogenosulfito de cesio
CsOH	Monohidróxido de cesio o hidróxido de cesio
$Cu(BrO_2)_2$	Bromito de cobre (II)
$Cu(NO_3)_2$	Nitrato de cobre (II)
Cu_2O	Monóxido de dicobre, óxido de dicobre u óxido de cobre (I)
$CuBr_2$	Dibromuro de cobre o bromuro de cobre (II)
$CuCl_2$	Dicloruro de cobre o cloruro de cobre (II)
CuH_2	Dihidruro de cobre o hidruro de cobre (II)
CuI	Yoduro de cobre, yoduro de cobre (I), ioduro de cobre o ioduro de cobre (I)
CuO	Monóxido de cobre, óxido de cobre u óxido de cobre (II)
CuOH	Monohidróxido de cobre, hidróxido de cobre o hidróxido de cobre (I)
Dicromato de hierro (III)	$Fe_2(Cr_2O_7)_3$
Dicromato de plata	$Ag_2Cr_2O_7$
Dicromato de potasio	$K_2Cr_2O_7$
Dihidrogenofosfato de aluminio	$Al(H_2PO_4)_3$
Dihidruro de estroncio	SrH_2
Dióxido de azufre	SO_2
$Fe(NO_3)_3$	Nitrato de hierro (III)
$Fe_2(SO_4)_3$	Sulfato de hierro (III)
Fe_2S_3	Trisulfuro de dihierro o sulfuro de hierro (III)
$FeCl_2$	Dicloruro de hierro o cloruro de hierro (II)
FeO	Monóxido de hierro, óxido de hierro u óxido de hierro (II)
Fluoruro de bario	BaF_2
Fluoruro de boro	BF_3
Fluoruro de calcio	CaF_2
Fluoruro de hidrógeno	HF
Fluoruro de vanadio (III)	VF_3
Fosfato de calcio	$Ca_3(PO_4)_2$
Fosfato de cobalto (III)	$CoPO_4$
Fosfato de hierro (III)	$FePO_4$
Fosfato de litio	Li_3PO_4
Fosfato de magnesio	$Mg_3(PO_4)_2$
Fosfato de plata	Ag_3PO_4
GaH_3	Trihidruro de galio o hidruro de galio
H_2CrO_4	Ácido crómico
H_2O_2	Dióxido de dihidrógeno, peróxido de hidrógeno o agua oxigenada
H_2S	Sulfuro de hidrógeno
H_2Se	Seleniuro de hidrógeno
H_2SeO_3	Ácido selenioso
H_2SO_3	Ácido sulfuroso
H_3BO_3	Ácido bórico
H_3PO_3	Ácido fosforoso

H_3PO_4	Ácido fosfórico
HBrO	Ácido hipobromoso
$HBrO_2$	Ácido bromoso
$HBrO_3$	Ácido brómico
$HBrO_4$	Ácido perbrómico
HCl	Cloruro de hidrógeno
HClO	Ácido hipocloroso
$HClO_2$	Ácido cloroso
$HClO_3$	Ácido clórico
$HClO_4$	Ácido perclórico
$Hg(OH)_2$	Dihidróxido de mercurio o hidróxido de mercurio (II)
HgI_2	Diyoduro de mercurio, yoduro de mercurio (II), diioduro de mercurio o ioduro de mercurio (II)
HgO	Monóxido de mercurio, óxido de mercurio u óxido de mercurio (II)
HgS	Sulfuro de mercurio o sulfuro de mercurio (II)
$HgSO_3$	Sulfito de mercurio (II)
$HgSO_4$	Sulfato de mercurio (II)
HI	Yoduro de hidrógeno o ioduro de hidrógeno
HIO_3	Ácido yódico o ácido iódico
Hidrogenocarbonato de cadmio	$Cd(HCO_3)_2$
Hidrogenocarbonato de calcio	$Ca(HCO_3)_2$
Hidrogenocarbonato de cesio	$CsHCO_3$
Hidrogenocarbonato de sodio	$NaHCO_3$
Hidrogenosulfato de aluminio	$Al(HSO_4)_3$
Hidrogenosulfito de cinc	$Zn(HSO_3)_2$
Hidróxido de antimonio (V)	$Sb(OH)_5$
Hidróxido de berilio	$Be(OH)_2$
Hidróxido de calcio	$Ca(OH)_2$
Hidróxido de cesio	CsOH
Hidróxido de cobre (I)	CuOH
Hidróxido de cobre (II)	$Cu(OH)_2$
Hidróxido de cromo (III)	$Cr(OH)_3$
Hidróxido de estaño (II)	$Sn(OH)_2$
Hidróxido de estaño (IV)	$Sn(OH)_4$
Hidróxido de estroncio	$Sr(OH)_2$
Hidróxido de galio	$Ga(OH)_3$
Hidróxido de hierro (II)	$Fe(OH)_2$
Hidróxido de hierro (III)	$Fe(OH)_3$
Hidróxido de litio	LiOH
Hidróxido de magnesio	$Mg(OH)_2$
Hidróxido de mercurio (II)	$Hg(OH)_2$
Hidróxido de níquel (II)	$Ni(OH)_2$
Hidróxido de paladio (II)	$Pd(OH)_2$
Hidróxido de plata	AgOH

Hidróxido de platino (IV)	$Pt(OH)_4$
Hidróxido de plomo (II)	$Pb(OH)_2$
Hidróxido de plomo (IV)	$Pb(OH)_4$
Hidróxido de vanadio (V)	$V(OH)_5$
Hidróxido de zinc	$Zn(OH)_2$
Hidruro de aluminio	AlH_3
Hidruro de berilio	BeH_2
Hidruro de boro	BH_3
Hidruro de magnesio	MgH_2
HIO	Ácido hipoyodoso o ácido hipoiodoso
HIO_2	Ácido yodoso o ácido iodoso
HIO_3	Ácido yódico o ácido iódico
Hipobromito de sodio	NaBrO
Hipoclorito de berilio	$Be(ClO)_2$
Hipoclorito de calcio	$Ca(ClO)_2$
Hipoclorito de estaño (IV)	$Sn(ClO)_4$
Hipoclorito de sodio	NaClO
Hipoyodito de calcio	$Ca(IO)_2$
Hipoyodito de cobre (II)	$Cu(IO)_2$
$HMnO_4$	Ácido permangánico
HNO_2	Ácido nitroso
HNO_3	Ácido nítrico
I_2O_3	Trióxido de diyodo, óxido de yodo (III), trióxido de diiodo u óxido de iodo (III)
$K_2Cr_2O_7$	Dicromato de potasio
K_2HPO_4	Hidrogenofosfato de potasio
K_2O	Monóxido de dipotasio, óxido de dipotasio u óxido de potasio
K_2O_2	Dióxido de dipotasio o peróxido de potasio
K_2SO_3	Sulfito de potasio
KBr	Bromuro de potasio
KBrO	Hipobromito de potasio
KH_2PO_4	Dihidrogenofosfato de potasio
$KHCO_3$	Hidrogenocarbonato de potasio
$KMnO_4$	Permanganato de potasio
KNO_3	Nitrato de potasio
KOH	Monohidróxido de potasio o hidróxido de potasio
Li_2SO_3	Sulfito de litio
Li_2SO_4	Sulfato de litio
LiCl	Cloruro de litio
$LiClO_3$	Clorato de litio
LiH	Hidruro de litio
$LiHSO_3$	Hidrogenosulfito de litio
LiOH	Monohidróxido de litio o hidróxido de litio
MgF_2	Difluoruro de magnesio o fluoruro de magnesio
$Mg(HSO_4)_2$	Hidrogenosulfato de magnesio
$Mg(OH)_2$	Dihidróxido de magnesio o hidróxido de magnesio
MgH_2	Dihidruro de magnesio o hidruro de magnesio
MgO_2	Dióxido de magnesio o peróxido de magnesio
$Mn(OH)_2$	Dihidróxido de manganeso o hidróxido de manganeso (II)

MnI_2	Diyoduro de manganeso, yoduro de manganeso (II), diioduro de manganeso o ioduro de manganeso (II)
MnO_2	Dióxido de manganeso u óxido de manganeso (IV)
MnS	Sulfuro de manganeso o sulfuro de manganeso (II)
Monóxido de carbono	CO
MoO_3	Trióxido de molibdeno u óxido de molibdeno (VI)
N_2O	Monóxido de dinitrógeno, óxido de dinitrógeno u óxido de nitrógeno (I)
N_2O_3	Trióxido de dinitrógeno u óxido de nitrógeno (III)
N_2O_5	Pentaóxido de dinitrógeno u óxido de nitrógeno (V)
Na_2HPO_4	Hidrogenofosfato de sodio
Na_2CrO_4	Cromato de sodio
Na_2O_2	Dióxido de disodio o peróxido de sodio
Na_2SO_4	Sulfato de sodio
Na_3AsO_4	Arseniato de sodio
NaClO	Hipoclorito de sodio
NaH	Hidruro de sodio
NaH_2PO_4	Dihidrogenofosfato de sodio
$NaHCO_3$	Hidrogenocarbonato de sodio
$NaHSO_4$	Hidrogenosulfato de sodio
$NaNO_2$	Nitrito de sodio
NaOH	Monohidróxido de sodio o hidróxido de sodio
NH_3	Trihidruro de nitrógeno o amoniaco
$(NH_4)_2S$	Sulfuro de amonio
$(NH_4)_2SO_4$	Sulfato de amonio
NH_4Cl	Cloruro de amonio
NH_4F	Fluoruro de amonio
NH_4HCO_3	Hidrogenocarbonato de amonio
NH_4MnO_4	Permanganato de amonio
NH_4NO_2	Nitrito de amonio
NH_4NO_3	Nitrato de amonio
$Ni(ClO_3)_2$	Clorato de níquel (II)
$Ni(OH)_2$	Dihidróxido de níquel o hidróxido de níquel (II)
Ni_2O_3	Trióxido de diníquel u óxido de níquel (III)
Ni_2Se_3	Triseleniuro de diníquel o seleniuro de níquel (III)
$Ni_3(PO_4)_2$	Fosfato de níquel (II)
Nitrato de amonio	NH_4NO_3
Nitrato de calcio	$Ca(NO_3)_2$
Nitrato de cobalto (III)	$Co(NO_3)_3$
Nitrato de cobre (II)	$Cu(NO_3)_2$
Nitrato de hierro (II)	$Fe(NO_3)_2$
Nitrato de hierro (III)	$Fe(NO_3)_3$
Nitrato de magnesio	$Mg(NO_3)_2$
Nitrato de paladio (II)	$Pd(NO_3)_2$
Nitrato de plata	$AgNO_3$
Nitrito de cesio	$CsNO_2$
Nitrito de cinc	$Zn(NO_2)_2$
Nitrito de cobre (I)	$CuNO_2$
Nitrito de cobre (II)	$Cu(NO_2)_2$

Nitrito de hierro (II)	$Fe(NO_2)_2$
Nitrito de plata	$AgNO_2$
Nitrito de sodio	$NaNO_2$
NO_2	Dióxido de nitrógeno u óxido de nitrógeno (IV)
O_5Cl_2	Dicloruro de pentaoxígeno
OsO_2	Dióxido de osmio u óxido de osmio (IV)
Óxido de aluminio	Al_2O_3
Óxido de antimonio (III)	Sb_2O_3
Óxido de cadmio	CdO
Óxido de calcio	CaO
Óxido de cinc	ZnO
Óxido de circonio (IV)	ZrO_2
Óxido de cobalto (II)	CoO
Óxido de cobalto (III)	Co_2O_3
Óxido de cobre (I)	Cu_2O
Óxido de cromo (III)	Cr_2O_3
Óxido de hierro (III)	Fe_2O_3
Óxido de litio	Li_2O
Óxido de magnesio	MgO
Óxido de manganeso (III)	Mn_2O_3
Óxido de mercurio (II)	HgO
Óxido de molibdeno (IV)	MoO_2
Óxido de níquel (II)	NiO
Óxido de níquel (III)	Ni_2O_3
Óxido de oro (III)	Au_2O_3
Óxido de paladio (IV)	PdO_2
Óxido de platino (II)	PtO
Óxido de platino (IV)	PtO_2
Óxido de plomo (II)	PbO
Óxido de rubidio	Rb_2O
Óxido de teluro (IV)	TeO_2
Óxido de titanio (IV)	TiO_2
Óxido de vanadio (IV)	VO_2
Óxido de vanadio (V)	V_2O_5
$Pb(ClO_3)_4$	Clorato de plomo (IV)
$Pb(HS)_2$	Hidrogenosulfuro de plomo (II)
$Pb(NO_3)_2$	Nitrato de plomo (II)
$Pb(OH)_4$	Tetrahidróxido de plomo o hidróxido de plomo (IV)
$PbBr_2$	Dibromuro de plomo o bromuro de plomo (II)
$PbCO_3$	Carbonato de plomo (II)
PbF_2	Difluoruro de plomo o fluoruro de plomo (II)
PbO_2	Dióxido de plomo u óxido de plomo (IV)
$PbSO_4$	Sulfato de plomo (II)
PCl_3	Tricloruro de fósforo o cloruro de fósforo (III)
PCl_5	Pentacloruro de fósforo o cloruro de fósforo (V)
Pentacloruro de fósforo	PCl_5
Pentafluoruro de antimonio	SbF_5
Pentasulfuro de diarsénico	As_2S_5
Perclorato de berilio	$Be(ClO_4)_2$

Perclorato de cromo (III)	$Cr(ClO_4)_3$
Perclorato de potasio	$KClO_4$
Perclorato de sodio	$NaClO_4$
Permanganato de bario	$Ba(MnO_4)_2$
Permanganato de cobalto (II)	$Co(MnO_4)_2$
Permanganato de litio	$LiMnO_4$
Permanganato de potasio	$KMnO_4$
Permanganato de sodio	$NaMnO_4$
Peróxido de bario	BaO_2
Peróxido de calcio	CaO_2
Peróxido de cobre (II)	CuO_2
Peróxido de estroncio	SrO_2
Peróxido de hidrógeno	H_2O_2
Peróxido de litio	Li_2O_2
Peróxido de potasio	K_2O_2
Peróxido de rubidio	Rb_2O_2
Peróxido de sodio	Na_2O_2
PH_3	Trihidruro de fósforo o fosfano
$Pt(OH)_2$	Dihidróxido de platino o hidróxido de platino (II)
PtI_2	Diyoduro de platino, yoduro de platino (II), diioduro de platino o ioduro de platino (II)
PtO_2	Dióxido de platino u óxido de platino (IV)
Rb_2O_2	Dióxido de dirrubidio o peróxido de rubidio
$RbClO_4$	Perclorato de rubidio
Sb_2O_3	Trióxido de diantimonio u óxido de antimonio (III)
SbH_3	Trihidruro de antimonio o estibano
$Sc(OH)_3$	Trihidróxido de escandio o hidróxido de escandio
Sc_2O_3	Trióxido de diescandio u óxido de escandio
Seleniuro de hidrógeno	H_2Se
Seleniuro de plata	Ag_2Se
SF_4	Tetrafluoruro de azufre o fluoruro de azufre (IV)
SF_6	Hexafluoruro de azufre o fluoruro de azufre (VI)
$SiCl_4$	Tetracloruro de silicio o cloruro de silicio
SiF_4	Tetrafluoruro de silicio o fluoruro de silicio
SiH_4	Tetrahidruro de silicio o silano
SiI_4	Tetrayoduro de silicio, yoduro de silicio, tetraioduro de silicio o ioduro de silicio
SiO_2	Dióxido de silicio u óxido de silicio
$Sn(CO_3)_2$	Carbonato de estaño (IV)
$Sn(IO_3)_2$	Yodato de estaño (II) o iodato de estaño (II)
$Sn(NO_3)_4$	Nitrato de estaño (IV)
$Sn(OH)_4$	Tetrahidróxido de estaño o hidróxido de estaño (IV)
$SnCl_4$	Tetracloruro de estaño o cloruro de estaño (IV)
SnO_2	Dióxido de estaño u óxido de estaño (IV)
SnS_2	Disulfuro de estaño o sulfuro de estaño (IV)
SO_3	Trióxido de azufre u óxido de azufre (VI)
$Sr(OH)_2$	Dihidróxido de estroncio o hidróxido de estroncio
SrO	Monóxido de estroncio u óxido de estroncio
SrO_2	Dióxido de estroncio o peróxido de estroncio

Sulfato de aluminio	$Al_2(SO_4)_3$
Sulfato de amonio	$(NH_4)_2SO_4$
Sulfato de calcio	$CaSO_4$
Sulfato de manganeso (II)	$MnSO_4$
Sulfato de níquel (III)	$Ni_2(SO_4)_3$
Sulfato de potasio	K_2SO_4
Sulfato de zinc	$ZnSO_4$
Sulfito de aluminio	$Al_2(SO_3)_3$
Sulfito de amonio	$(NH_4)_2SO_3$
Sulfito de calcio	$CaSO_3$
Sulfito de estaño (II)	$SnSO_3$
Sulfito de manganeso (II)	$MnSO_3$
Sulfito de sodio	Na_2SO_3
Sulfuro de arsénico (III)	As_2S_3
Sulfuro de cadmio	CdS
Sulfuro de cinc	ZnS
Sulfuro de cobalto (II)	CoS
Sulfuro de galio	Ga_2S_3
Sulfuro de hidrógeno	H_2S
Sulfuro de manganeso (III)	Mn_2S_3
Sulfuro de mercurio (II)	HgS
Sulfuro de plata	Ag_2S
Sulfuro de plomo (II)	PbS
Sulfuro de potasio	K_2S
Sulfuro de zinc	ZnS
Telururo de hidrógeno	H_2Te
Tetracloruro de carbono	CCl_4
Tetrahidruro de silicio	SiH_4
TiF_4	Tetrafluoruro de titanio o fluoruro de titanio (IV)
TiO_2	Dióxido de titanio u óxido de titanio (IV)
Tl_2O_3	Trióxido de ditalio u óxido de talio (III)
Trióxido de azufre	SO_3
Trióxido de dicobalto	Co_2O_3
Trióxido de wolframio	WO_3
UO_2	Dióxido de uranio u óxido de uranio (IV)
V_2O_5	Pentaóxido de divanadio u óxido de vanadio (V)
WO_3	Trióxido de wolframio, óxido de wolframio (VI), trióxido de volframio u óxido de volframio (VI)
Yodato de bario	$Ba(IO_3)_2$
Yodato de calcio	$Ca(IO_3)_2$
Yodato de litio	$LiIO_3$
Yodato de potasio	KIO_3
Yodito de cesio	$CsIO_2$
Yodito de estroncio	$Sr(IO_2)_2$
Yoduro de amonio	NH_4I
Yoduro de cobre (I)	CuI
Yoduro de mercurio (I)	Hg_2I_2
Yoduro de níquel (II)	NiI_2
Yoduro de oro (III)	AuI_3

Yoduro de plomo (II)	PbI_2
$Zn(NO_2)_2$	Nitrito de cinc o nitrito de zinc
ZnO	Monóxido de cinc, óxido de cinc, monóxido de zinc u óxido de zinc
ZnS	Sulfuro de cinc o sulfuro de zinc
ZrO_2	Dióxido de circonio u óxido de circonio (IV)

FORMULACIÓN Y NOMENCLATURA ORGÁNICAS

1-bromo-2-cloropropano $CH_3 - CHCl - CH_2Br$

1,1-dicloroetano $CH_3 - CHCl_2$

1,2-diclorobenceno

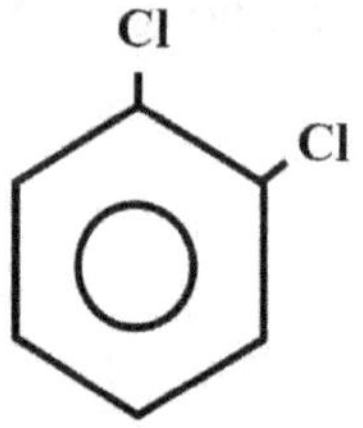

1,2-dicloroetano $CH_2Cl - CH_2Cl$

1,2-dicloropropano $CH_2Cl - CHCl - CH_3$

1,2-dietilbenceno

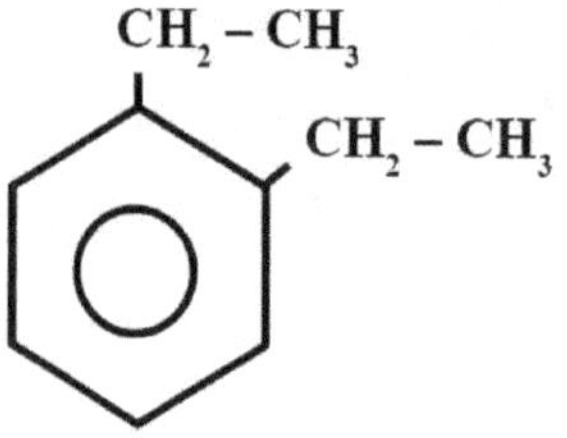

1,2-dimetilbenceno

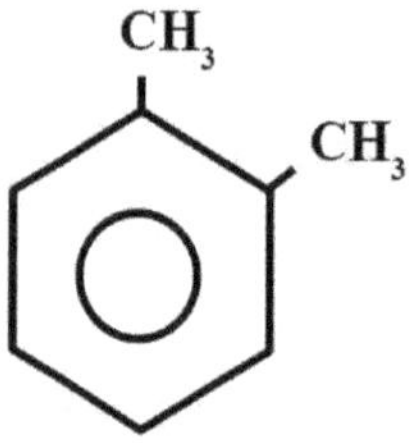

1,2-etanodiol $CH_3 - CHOH - CH_2OH$

1,2,4-trimetilciclohexano

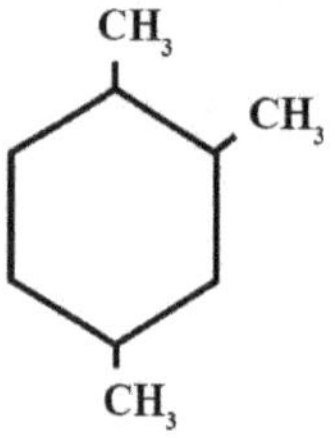

1,3-dinitrobenceno

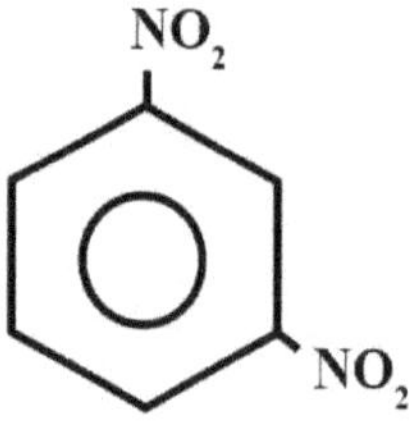

1,3-etilmetilbenceno

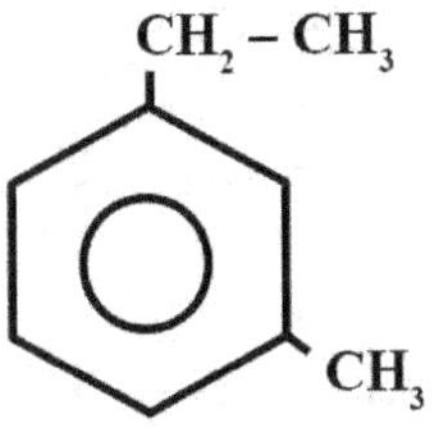

1,3,5-trimetilbenceno

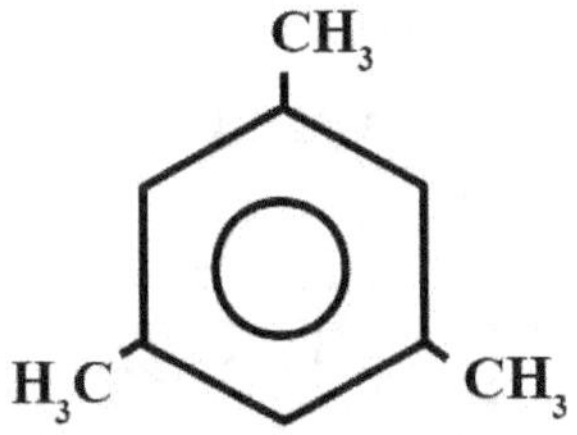

2-cloropropanal $CH_3 – CHCl – CHO$

2-metilpent-1-eno $CH_3 – CH_2 – CH_2 – C = CH_2$
|
CH_3

2-metilhexan-3-ol $CH_3 – CH_2 – CH_2 – CHOH – CH – CH_3$
|
CH_3

2-metilbut-2-eno $CH_3 – CH = C – CH_3$
|
CH_3

2-metilpentano $CH_3 – CH_2 – CH_2 – CH – CH_3$
|
CH_3

2-yodopropano $CH_3 – CHI – CH_3$

2,2-diclorobutano $CH_3 – CH_2 – CCl_2 – CH_3$

2,2-dimetilbutano
CH_3
|
$CH_3 – C – CH_2 – CH_3$
|
CH_3

2,3,4-trimetilpentano $CH_3 – CH – CH – CH – CH_3$
| | |
CH_3 CH_3 CH_3

3-clorofenol

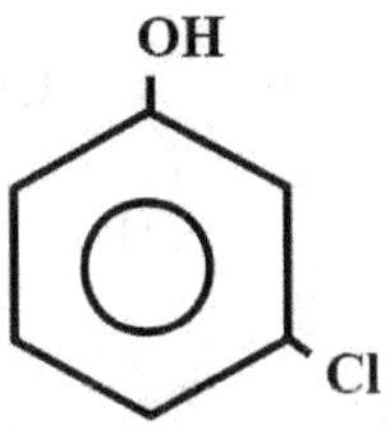

3-etil-3-metilpentano

$$\begin{array}{ccccccccc} & & & & CH_3 & & & & \\ & & & & | & & & & \\ CH_3 & - & CH_2 & - & C & - & CH_2 & - & CH_3 \\ & & & & | & & & & \\ & & & & CH_2-CH_3 & & & & \end{array}$$

3-hidroxibutanal

$$CH_3-CHOH-CH_2-CHO$$

3-metilbut-1-ino

$$\begin{array}{ccccccc} CH & \equiv & C & - & CH & - & CH_3 \\ & & & & | & & \\ & & & & CH_3 & & \end{array}$$

3-metilhexano

$$\begin{array}{ccccccccccc} CH_3 & - & CH_2 & - & CH & - & CH_2 & - & CH_2 & - & CH_3 \\ & & & & | & & & & & & \\ & & & & CH_3 & & & & & & \end{array}$$

3-metilpentan-2-ona

$$\begin{array}{ccccccccc} CH_3 & - & CO & - & CH & - & CH_2 & - & CH_3 \\ & & & & | & & & & \\ & & & & CH_3 & & & & \end{array}$$

3-metilpentano

$$\begin{array}{ccccccccc} CH_3 & - & CH_2 & - & CH & - & CH_2 & - & CH_3 \\ & & & & | & & & & \\ & & & & CH_3 & & & & \end{array}$$

4-bromo-5-etiloctano

$$\begin{array}{ccccccccccccccc} CH_3 & - & CH_2 & - & CH_2 & - & CHBr & - & CH & - & CH_2 & - & CH_2 & - & CH_3 \\ & & & & & & & & | & & & & & & \\ & & & & & & & & CH_2-CH_3 & & & & & & \end{array}$$

5-hidroxipentan-2-ona

$$CH_3-CO-CH_2-CH_2-CH_2OH$$

Ácido 2-aminobutanoico

$$\begin{array}{ccccccc} CH_3 & - & CH_2 & - & CH & - & COOH \\ & & & & | & & \\ & & & & NH_2 & & \end{array}$$

Ácido 2-aminopropanoico

$$\begin{array}{ccccc} CH_3 & - & CH & - & COOH \\ & & | & & \\ & & NH_2 & & \end{array}$$

Ácido 2-bromobutanoico

$$CH_3-CH_2-CHBr-COOH$$

Ácido 2-cloropentanoico

$$CH_3-CH_2-CH_2-CHCl-COOH$$

Ácido 2-hidroxibutanoico

$$CH_3-CH_2-CHOH-COOH$$

Ácido 2-metilpentanoico

$$\begin{array}{ccccccccc} CH_3 & - & CH_2 & - & CH_2 & - & CH & - & COOH \\ & & & & & & | & & \\ & & & & & & CH_3 & & \end{array}$$

Ácido 2,3-dihidroxibutanoico

$$CH_3-CHOH-CHOH-COOH$$

Ácido 3-cloropropanoico

$$CH_2Cl-CH_2-COOH$$

Ácido 3-metilbutanoico

$$\begin{array}{ccccccc} CH_3 & - & CH & - & CH_2 & - & COOH \\ & & | & & & & \\ & & CH_3 & & & & \end{array}$$

Ácido 3-metilhexanoico

$$\begin{array}{ccccccccccc} CH_3 & - & CH_2 & - & CH_2 & - & CH & - & CH_2 & - & COOH \\ & & & & & & | & & & & \\ & & & & & & CH_3 & & & & \end{array}$$

Ácido benzoico	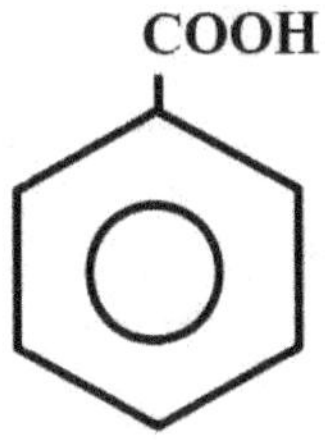
Ácido but-3-enoico	$CH_2 = CH - CH_2 - COOH$
Ácido butanodioico	$COOH - CH_2 - CH_2 - COOH$
Ácido etanoico	$CH_3 - COOH$
Ácido metilpropanoico	$CH_3 - CH - COOH$
	$\quad\quad\;\; \vert$
	$\quad\quad CH_3$
Ácido pentanoico	$CH_3 - CH_2 - CH_2 - CH_2 - COOH$
Ácido propanoico	$CH_3 - CH_2 - COOH$
Ácido propinoico	$CH \equiv C - COOH$
Benceno	
$BrCH_2CH_2OH$	2-bromoetan-1-ol
But-2-eno	$CH_3 - CH = CH - CH_3$
But-1-ino	$CH_3 - CH_2 - C \equiv CH$
But-2-ino	$CH_3 - C \equiv C - CH_3$
But-2-enal	$CH_3 - CH = CH - CHO$
But-3-en-1-ol	$CH_2 = CH - CH_2 - CH_2OH$
Butan-2-amina	$CH_3 - CH_2 - CH - CH_3$
	$\quad\quad\quad\quad\quad\;\; \vert$
	$\quad\quad\quad\quad\quad NH_2$
Butan-2-ol	$CH_3 - CH_2 - CHOH - CH_3$
Butano-1,4-diol	$CH_2OH - CH_2 - CH_2 - CH_2OH$
Butanamida	$CH_3 - CH_2 - CH_2 - CONH_2$
Butanona	$CH_3 - CH_2 - CO - CH_3$
Butilamina	$CH_3 - CH_2 - CH_2 - CH_2NH_2$
$CH_2=CBrCH_2CH_3$	2-bromobut-1-eno
$CH_2=CH_2$	Eteno o etileno
$CH_2=CHBr$	Bromoeteno
$CH_2=CHCH(CH_3)CH_3$	3-metilbut-1-eno
$CH_2=CHCH=CH_2$	Buta-1,3-dieno
$CH_2=CHCH=CHCH_3$	Penta-1,3-dieno
$CH_2=CHCH_2CH=CH_2$	Penta-1,4-dieno
$CH_2=CHCH_2CH=CHCH_3$	Hexa-1,4-dieno

$CH_2=CHCH_2CH_2CH_2OH$	Pent-4-en-1-ol
$CH_2=CHCH_2CH_2CH_3$	Pent-1-eno
$CH_2=CHCH_2CHO$	But-3-enal
$CH_2=CHCH_2COCH_3$	Pent-4-en-2-ona
$CH_2=CHCH_2OH$	Prop-2-en-1-ol
$CH_2=CHCH_3$	Propeno
$CH_2=CHCOCH_3$	Butenona
$CH \equiv C - C \equiv CH$	Buta-1,3-diino
$CH \equiv CH$	Etino o acetileno
$CH \equiv CCH_2CH_2OH$	But-3-in-1-ol
$CH \equiv CCOOH$	Ácido propinoico
CH_2Br_2	Dibromometano
CH_2BrCH_2Br	1,2-dibromoetano
$CH_2CHCH=CH_2$	But-1-eno
$CH_3CHOHCH_2OH$	Propano-1,2-diol
$CH_2ClCH_2CH(CH_3)CH_3$	3-metil-1-clorobutano
$CH_2ClCOOH$	Ácido cloroetanoico o ácido cloroacético
CH_2Cl_2	Diclorometano
$CH_2OHCH_2CH_2OH$	Propano-1,3-diol
CH_2OHCH_2OH	Etano-1,2-diol
$CH_2OHCOOH$	Ácido hidroxietanoico o ácido hidroxiacético
$(CH_3)_2CHCH_3$	Metilpropano
$(CH_3)_2CHCH_2CH_3$	Metilbutano
$(CH_3)_2CHCH_2CHO$	3-metilbutanal
$(CH_3)_2CHCH_2COOH$	Ácido 3-metilbutanoico
$(CH_3)_2CHCOCH_3$	Metilbutanona
$(CH_3)_2CHCONH_2$	Metilpropanamida
$(CH_3)_3N$	Trimetilamina
$(CH_3CH_2)_3N$	Trietilamina
$CH_3C \equiv CCH_2CH_2Cl$	5-cloropent-2-ino
$CH_3C \equiv CH$	Propino
$CH_3C \equiv CCH_3$	But-2-ino
$CH_3C(CH_3)_2CH_2CH_3$	2,2-dimetilbutano
$CH_3CH = CHOH$	Prop-1-en-1-ol
$CH_3CH(CH_3)CH=CH_2$	3-metilbut-1-eno
$CH_3CH(CH_3)CH(CH_3)CH_2CH_3$	2,3-dimetilpentano
$CH_3CH(CH_3)CH_2OH$	Metilpropan-1-ol
$CH_3CH(NH_2)CH_2CH_3$	Butan-2-amina
$CH_3CH(NH_2)COOH$	Ácido 2-aminopropanoico
$CH_3CH(OH)CH_3$	Propan-2-ol
$CH_3CHClCOOH$	Ácido 2-cloropropanoico
CH_3CHICH_3	2-yodopropano
CH_3CHO	Etanal o acetaldehido
$CH_3CHOHCOOH$	Ácido 2-hidroxipropanoico
$CH_3CH=C(CH_3)CH_3$	2-metilbut-2-eno
$CH_3CH=CH_2$	Propeno
$CH_3CH=CHCH_2CH_3$	Pent-2-eno
$CH_3CH=CHCH_3$	But-2-eno
CH_3CH_2Br	Bromuro de etilo o bromoetano

$CH_3CH_2CH_2CH_2COOH$	Ácido pentanoico
$CH_3CH_2CH_2CH_2OH$	Butan-1-ol
$CH_3CH_2CH_2CHO$	Butanal
$CH_3CH_2CH_2Cl$	Cloruro de propilo o 1-cloropropano
$CH_3CH_2CH_2NH_2$	Propan-1-amina o propilamina
$CH_3CH_2CH_2OCH_3$	Metil propil éter o Metoxipropano
$CH_3CH_2CH_2OH$	Propan-1-ol
$CH_3CH_2CH_3$	Propano
$CH_3CH_2CH(CH_3)CH_2COOH$	Ácido 3-metilpentanoico
$CH_3CH_2CHCl_2$	1,1-dicloropropano
$CH_3CH_2CHClCH_2CH_3$	3-cloropentano
$CH_3CH_2CHICH_3$	2-yodobutano
CH_3CH_2CHO	Propanal
$CH_3CH_2CHOHCOOH$	Ácido 2-hidroxibutanoico
$CH_3CH_2COCH_2CH_3$	Dietil cetona o pentan-2-ona
$CH_3CH_2COCH_3$	Butanona o acetona o etil metil cetona
$CH_3CH_2CONH_2$	Propanamida
$CH_3CH_2COOCH_2CH_3$	Propanoato de etilo
$CH_3CH_2COOCH_3$	Propanoato de metilo
CH_3CH_2COOH	Ácido propanoico
$CH_3CH_2NH_2$	Etanamina o etilamina
$CH_3CH_2NHCH_3$	N-metiletanamina o etil metil amina
$CH_3CH_2NH_2COOH$	Ácido 2-aminopropanoico
$CH_3CH_2NHCH_2CH_2CH_3$	Etil propil amina o N-etilpropilamina
$CH_3CH_2NHCH_3$	Etil metil amina o N-metiletilamina
$CH_3CH_2OCH_2CH_3$	Dietiléter
$CH_3CH_2OCH_3$	Etil metil éter o metoxietano
CH_3CH_2OH	Etanol o alcohol etílico
$CH_3CH(CH_3)COOH$	Ácido metilpropanoico
$CH_3CH(NH_2)COOH$	Ácido 2-aminopropanoico
$CH_3CHBrCHBrCH_3$	2,3-dibromobutano
$CH_3CHBrCHO$	2-bromopropanal
CH_3CHBr_2	1,1-dibromoetano
$CH_3CHClCH_3$	2-cloropropano
CH_3CHFCH_3	2-fluoropropano
CH_3CHO	Etanal
$CH_3CHOHCH_2COOH$	Ácido 3-hidroxibutanoico
$CH_3CHOHCH_3$	Propan-2-ol
$CH_3CHOHCHO$	2-hidroxipropanal
$CH_3CHOHCOOH$	Ácido 2-hidroxipropanoico
CH_3Cl	Clorometano o cloruro de metilo
$CH_3COCH_2CH_2CH_3$	Metil propil cetona o pentan-2-ona
$CH_3COCH_2CH_3$	Etil metil cetona o butanona
CH_3COCH_2OH	Hidroxipropanona
CH_3COCH_3	Dimetil cetona o propanona o acetona
CH_3CONH_2	Etanamida o acetamida
$CH_3COOCH_2CH_2CH_3$	Etanoato de propilo o acetato de propilo
$CH_3COOCH_2CH_3$	Etanoato de etilo o acetato de etilo
CH_3COOCH_3	Etanoato de metilo o acetato de metilo

CH_3COOH	Ácido etanoico o ácido acético
CH_3NH_2	Metanamina o metilamina
$CH_3NHCH_2CH_3$	Etil metil amina o N-metiletilamina
CH_3NHCH_3	Dimetilamina
$CH_3OCH_2CH_2CH_3$	Metil propil éter o metoxipropano
$CH_3OCH_2CH_3$	Etil metil éter o metoxietano
CH_3OCH_3	Dimetiléter o metoximetano
CH_4	Metano
$CHCl_3$	Triclorometano o cloroformo

Ciclohexa-1,3-dieno

Ciclohexano

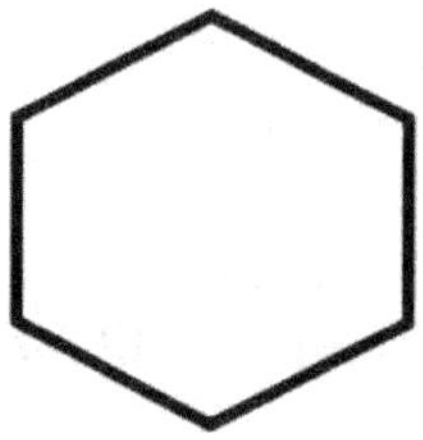

Ciclohexanona

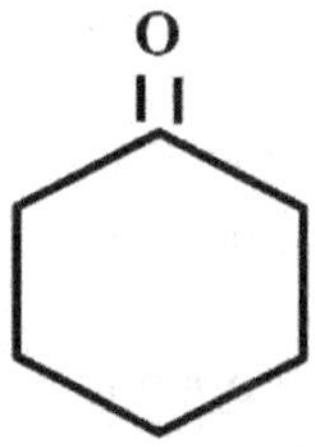

Ciclopentano

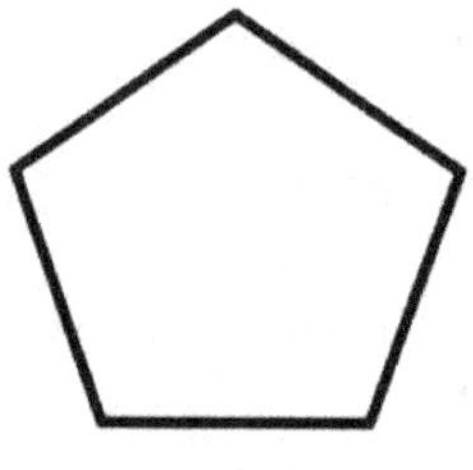

Ciclopenteno

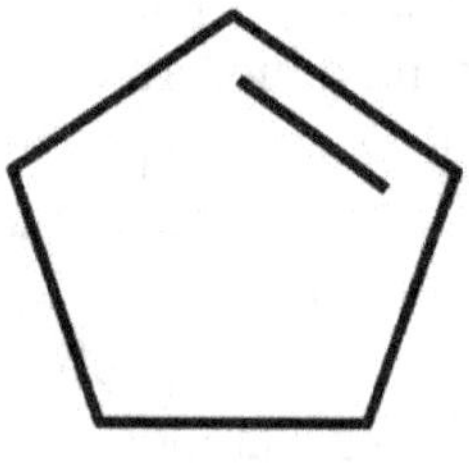

$ClCH_2COOH$	Ácido cloroetanoico o ácido cloroacético

Clorobenceno

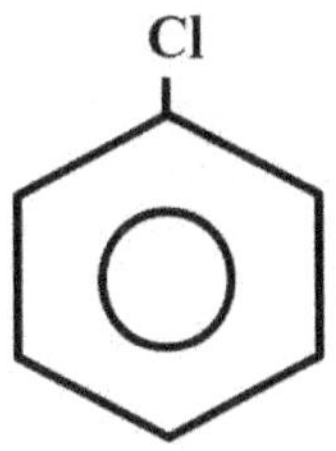

Dietilamina — $CH_3 - CH_2 - NH - CH_2 - CH_3$
Dietiléter — $CH_3 - CH_2 - O - CH_2 - CH_3$
Dimetil éter — $CH_3 - O - CH_3$

Dimetilamina — $CH_3 - NH - CH_3$
Etanal — $CH_3 - CHO$
Etanamida — $CH_3 - CONH_2$
Etanamina — $CH_3 - CH_2NH_2$
Etanoamida — $CH_3 - CONH_2$
Etanoato de etilo — $CH_3 - COO - CH_2 - CH_3$
Etanoato de propilo — $CH_3 - COO - CH_2 - CH_2 - CH_3$

Etilbenceno

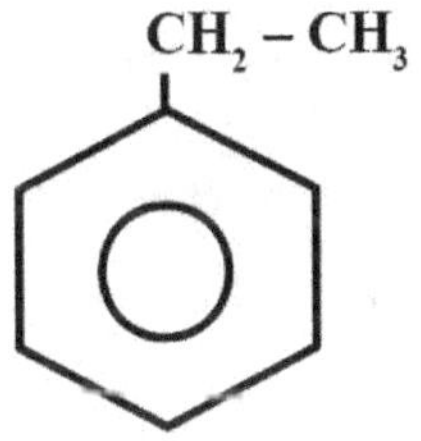

Etilmetil éter — $CH_3 - CH_2 - O - CH_3$
Etilmetilamina — $CH_3 - CH_2 - NH - CH_3$
Etil propil éter — $CH_3 - CH_2 - O - CH_2 - CH_2 - CH_3$
Etino — $HC \equiv CH$

Fenol

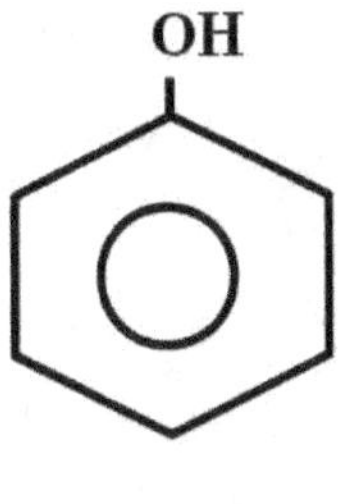

$CH_2BrCHBrCH_2CH_3$ — 1,2-dibromobutano
$HC \equiv CCH_3$ — Propino
HCHO — Metanal o folmadehido
HCOOH — Ácido metanoico o ácido fórmico
Hepta-2,4-dieno — $CH_3 - CH = CH - CH = CH - CH_2 - CH_3$
Heptan-2-ona — $CH_3 - CO - CH_2 - CH_2 - CH_2 - CH_2 - CH_3$
Hex-4-en-2-ol — $CH_3 - CHOH - CH_2 - CH = CH - CH_3$
Hexa-1,4-dieno — $CH_2 = CH - CH_2 - CH = CH - CH_3$
Hexanal — $CH_3 - CH_2 - CH_2 - CH_2 - CH_2 - CHO$
Hexano-2,4-diona — $CH_3 - CO - CH_2 - CO - CH_2 - CH_3$

$HOCH_2CHO$ — Hidroxietanal
$HOCH_2COOH$ — Ácido hidroxietanoico o ácido hidroxiacético
$HOOCCH_2COOH$ — Ácido propanodioico

m-dimetilbenceno

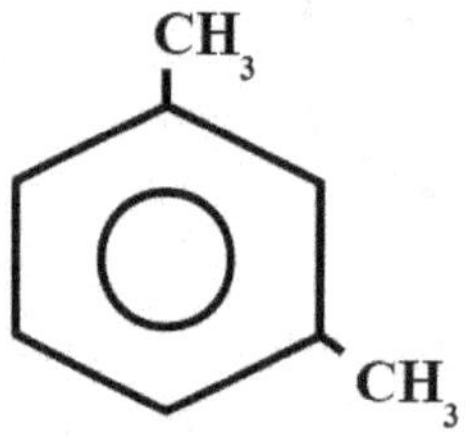

Metanal — $HCHO$
Metanol — CH_3OH

Metilbenceno

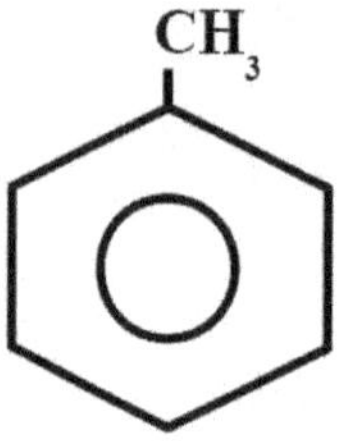

Metilbutano

$CH_3 - CH - CH_2 - CH_3$
|
CH_3

Metilciclohexano

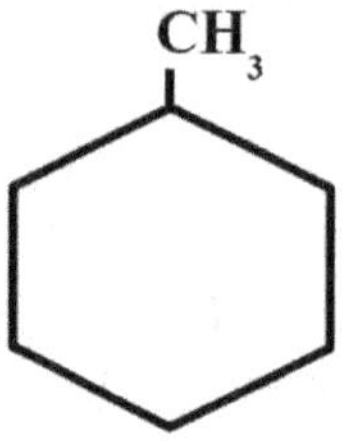

Metilciclopentano

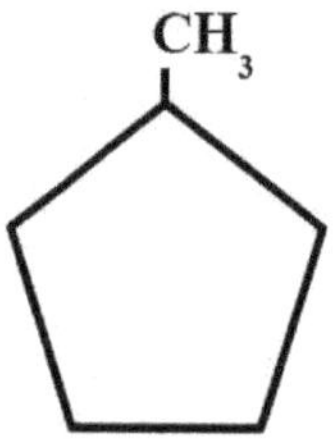

Metilpentan-3-ona

$CH_3 - CH - CO - CH_2 - CH_3$
|
CH_3

Metilpropano

$CH_3 - CH - CH_3$
|
CH_3

Metilpropeno

$CH_3 - C = CH_2$
|
CH_3

Metoxietano

$CH_3 - O - CH_2 - CH_3$

Nitrobenceno

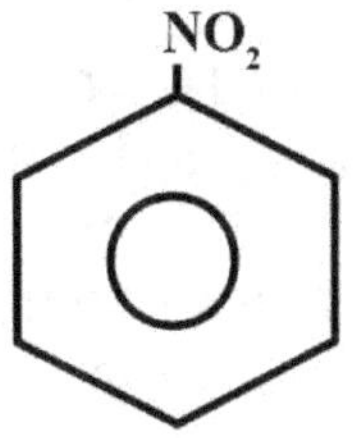

O-bromofenol

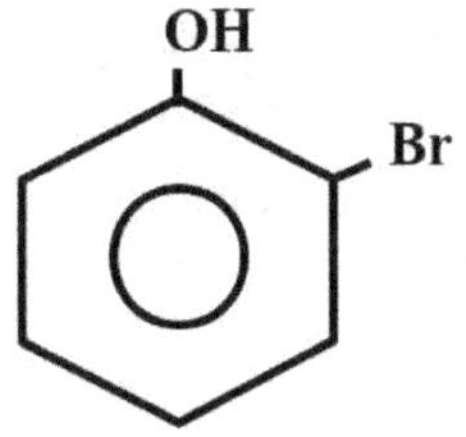

O-dimetilbenceno

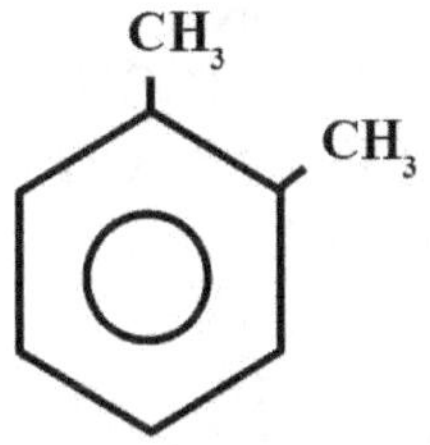

p-metilfenol

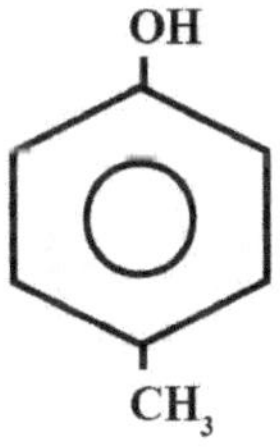

O-nitrofenol

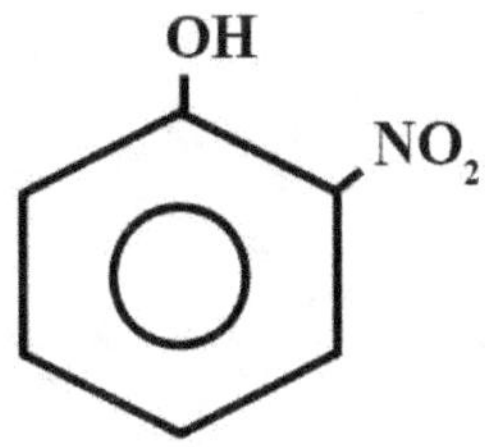

p-nitrofenol

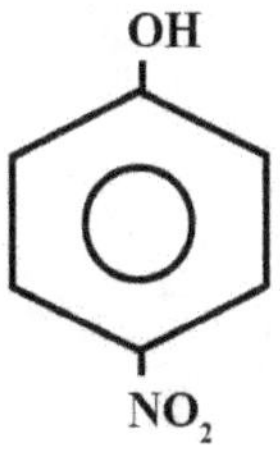

Pent-1-ino	$CH_3 - CH_2 - CH_2 - C \equiv CH$
Penta-1,3-dieno	$CH_3 - CH = CH - CH = CH_2$
Pent-2-eno	$CH_3 - CH_2 - CH = CH - CH_3$

Pent-3-en-2-ona	$CH_3 - CO - CH = CH - CH_3$
Pent-4-en-2-ol	$CH_3 - CHOH - CH_2 - CH = CH_2$
Penta-1,3-dieno	$CH_2 = CH - CH = CH - CH_3$
Penta-1,4-diino	$CH \equiv C - CH_2 - C \equiv CH$
Pentan-2-ol	$CH_3 - CH_2 - CH_2 - CHOH - CH_3$
Pentan-2-ona	$CH_3 - CH_2 - CH_2 - CO - CH_3$
Pentan-3-ona	$CH_3 - CH_2 - CO - CH_2 - CH_3$
Pentano-2,4-diona	$CH_3 - CO - CH_2 - CO - CH_3$
Pentanal	$CH_3 - CH_2 - CH_2 - CH_2 - CHO$
Propan-1-ol	$CH_3 - CH_2 - CH_2OH$
Propan-2-ol	$CH_3 - CHOH - CH_3$
Propan-2-amina	$CH_3 - \underset{\underset{NH_2}{\vert}}{CH} - CH_3$
Propanal	$CH_3 - CH_2 - CHO$
Propanamida	$CH_3 - CH_2 - CONH_2$
Propano-1,2-diol	$CH_3 - CHOH - CH_2OH$
Propano-1,3-diol	$CH_2OH - CH_2 - CH_2OH$
Propanoato de etilo	$CH_3 - CH_2 - COO - CH_2 - CH_3$
Propanoato de metilo	$CH_3 - CH_2 - COO - CH_3$
Propanodial	$CHO - CH_2 - CHO$
Propanona	$CH_3 - CO - CH_3$
Propeno	$CH_3 - CH = CH_2$
Propino	$CH \equiv C - CH_3$
Tribromometano	$CHBr_3$
Triclorometano	$CHCl_3$
Trimetilamina	$CH_3 - \underset{\underset{CH_3}{\vert}}{N} - CH_3$

CONCEPTOS BÁSICOS

2016

1) El cinc reacciona con el ácido sulfúrico según la reacción: $Zn + H_2SO_4 \rightarrow ZnSO_4 + H_2$
Calcule: a) la masa de $ZnSO_4$ obtenida a partir de 10 g de Zn y 100 mL de H_2SO_4 de concentración 2 M. b) El volumen de H_2 desprendido, medido a 25ºC y a 1 atm, cuando reaccionan 20 g de Zn con H_2SO_4 en exceso.
Datos: Masas atómicas: Zn = 65'4 ; S = 32 ; O = 16 ; H = 1 ; R = 0'082 $atm\cdot L\cdot mol^{-1}\cdot K^{-1}$

a) * Moles de H_2SO_4 : $n = c\cdot V = 2\ \frac{mol}{L}\cdot 0'1\ L = 0'2$ mol H_2SO_4

* Moles de Zn: $n = \frac{m}{M} = \frac{10}{65'4} = 0'153$ mol Zn

* Determinación del limitante: $\frac{1\,mol\,Zn}{1\,mol\,H_2SO_4} = \frac{0'153\,mol\,Zn}{x}$

x = 0'153 mol H_2SO_4. Al ser 0'153 mol < 0'2 mol, el H_2SO_4 está en exceso. El limitante es el Zn.

* Masa de $ZnSO_4$: $m = 0'153\ mol\ Zn\ .\ \frac{1\,mol\,ZnSO_4}{1\,mol\,Zn}\ .\ \frac{161'4\,g\,ZnSO_4}{1\,mol\,ZnSO_4} = \boxed{24'7\ g\ ZnSO_4}$

b) * Número de moles de H_2:

$n = 20\ g\ Zn\ .\ \frac{1\,mol\,Zn}{65'4\,g\,Zn}\ .\ \frac{1\,mol\,H_2}{1\,mol\,Zn} = 0'306$ mol H_2

* Volumen de H_2:

$V = \frac{n\cdot R\cdot T}{P} = \frac{0'306\cdot 0'082\cdot 298}{1} = \boxed{7'48\ L\ H_2}$

---

2) Una disolución acuosa de ácido sulfúrico tiene una densidad de 1'05 g/mL, a 20 ºC, y contiene 147 g de ese ácido en 1500 mL de disolución. Calcule: a) La fracción molar de soluto y de disolvente de la disolución. b) ¿Qué volumen de la disolución anterior hay que tomar para preparar 500 mL de disolución 0'5 M del citado ácido? Masas atómicas: H = 1; O = 16; S = 32.

a) * Moles de H_2SO_4: $n_s = \frac{m}{M} = \frac{147}{98} = 1'5$ mol H_2SO_4

* Masa de disolución: $m = d\cdot V = 1'05\ \frac{g}{ml}\ .\ 1500\ ml = 1575$ g disolución

* Masa de agua: $m_d = m_D - m_s = 1575 - 147 = 1428$ g H_2O

* Moles de agua: $n_d = \frac{m}{M} = \frac{1428}{18} = 79'3$ mol H_2O

* Fracciones molares: $x_s = \frac{n_s}{n_s + n_d} = \frac{1'5}{1'5 + 79'3} = \boxed{0'0186}$

$x_d = 1 - x_s = 1 - 0'0186 = \boxed{0'9814}$

b) * Molaridad de la disolución inicial: $c_{M1} = \frac{1'5\, mol\, H_2SO_4}{1'5\, L\, disolución} = 1$ M

* Volumen de la disolución inical: $c_{M1} \cdot V_1 = c_{M2} \cdot V_2 \rightarrow V_1 = \frac{c_{M2} \cdot V_2}{c_{M1}} = \frac{0'5 \cdot 500}{1} = \boxed{250 \text{ ml}}$

---

3) a) ¿Cuál es la masa, expresada en gramos, de un átomo de sodio? b) ¿Cuántos átomos de aluminio hay en 0,5 g de este elemento? c) ¿Cuántas moléculas hay en una muestra que contiene 0,5 g de tetracloruro de carbono? Datos: Masas atómicas C = 12 ; Na = 23 ; Al = 27 ; Cl = 35'5 .

a) * Masa de un átomo de sodio:

$$m = 1 \text{ átomo Na} . \frac{1\, mol\, Na}{6'022 \cdot 10^{23}\, átomos\, Na} . \frac{23\, g\, Na}{1\, mol\, Na} = \boxed{3'82 \cdot 10^{-23} \text{ g Na}}$$

b) * Número de átomos de aluminio:

$$N = 0'5 \text{ g Al} . \frac{1\, mol\, Al}{27\, g\, Al} . \frac{6'022 \cdot 10^{23}\, átomos\, Al}{1\, mol\, Al} = \boxed{1'12 \cdot 10^{22} \text{ átomos Al}}$$

c) * Número de moléculas:

$$N = 0'5 \text{ g } CCl_4 . \frac{1\, mol\, CCl_4}{154\, g\, CCl_4} . \frac{6'022 \cdot 10^{23}\, moléculas\, CCl_4}{1\, mol\, CCl_4} = \boxed{1'96 \cdot 10^{21} \text{ moléculas } CCl_4}$$

---

4) Una disolución acuosa de HNO_3 15 M tiene una densidad de 1,40 g/mL. Calcule:
a) La concentración de dicha disolución en tanto por ciento en masa de HNO_3. b) El volumen de la misma que debe tomarse para preparar 1 L de disolución de HNO_3 0,5 M.
Datos: Masas atómicas N = 14; O = 16; H = 1 .

a) * Porcentaje en masa:

$$m = \frac{15\, mol\, HNO_3}{1\, L\, disolución} . \frac{63\, g\, HNO_3}{1\, mol\, HNO_3} . \frac{1\, L\, disolución}{1000\, ml\, disolución} . \frac{1\, ml\, disolución}{1'40\, g\, disolución} . 100 = \boxed{67'5\ \%}$$

b) * Volumen de disolución concentrada:

$c_{M1} \cdot V_1 = c_{M2} \cdot V_2 \rightarrow \quad V_1 = \dfrac{c_{M2} \cdot V_2}{c_{M1}} = \dfrac{0'5 \cdot 1}{15} = 0'0333 \text{ L} = \boxed{3'33 \text{ ml}}$

---

5) Razone si en 5 litros de hidrógeno (H_2) y en 5 litros de oxígeno (O_2), ambos en las mismas condiciones de presión y temperatura, hay: a) El mismo número de moles. b) Igual número de átomos. c) Idéntica cantidad de gramos. Datos: Masa atómica O = 16 ; H = 1.

a) Según la hipótesis de Avogadro, volúmenes iguales de gases en las mismas condiciones de presión y temperatura contienen el mismo número de moléculas. Si tienen igual número de moléculas tienen igual número de moles, pues los moles se obtienen así: $n = \dfrac{N}{N_A}$

b) Tienen el mismo número de átomos porque ambas moléculas son diatómicas, es decir, hay el mismo número de átomos por molécula: $N_{\text{átomos}} = N_{\text{moléculas}} \cdot 2$

c) Tienen distinta masa porque tienen distinta masa molecular: $m = n \cdot M$
* Masa de hidrógeno: $m = n \cdot 2$ * Masa de oxígeno: $m = n \cdot 32$

---

6) En un matraz cerrado de 5 L hay 42 g de N_2 a 27ºC. a) Determine la presión en el interior del matraz. b) Se deja salir nitrógeno hasta que la presión interior sea de 1 atm. Calcule cuántos gramos de N_2 han salido del matraz. c) ¿A qué temperatura deberíamos poner el recipiente para recuperar la presión inicial? Dato: Masa atómica: N = 14. R = 0'082 atm·L·mol^{-1}·K^{-1}

a) * Presión en el matraz: $P = \dfrac{n \cdot R \cdot T}{V} = \dfrac{m \cdot R \cdot T}{M \cdot V} = \dfrac{42 \cdot 0'082 \cdot (27+273)}{28 \cdot 5} = \boxed{7'38 \text{ atm}}$

b) * Masa que queda en el matraz: $m = \dfrac{P \cdot M \cdot V}{R \cdot T} = \dfrac{1 \cdot 28 \cdot 5}{0'082 \cdot 300} = 5'69 \text{ g}$

* Masa de N_2 que ha salido: $m = 42 - 5'69 = \boxed{36'31 \text{ g } N_2}$

c) * Nueva temperatura: $\dfrac{P_1}{T_1} = \dfrac{P_2}{T_2} \quad \rightarrow \quad T_2 = \dfrac{P_2 \cdot T_1}{P_1} = \dfrac{7'38 \cdot 300}{1} = \boxed{2214 \text{ K}}$

---

7) Reaccionan 230 g de carbonato de calcio con una riqueza del 87% en masa con 178 g de dicloro según: $CaCO_3(s) + 2\,Cl_2(g) \rightarrow OCl_2(g) + CaCl_2(s) + CO_2(g)$
Los gases formados se recogen en un recipiente de 20 L a 10ºC. En estas condiciones, la presión parcial del OCl_2 es 1,16 atm. Calcule: a) El reactivo limitante y el rendimiento de la reacción. b) La molaridad de la disolución de $CaCl_2$ que se obtiene cuando a todo el cloruro de calcio producido se añade agua hasta un volumen de 800 mL.
Datos: Masas atómicas C = 12; O = 16; Cl = 35'5; Ca = 40 . R = 0'082 atm·L·mol^{-1}·K^{-1}

a) * Moles de $CaCO_3$: n = 230 g producto . $\frac{87\,g\,CaCO_3}{100\,g\,producto} \cdot \frac{1\,mol\,CaCO_3}{100\,g\,CaCO_3}$ = 2 mol $CaCO_3$

* Moles de Cl_2 : n = $\frac{m}{M} = \frac{178}{71}$ = 2'51 mol Cl_2

* Determinación del reactivo limitante: $\frac{1\,mol\,CaCO_3}{2\,mol\,Cl_2} = \frac{2\,mol\,CaCO_3}{x}$ → x = 4 mol Cl_2

Al ser 4 mol Cl_2 > 2'51 mol Cl_2 → **El Cl_2 es el limitante**

* Número de moles reales de OCl_2: n = $\frac{P \cdot V}{R \cdot T} = \frac{1'16 \cdot 20}{0'082 \cdot 283}$ = 1 mol OCl_2

* Moles teóricos de OCl_2: n = 2'51 mol Cl_2 . $\frac{1\,mol\,OCl_2}{2\,mol\,Cl_2}$ = 1'26 mol OCl_2

* Rendimiento de la reacción:

Rendimiento = $\frac{Moles\,reales\,de\,producto \cdot 100}{Moles\,teóricos\,de\,producto} = \frac{1 \cdot 100}{1'26}$ = **79'4 %**

b) * Moles de $CaCl_2$ obtenidos: n = 2'51 mol Cl_2 . $\frac{1\,mol\,CaCl_2}{2\,mol\,Cl_2}$ = 1'26 mol $CaCl_2$

* Molaridad de la disolución: $c_M = \frac{n_s}{V_D} = \frac{1'26}{0'8}$ = **1'57 M**

---

8) Tenemos en un recipiente 100 g de metionina ($C_5H_{11}NO_2S$) y en otro recipiente 100 g de arginina ($C_6H_{14}N_4O_2$). Calcule cuál tiene mayor número de: a) Moles. b) Masa de nitrógeno. c) Átomos.
Masas atómicas: C = 12 ; H = 1 ; N = 14 ; O = 16 ; S = 32 .

a) * Masas moleculares: metionina: 149 ; arginina: 174

* Número de moles de metionina: n = $\frac{m}{M} = \frac{100}{149}$ = 0'671 mol

* Número de moles de arginina: n = $\frac{m}{M} = \frac{100}{174}$ = 0'575 mol. **Hay más moles de metionina.**

b) * Masa de nitrógeno en la metionina:

m = 0'671 mol metionina . $\frac{1\,mol\,N}{1\,mol\,metionina} \cdot \frac{14\,g\,N}{1\,mol\,N}$ = 9'39 g N

* Masa de nitrógeno en la arginina:

m = 0'575 mol metionina . $\frac{4\,mol\,N}{1\,mol\,metionina} \cdot \frac{14\,g\,N}{1\,mol\,N}$ = 32'2 g N. **Hay más gramos en la arginina.**

c) * Número de átomos en la metionina:

N = 0'671 mol metionina . $\frac{6'022 \cdot 10^{23}\,moléculas\,metionina}{1\,mol\,metionina} \cdot \frac{20\,átomos}{1\,molécula\,metionina} =$

= $8'08 \cdot 10^{24}$ átomos

* Número de átomos en la arginina:

N = 0'575 mol arginina . $\frac{6'022 \cdot 10^{23}\,moléculas\,arginina}{1\,mol\,arginina} \cdot \frac{26\,átomos}{1\,molécula\,arginina} =$

= $9 \cdot 10^{24}$ átomos. **Hay más átomos en la arginina.**

2015

9) Una cantidad de dioxígeno ocupa un volumen de 825 mL a 27 ºC y una presión de 0,8 atm. Calcula: a) ¿Cuántos gramos hay en la muestra? b) ¿Qué volumen ocupará la muestra en condiciones normales? c) ¿Cuántos átomos de oxígeno hay en la muestra?

a) * Gramos de dioxígeno: $P \cdot V = \frac{m}{M} . R \cdot T \rightarrow m = \frac{P \cdot V \cdot M}{R \cdot T} = \frac{0'8 \cdot 0'825 \cdot 32}{0'082 \cdot 300} =$ **0'859 g**

b) * Volumen en condiciones normales: $V = \frac{m \cdot R \cdot T}{P \cdot M} = \frac{0'859 \cdot 0'082 \cdot 273}{1 \cdot 32} =$ **0'6 L**

c) * Número de átomos de oxígeno:

N = 0'859 g O_2 . $\frac{1\,mol\,O_2}{32\,g\,O_2} \cdot \frac{6'022 \cdot 10^{23}\,moléculas\,O_2}{1\,mol\,O_2} \cdot \frac{2\,átomos\,O}{1\,molécula\,O_2} =$ **$3'23 \cdot 10^{22}$ átomos O**

---

10) Se dispone de tres recipientes que contienen en estado gaseoso: A = 1 L de metano; B = 2 L de nitrógeno molecular; C = 3 L de ozono, O_3, en las mismas condiciones de presión y temperatura. Justifica: a) ¿Qué recipiente contiene mayor número de moléculas? b) ¿Cuál contiene mayor número de átomos? c) ¿Cuál tiene mayor densidad?
DATOS: A_r (H) = 1 u; A_r (C) = 12 u; A_r (N) = 14 u; A_r (O) = 16 u.

a) * Número de moles gaseosos: $n = \frac{P \cdot V}{R \cdot T} = k \cdot V$: el número de moles es proporcional al volumen. El recipiente con ozono contiene mayor número de moléculas.

b) * Número de átomos de cada gas: $N = n \cdot N_A = k \cdot V \cdot N_A \cdot$ nº átomos en una molécula

CH_4 : $k \cdot 1 \cdot N_A \cdot 5 = 5 \cdot k \cdot N_A$ N_2: $k \cdot 2 \cdot N_A \cdot 2 = 4 \cdot k \cdot N_A$ O_3 : $k \cdot 3 \cdot N_A \cdot 3 = 9 \cdot k \cdot N_A$

El ozono contiene mayor número de átomos.

c) * Densidad de un gas: $d = \dfrac{P \cdot M}{R \cdot T} = k' \cdot M$

CH_4 : $k' \cdot 16$ N_2: $k' \cdot 28$ O_3 : $k' \cdot 48$

El ozono tiene mayor densidad.

---

11) a) ¿Qué volumen de HCl del 36 % en peso y de densidad 1,17 $g \cdot mL^{-1}$ se necesitan para preparar 50 mL de una disolución de HCl del 12 % de riqueza en peso y de densidad 1,05 $g \cdot mL^{-1}$? b) ¿Qué volumen de una disolución de $Mg(OH)_2$ 0,5 M sería necesario para neutralizar 25 mL de la disolución de HCl del 12 % en riqueza y de densidad 1,05 $g \cdot mL^{-1}$? DATOS: A_r (H) = 1 u; A_r (Cl) = 35,5 u.

a) * Molaridad de la disolución concentrada:

$$c_{M1} = \frac{36\,g\,HCl}{100\,g\,disolución} \cdot \frac{1\,mol\,HCl}{36'5\,g\,HCl} \cdot \frac{1'17\,g\,disolución}{1\,ml\,disolución} \cdot \frac{1000\,ml\,disolución}{1\,L\,disolución} = 11'5 \text{ M}$$

* Molaridad de la disolución diluida:

$$c_{M2} = \frac{12\,g\,HCl}{100\,g\,disolución} \cdot \frac{1\,mol\,HCl}{36'5\,g\,HCl} \cdot \frac{1'05\,g\,disolución}{1\,ml\,disolución} \cdot \frac{1000\,ml\,disolución}{1\,L\,disolución} = 3'45 \text{ M}$$

* Volumen de la disolución concentrada: $c_{M1} \cdot V_1 = c_{M2} \cdot V_2 \rightarrow V_1 = \dfrac{c_{M2} \cdot V_2}{c_{M1}} = \dfrac{3'45 \cdot 50}{11'5} = \boxed{15 \text{ ml}}$

b) * Reacción de neutralización: $Mg(OH)_2 + 2\,HCl \rightarrow MgCl_2 + 2\,H_2O$

* Moles necesarios de $Mg(OH)_2$:

$$n = 0'025 \text{ L disolución} \cdot \frac{3'45\,mol\,HCl}{1\,L\,disolución} \cdot \frac{1\,mol\,Mg(OH)_2}{2\,mol\,HCl} = 0'0431 \text{ mol } Mg(OH)_2$$

* Volumen de disolución de $Mg(OH)_2$:

$$c_M = \frac{n_s}{V_D} \rightarrow V_D = \frac{n_s}{c_M} = \frac{0'0431}{0'5} = 0'0862 \text{ L} = \boxed{8'62 \text{ ml}}$$

---

12) En la reacción del carbonato de calcio con el ácido clorhídrico se producen cloruro de calcio, dióxido de carbono y agua. Calcule: a) La cantidad de caliza con un contenido del 92% en carbonato de calcio que se necesita para obtener 2,5 kg de cloruro de calcio. b) El volumen que ocupará el dióxido de carbono desprendido a 25 ºC y 1,2 atm.
Datos: Masas atómicas Ca = 40; C = 12; O = 16; Cl = 35,5. R = 0,082 atm·L·mol^{-1}·K^{-1} .

a) * Reacción: $CaCO_3 + 2\ HCl \rightarrow CaCl_2 + CO_2 + H_2O$

* Masa de caliza necesaria:

$$m = 2'5\ kg\ CaCl_2 \cdot \frac{1000\,g\,CaCl_2}{1\,kg\,CaCl_2} \cdot \frac{1\,mol\,CaCl_2}{111\,g\,CaCl_2} \cdot \frac{1\,mol\,CaCO_3}{1\,mol\,CaCl_2} \cdot \frac{100\,g\,CaCO_3}{1\,mol\,CaCO_3} \cdot$$

$$\cdot \frac{1\,kg\,CaCO_3}{1000\,g\,CaCO_3} \cdot \frac{100\,kg\,caliza}{92\,kg\,CaCO_3} = \boxed{2'45\ kg\ caliza}$$

b) * Moles de CO_2:

$$n = 2'5\ kg\ CaCl_2 \cdot \frac{1000\,g\,CaCl_2}{1\,kg\,CaCl_2} \cdot \frac{1\,mol\,CaCl_2}{111\,g\,CaCl_2} \cdot \frac{1\,mol\,CO_2}{1\,mol\,CaCl_2} = 22'5\ mol\ CO_2$$

* Volumen de CO_2: $V = \dfrac{n \cdot R \cdot T}{P} = \dfrac{22'5 \cdot 0'082 \cdot 298}{1'2} = \boxed{458\ L\ CO_2}$

---

13) a) Se desea preparar 1 L de una disolución de ácido nítrico 0,2 M a partir de un ácido nítrico comercial de densidad 1,5 g/mL y 33,6% de riqueza en peso. ¿Qué volumen de ácido nítrico comercial se necesitará? b) Si 40 mL de esta disolución de ácido nítrico 0,2 M se emplean para neutralizar 20 mL de una disolución de hidróxido de calcio, escriba y ajuste la reacción y determine la molaridad de esta disolución. Datos: Masas atómicas H = 1; N = 14; O = 16.

a) * Molaridad del ácido concentrado:

$$c_{M2} = \frac{33'6\,g\,HNO_3}{100\,g\,disolución} \cdot \frac{1\,mol\,HNO_3}{63\,g\,HNO_3} \cdot \frac{1'5\,g\,disolución}{1\,ml\,disolución} \cdot \frac{1000\,ml\,disolución}{1\,L\,disolución} = 8\ M$$

* Volumen de disolución concentrada:

$$c_{M1} \cdot V_1 = c_{M2} \cdot V_2 \rightarrow V_1 = \frac{c_{M2} \cdot V_2}{c_{M1}} = \frac{0'2 \cdot 1}{8} = 0'025\ L = \boxed{2'5\ ml}$$

b) * Reacción de neutralización: $\boxed{2\ HNO_3 + Ca(OH)_2 \rightarrow Ca(NO_3)_2 + 2\ H_2O}$

* Molaridad de la disolución de $Ca(OH)_2$:

$$v_a \cdot c_{Ma} \cdot V_a = v_b \cdot c_{Mb} \cdot V_b \rightarrow c_{Mb} = \frac{v_a \cdot c_{Ma} \cdot V_a}{v_b \cdot V_b} = \frac{1 \cdot 0'2 \cdot 40}{2 \cdot 20} = \boxed{0'2\ M}$$

---

14) Un vaso contiene 100 mL de agua. Calcule: a) ¿Cuántos moles de agua hay en el vaso? b) ¿Cuántas moléculas de agua hay en el vaso? c) ¿Cuántos átomos de hidrógeno hay en el vaso?
Datos: Masas atómicas H = 1; O = 16. Densidad del agua: 1 g/mL.

a) * Moles de agua: $n = 100 \text{ ml } H_2O \cdot \dfrac{1\,g\,H_2O}{1\,ml\,H_2O} \cdot \dfrac{1\,mol\,H_2O}{18\,g\,H_2O} = \boxed{5'56 \text{ mol } H_2O}$

b) * Moléculas de agua: $N = n \cdot N_A = 5'56 \cdot 6'022 \cdot 10^{23} = \boxed{3'35 \cdot 10^{24} \text{ moléculas } H_2O}$

c) * Átomos de hidrógeno: $N = 3'35 \cdot 10^{24} \text{ moléculas } H_2O \cdot \dfrac{2\,átomos\,H}{1\,molécula\,H_2O} = \boxed{6'70 \cdot 10^{24} \text{ átomos H}}$

---

15) El carbonato de sodio se puede obtener por descomposición térmica del hidrogenocarbonato de sodio según la siguiente reacción: $2\,NaHCO_3(s) \rightarrow Na_2CO_3(s) + CO_2(g) + H_2O(g)$
Suponiendo que se descomponen 50 g de hidrogenocarbonato de sodio, calcule: a) El volumen de CO_2 medido a 25 ºC y 1,2 atm de presión. b) La masa en gramos de carbonato de sodio que se obtiene, en el caso de que el rendimiento de la reacción fuera del 83%.
Datos: Masas atómicas Na = 23; C = 12; H = 1; O = 16. R = 0,082 $atm \cdot L \cdot mol^{-1} \cdot K^{-1}$.

a) * Número de moles de CO_2 :

$$n = 50 \text{ g } NaHCO_3 \cdot \frac{1\,mol\,NaHCO_3}{84\,g\,NaHCO_3} \cdot \frac{1\,mol\,CO_2}{2\,mol\,NaHCO_3} = 0'298 \text{ mol } CO_2$$

* Volumen de CO_2 : $V = \dfrac{n \cdot R \cdot T}{P} = \dfrac{0'298 \cdot 0'082 \cdot 298}{1'2} = \boxed{6'07 \text{ L } CO_2}$

b) * Masa de Na_2CO_3 :

$$m = 50 \text{ g } NaHCO_3 \cdot \frac{1\,mol\,NaHCO_3}{84\,g\,NaHCO_3} \cdot \frac{1\,mol\,Na_2CO_3}{2\,mol\,NaHCO_3} \cdot \frac{106\,g\,Na_2CO_3}{1\,mol\,Na_2CO_3} \cdot \frac{83\,g\,reales}{100\,g\,teóricos} =$$

$= \boxed{26'2 \text{ g } Na_2CO_3}$

---

16) Calcule: a) ¿Cuántas moléculas existen en 1 mg de hidrógeno molecular? b) ¿Cuántas moléculas existen en 1 mL de hidrógeno molecular en condiciones normales? c) La densidad del hidrógeno molecular en condiciones normales. Dato: Masa atómica H = 1.

a) * Moléculas de hidrógeno:

$$N = 1 \text{ mg } H_2 \cdot \frac{1\,g\,H_2}{1000\,mg\,H_2} \cdot \frac{1\,mol\,H_2}{2\,g\,H_2} \cdot \frac{6'022 \cdot 10^{23}\,moléculas\,H_2}{1\,mol\,H_2} = \boxed{3'01 \cdot 10^{20} \text{ moléculas } H_2}$$

b) * Moléculas de hidrógeno:

$$N = 1\ ml\ H_2 \cdot \frac{1\,L\,H_2}{1000\,ml\,H_2} \cdot \frac{1\,mol\,H_2}{22'4\,L\,H_2} \cdot \frac{6'022\cdot 10^{23}\,moléculas\,H_2}{1\,mol\,H_2} = \boxed{2'69\cdot 10^{19}\ \text{moléculas}\ H_2}$$

c) * Densidad del hidrógeno: $d = \frac{P\cdot M}{R\cdot T} = \frac{1\cdot 2}{0'082\cdot 273} = \boxed{0'0893\ \frac{g}{L}}$

---

17) Calcule: a) La masa de un átomo de calcio, expresada en gramos. b) El número de moléculas que hay en 5 g de BCl_3 . c) El número de iones cloruro que hay en 2,8 g de $CaCl_2$.
Datos: Masas atómicas Ca = 40; B = 11; Cl = 35,5.

a) * Masa de un átomo de calcio:

$$m = 1\ \text{átomo Ca} \cdot \frac{1\,mol\,Ca}{6'022\cdot 10^{23}\,átomos\,Ca} \cdot \frac{40\,g\,Ca}{1\,mol\,Ca} = \boxed{6'64\cdot 10^{-23}\ g\ Ca}$$

b) * Número de moléculas:

$$N = 5\ g\ de\ BCl_3 \cdot \frac{1\,mol\,BCl_3}{117'5\,g\,BCl_3} \cdot \frac{6'022\cdot 10^{23}\,moléculas\,BCl_3}{1\,mol\,BCl_3} = \boxed{2'56\cdot 10^{22}\ \text{moléculas}\ BCl_3}$$

c) * Número de iones cloruro:

$$N = 2'8\ g\ CaCl_2 \cdot \frac{1\,mol\,CaCl_2}{111\,g\,CaCl_2} \cdot \frac{6'022\cdot 10^{23}\,unidades\,CaCl_2}{1\,mol\,CaCl_2} \cdot \frac{2\,iones\,Cl^-}{1\,unidad\,CaCl_2} = \boxed{3'04\cdot 10^{22}\ \text{iones}}$$

2014

18) La fórmula empírica de un compuesto orgánico es C_4H_8S. Si su masa molecular es 88, determina: a) Su fórmula molecular. b) El número de átomos de hidrógenos que hay en 25 g de dicho compuesto. c) La presión que ejercerá 2 g del compuesto en estado gaseoso a 120 ºC, en un recipiente de 1,5 L.
DATOS: A_r (C) = 12 u; A_r (H) = 1 u; A_r (S) = 32 u; R = 0,082 $atm\cdot L\cdot mol^{-1}\cdot K^{-1}$.

a) * Masa de la fórmula empírica: $M_{emp} = 4\cdot 12 + 8\cdot 1 + 1\cdot 32 = 88$

* Coeficiente por el que hay que multiplicar la fórmula empírica: $n = \frac{M_{molecular}}{M_{empírica}} = \frac{88}{88} = 1$

* Fórmula molecular: $\boxed{C_4H_8S}$

b) * Número de átomos de hidrógeno:

$$N = 25 \text{ g compuesto} \cdot \frac{1\,mol\;compuesto}{88\,g\;compuesto} \cdot \frac{8\,mol\;H}{1\,mol\;compuesto} \cdot \frac{6'022 \cdot 10^{23}\,átomos\;H}{1\,mol\;H} =$$

$$= \boxed{1'37 \cdot 10^{24} \text{ átomos H}}$$

c) * Presión del compuesto gaseoso:

$$P \cdot V = n \cdot R \cdot T \;\rightarrow\; P \cdot V = \frac{m}{M} \cdot R \cdot T \;\rightarrow\; P = \frac{m \cdot R \cdot T}{M \cdot V} = \frac{2 \cdot 0'082 \cdot (120+273)}{88 \cdot 1'5} = \boxed{0'488 \text{ L}}$$

---

19) Se tienen tres depósitos cerrados A, B y C de igual volumen y que se encuentran a la misma temperatura. En ellos se introducen, respectivamente, 10 g de H_2 (g), 7 moles de O_2 (g) y 10^{23} moléculas de N_2 (g). Indica de forma razonada: a) ¿En qué depósito hay mayor masa de gas? b) ¿Cuál contiene mayor número de átomos? c) ¿En qué depósito hay mayor presión?
DATOS: A_r (N) = 14 u; A_r (O) = 16 u; A_r (H) = 1 u.

a) * Masa de cada gas: H_2 : 10 g $\qquad$ O_2 : m = n·M = 7·32 = 224 g

$$N_2 : 10^{23} \text{ moléculas} \cdot \frac{1\,mol\;N_2}{6'022 \cdot 10^{23}\,moléculas\;N_2} \cdot \frac{28\,g\;N_2}{1\,mol\;N_2} = 4'65 \text{ g}$$

Hay mayor masa de O_2. La masa se obtiene a partir de los moles multiplicando los moles por la masa molecular. La masa se obtiene a partir del número de moléculas dividiendo por el número de Avogadro y multiplicando por la masa molecular.

b) * Número de átomos de cada gas:

$$H_2 : 10 \text{ g } H_2 \cdot \frac{1\,mol\;H_2}{2\,g\;H_2} \cdot \frac{6'022 \cdot 10^{23}\,moléculas\;H_2}{1\,mol\;H_2} \cdot \frac{2\,átomos\;H}{1\,molécula\;H_2} = 6'02 \cdot 10^{24} \text{ átomos H}$$

$$O_2 : 7 \text{ mol } O_2 \cdot \frac{6'022 \cdot 10^{23}\,moléculas\;O_2}{1\,mol\;O_2} \cdot \frac{2\,átomos\;O}{1\,molécula\;O_2} = 8'43 \cdot 10^{24} \text{ átomos O}$$

$$N_2 : 10^{23} \text{ moléculas } N_2 \cdot \frac{2\,átomos\;N}{1\,molécula\;N_2} = 2 \cdot 10^{23} \text{ átomos N}$$

c) $P \cdot V = n \cdot R \cdot T \;\rightarrow\; P = \frac{n \cdot R \cdot T}{V}$. Como T y V son iguales en los tres recipientes, tendrá mayor presión el recipiente con mayor número de moles: $n = \frac{m}{M}$

$$H_2 : n = \frac{m}{M} = \frac{10}{2} = 5 \text{ mol} \;\;;\;\; O_2 : 7 \text{ mol} \;\;;\;\; N_2 : n = \frac{N}{N_A} = \frac{10^{23}}{6'022 \cdot 10^{23}} = 0'166 \text{ mol}$$

Tendrá mayor presión el recipiente con O_2 .

---

20) La descomposición térmica de 5 g de $KClO_3$ del 95% de pureza da lugar a la formación de KCl y $O_2(g)$. Sabiendo que el rendimiento de la reacción es del 83%, calcule: a) Los gramos de KCl que se formarán. b) El volumen de $O_2(g)$, medido a la presión de 720 mmHg y temperatura de 20 ºC, que se desprenderá durante la reacción.
Datos: Masas atómicas K = 39; Cl = 35,5; O = 16; R = 0,082 $atm{\cdot}L{\cdot}mol^{-1}{\cdot}K^{-1}$.

a) * Reacción: $2\ KClO_3 \rightarrow 2\ KCl + 3\ O_2$

* Gramos de KCl que se formarán:

$$m = 5\text{ g muestra} \cdot \frac{95\,g\,KClO_3}{100\,g\,muestra} \cdot \frac{1\,mol\,KClO_3}{122'5\,g\,KClO_3} \cdot \frac{2\,mol\,KCl}{2\,mol\,KClO_3} \cdot \frac{74'5\,g\,KCl}{1\,mol\,KCl} \cdot$$

$$\cdot \frac{83\,g\,reales\,KCl}{100\,g\,teóricos\,KCl} = \boxed{2'40\text{ g KCl}}$$

b) * Moles de O_2 desprendidos:

$$n = 5\text{ g muestra} \cdot \frac{95\,g\,KClO_3}{100\,g\,muestra} \cdot \frac{1\,mol\,KClO_3}{122'5\,g\,KClO_3} \cdot \frac{3\,mol\,O_2}{2\,mol\,KClO_3} \cdot \frac{83\,mol\,reales\,O_2}{100\,mol\,teóricos\,O_2} =$$

$= 0'0483\text{ mol } O_2$

* Volumen de O_2 desprendido: $V = \dfrac{n \cdot R \cdot T}{P} = \dfrac{0'0483 \cdot 0'082 \cdot 293}{\dfrac{720}{760}} = \boxed{1'22\text{ L } O_2}$

---

21) a) ¿Cuántos átomos de oxígeno hay en 200 litros de oxígeno molecular en condiciones normales? b) Un corredor pierde 0,6 litros de agua en forma de sudor durante una sesión deportiva. ¿A cuántas moléculas de agua corresponde esa cantidad? c) Una persona bebe al día 1 litro de agua. ¿Cuántos átomos incorpora a su cuerpo por este procedimiento?
Datos: Masas atómicas O = 16; H = 1. Densidad del agua: 1 g/mL.

a) * Número de átomos de oxígeno:

$$N = 200\text{ L } O_2 \cdot \frac{1\,mol\,O_2}{22'4\,L\,O_2} \cdot \frac{6'022 \cdot 10^{23}\,moléculas\,O_2}{1\,mol\,O_2} \cdot \frac{2\,átomos\,O}{1\,molécula\,O_2} = \boxed{1'08 \cdot 10^{25}\text{ átomos O}}$$

b) * Número de moléculas de agua:

$$N = 0'6\ L\ H_2O\ .\ \frac{1\,kg\,H_2O}{1\,L\,H_2O} \cdot \frac{1000\,g\,H_2O}{1\,kg\,H_2O} \cdot \frac{1\,mol\,H_2O}{18\,g\,H_2O} \cdot \frac{6'022 \cdot 10^{23}\,moléculas\,H_2O}{1\,mol\,H_2O} =$$

$= \boxed{2'01 \cdot 10^{25}\ \text{moléculas}\ H_2O}$

c) * Número de átomos:

$$N = 1\ L\ H_2O\ .\ \frac{1\,kg\,H_2O}{1\,L\,H_2O} \cdot \frac{1000\,g\,H_2O}{1\,kg\,H_2O} \cdot \frac{1\,mol\,H_2O}{18\,g\,H_2O} \cdot \frac{6'022 \cdot 10^{23}\,moléculas\,H_2O}{1\,mol\,H_2O} \cdot$$

$$\cdot\ \frac{3\,átomos}{1\,molécula\,H_2O} = \boxed{10^{26}\ \text{átomos}}$$

---

22) El ácido nítrico reacciona con el sulfuro de hidrógeno dando azufre elemental (S), monóxido de nitrógeno y agua. Escriba y ajuste la ecuación. Determine el volumen de sulfuro de hidrógeno, medido a 60 ºC y 1 atm, necesario para que reaccione con 500 mL de ácido nítrico 0,2 M.
Dato: $R = 0,082\ atm \cdot L \cdot mol^{-1} \cdot K^{-1}$.

* Reacción química ajustada: $a\ HNO_3 + b\ H_2S \rightarrow c\ S + d\ NO + e\ H_2O$

H: $a + 2 \cdot b = 2 \cdot e$; N: $a = d$; O: $3 \cdot a = d + e$; S: $b = c$

Si $a = 1 \rightarrow d = 1$; $3 \cdot 1 = 1 + e \rightarrow e = 2$; $1 + 2 \cdot b = 2 \cdot 2 \rightarrow b = \frac{3}{2}$; $c = \frac{3}{2}$

Multiplicando todos los coeficientes por 2: a = 2, b = 3, c = 3, d = 2, e = 4

$$\boxed{2\ HNO_3 + 3\ H_2S \rightarrow 3\ S + 2\ NO + 4\ H_2O}$$

* Número de moles de H_2S:

$$n = \frac{0'2\,mol\,HNO_3}{1\,L\,disolución}\ .\ 0'5\ L\ disolución\ .\ \frac{3\,mol\,H_2S}{2\,mol\,HNO_3} = 0'15\ mol\ H_2S$$

* Volumen de H_2S: $V = \frac{n \cdot R \cdot T}{P} = \frac{0'15 \cdot 0'082 \cdot (273+60)}{1} = \boxed{4'10\ L\ H_2S}$

---

23) Un recipiente de 1 litro de capacidad está lleno de dióxido de carbono gaseoso a 27 ºC. Se hace vacío hasta que la presión del gas es de 10 mmHg. Determine: a) ¿Cuántos gramos de dióxido de carbono contiene el recipiente? b) ¿Cuántas moléculas hay en el recipiente? c) El número total de átomos contenidos en el recipiente. Datos: Masas atómicas C = 12; O = 16. $R = 0,082\ atm \cdot L \cdot mol^{-1} \cdot K^{-1}$.

a) * Gramos de CO_2 :

$$P\cdot V = n\cdot R\cdot T \rightarrow P\cdot V = \frac{m}{M}.R\cdot T \rightarrow m = \frac{P\cdot V\cdot M}{R\cdot T} = \frac{\frac{10}{760}.1\cdot 44}{0'082\cdot 300} = \boxed{0'0235\ g}$$

b) * Número de moléculas:

$$N = 0'0235\ g\ CO_2 \ . \ \frac{1\, mol\, CO_2}{44\, g\, CO_2} \ . \ \frac{6'022\cdot 10^{23}\, moléculas\, CO_2}{1\, mol\, CO_2} = \boxed{3'22\cdot 10^{20}\ \text{moléculas}\ CO_2}$$

c) * Número total de átomos: $N = 3'22\cdot 10^{20}$ moléculas CO_2 . $\frac{3\, átomos}{1\, molécula\, CO_2} = \boxed{9'66\cdot 10^{20}\ \text{átomos}}$

---

24) Dada la siguiente reacción química sin ajustar: $H_3PO_4 + NaBr \rightarrow Na_2HPO_4 + HBr$.
Si en un análisis se añaden 100 mL de ácido fosfórico 2,5 M a 40 g de bromuro de sodio. a) ¿Cuántos gramos de Na_2HPO_4 se habrán obtenido? b) Si se recoge el bromuro de hidrógeno gaseoso en un recipiente de 500 mL, a 50 °C, ¿qué presión ejercerá?
Datos: R = 0,082 atm·L·mol^{-1}·K^{-1} . Masas atómicas: H = 1; P = 31; O = 16; Na = 23; Br = 80.

a) * Reacción ajustada: $H_3PO_4 + 2\ NaBr \rightarrow Na_2HPO_4 + 2\ HBr$

* Moles de H_3PO_4 : $n = c_M\cdot V = 2'5\ \frac{mol}{L}\ .\ 0'1\ L = 0'25\ mol\ H_3PO_4$

* Moles de NaBr: $n = \frac{m}{M} = \frac{40}{103} = 0'388\ mol\ NaBr$

* Determinación del limitante: $\frac{1\, mol\, H_3PO_4}{2\, mol\, NaBr} = \frac{0'25\, mol\, H_3PO_4}{x} \rightarrow x = 0'5\ mol\ NaBr$

Al ser 0'5 mol NaBr > 0'388 mol NaBr, el NaBr es el limitante.

* Gramos de Na_2HPO_4 :

$$m = 0'388\ mol\ NaBr\ .\ \frac{1\, mol\, Na_2HPO_4}{2\, mol\, NaBr}\ .\ \frac{142\, g\, Na_2HPO_4}{1\, mol\, Na_2HPO_4} = \boxed{27'5\ g\ \ Na_2HPO_4}$$

b) * Moles de HBr: $n = 0'388\ mol\ NaBr\ .\ \frac{2\, mol\, HBr}{2\, mol\, NaBr} = 0'388\ mol\ HBr$

* Presión del HBr: $P = \frac{n\cdot R\cdot T}{V} = \frac{0'388\cdot 0'082\cdot (273+50)}{0'5} = \boxed{20'6\ atm}$

---

25) Se dispone de 500 mL de una disolución acuosa de ácido sulfúrico 10 M y densidad 1,53 g/mL. a) Calcule el volumen que se debe tomar de este ácido para preparar 100 mL de una disolución acuosa de ácido sulfúrico 1,5 M. b) Exprese la concentración de la disolución inicial en tanto por ciento en masa y en fracción molar del soluto. Datos: Masas atómicas H = 1; O = 16; S = 32.

a) * Volumen de ácido concentrado: $c_{M1} \cdot V_1 = c_{M2} \cdot V_2 \rightarrow V_1 = \frac{c_{M2} \cdot V_2}{c_{M1}} = \frac{1'5 \cdot 100}{10} = \boxed{15\ ml}$

b) * Porcentaje en masa:

$$\text{Porcentaje} = \frac{10\ mol\ H_2SO_4}{1\ L\ disolución} \cdot \frac{1\ L\ disolución}{1000\ ml\ disolución} \cdot \frac{1\ ml\ disolución}{1'53\ g\ disolución} \cdot \frac{98\ g\ H_2SO_4}{1\ mol\ H_2SO_4} \cdot 100 =$$

$= \boxed{64'1\ \%}$

* Moles de soluto: $n = c_M \cdot V = 10\ \frac{mol}{L} \cdot 0'5\ L = 5\ mol\ H_2SO_4$

* Masa de soluto: $m = n \cdot M = 5 \cdot 98 = 490\ g\ H_2SO_4$

* Masa de disolución: $m = 1'53\ \frac{g\ disolución}{1\ ml\ disolución} \cdot \frac{1000\ ml\ disolución}{1\ L\ disolución} \cdot 0'5\ L\ disolución =$

= 765 g disolución

* Masa de agua: $m = 765 - 490 = 275\ g\ H_2O$

* Moles de agua: $n = \frac{m}{M} = \frac{275}{18} = 15'3\ mol\ H_2O$

* Fracción molar de soluto: $x = \frac{n_s}{n_s + n_d} = \frac{5}{5 + 15'3} = \boxed{0'246}$

2013

26) a) Determina la fórmula empírica de un hidrocarburo sabiendo que cuando se quema cierta cantidad de compuesto se forman 3,035 g de CO_2 y 0,621 g de H_2O. b) Establece su fórmula molecular si 0,649 g del compuesto en estado gaseoso ocupan 254,3 mL a 100 ºC y 760 mm Hg.
DATOS: $R = 0{,}082\ atm \cdot L \cdot mol^{-1} \cdot K^{-1}$; A_r (C) = 12 u; A_r (H) = 1u.

a) * Reacción de combustión: $C_xH_y + O_2 \rightarrow x\ CO_2 + \frac{y}{2}\ H_2O$

* Número de moles de CO_2 : $n = \frac{m}{M} = \frac{3'035}{44} = 0'069\ mol\ CO_2$

* Número de moles de H_2O: $n = \frac{m}{M} = \frac{0'621}{18} = 0'0345$ mol H_2O

* Número de moles de C: x = nº moles CO_2 = 0'069 mol C

* Número de moles de H: y = 2·nº moles H_2O = 2·0'0345 = 0'069 mol H

* Relación entre los moles de C y de H: $\frac{moles\ C}{moles\ H} = \frac{0'069}{0'069} = 1$

* Fórmula empírica: **CH**

b) * Masa molecular: $P \cdot V = n \cdot R \cdot T \rightarrow P \cdot V = \frac{m}{M} \cdot R \cdot T \rightarrow M_{mol} = \frac{m \cdot R \cdot T}{P \cdot V} =$

$= \frac{0'649 \cdot 0'082 \cdot 373}{1 \cdot 0'2543} = 78'1\ \frac{g}{mol}$

* Masa de la fórmula empírica: $M_{empírica} = 12 + 1 = 13$

* Coeficiente por el que hay que multiplicar la fórmula empírica: $n = \frac{M_{molecular}}{M_{empírica}} = \frac{78'1}{13} = 6$

* Fórmula molecular: **C_6H_6**

---

27) Se dispone de ácido nítrico concentrado de densidad 1,505 g/mL y riqueza 98% en masa. a) ¿Cuál será el volumen necesario de este ácido para preparar 250 mL de una disolución 1 M? b) Se toman 50 mL de la disolución anterior, se trasvasan a un matraz aforado de 1 L y se enrasa posteriormente con agua destilada. Calcula los gramos de hidróxido de potasio que son necesarios para neutralizar la disolución ácida preparada. DATOS: A_r (H) = 1 u; A_r (N) = 14 u; A_r (O) = 16 u; A_r (K) = 39 u.

a) * Molaridad de la disolución concentrada:

$$c_{M1} = \frac{98\ g\ HNO_3}{100\ g\ disolución} \cdot \frac{1'505\ g\ disolución}{1\ ml\ disolución} \cdot \frac{1\ mol\ HNO_3}{63\ g\ HNO_3} \cdot \frac{1000\ ml\ disolución}{1\ L\ disolución} = 23'4\ M$$

* Volumen de ácido concentrado: $c_{M1} \cdot V_1 = c_{M2} \cdot V_2 \rightarrow V_1 = \frac{c_{M2} \cdot V_2}{c_{M1}} = \frac{1 \cdot 250}{23'4} =$ **10'7 ml**

b) * Concentración de la nueva disolución: $c_{M2} \cdot V_2 = c_{M3} \cdot V_3 \rightarrow c_{M3} = \frac{c_{M2} \cdot V_2}{V_3} = \frac{1 \cdot 50}{1000} = 0'05$ M

* Reacción ajustada: $HNO_3 + KOH \rightarrow KNO_3 + H_2O$

* Masa de KOH necesaria:

$$m = \frac{0'05\,mol\,HNO_3}{1\,L\,disolución} \cdot 1\text{ L disolución} \cdot \frac{1\,mol\,KOH}{1\,mol\,HNO_3} \cdot \frac{56\,g\,KOH}{1\,mol\,KOH} = \boxed{2'8\text{ g KOH}}$$

---

28) Calcule los moles de átomos de carbono que habrá en: a) 36 g de carbono. b) 12 unidades de masa atómica de carbono. c) $1{,}2\cdot 10^{21}$ átomos de carbono. Dato: Masa atómica C = 12.

a) * Moles de C: $n = \frac{m}{M} = \frac{36}{12} = \boxed{3\text{ mol}}$

b) * Moles de C: $n = 12\text{ uma} \cdot \frac{1\,átomo}{12\,uma} \cdot \frac{1\,mol\,C}{6'022\cdot 10^{23}\,átomos\,C} = \boxed{1'66\cdot 10^{-24}\text{ mol}}$

c) * Moles de C: $n = \frac{N}{N_A} = \frac{1'2\cdot 10^{21}}{6'022\cdot 10^{23}} = \boxed{1'99\cdot 10^{-3}\text{ mol}}$

---

29) Calcule el número de átomos de oxígeno que contiene: a) Un litro de agua. b) 10 L de aire en condiciones normales, sabiendo que éste contiene un 20% en volumen de O_2. c) 20 g de hidróxido de sodio. Datos: Masas atómicas O = 16; H = 1; Na = 23. Densidad del agua = 1 g/mL.

a) * Número de átomos de oxígeno:

$$N = 1000\text{ ml }H_2O \cdot \frac{1\,g\,H_2O}{1\,ml\,H_2O} \cdot \frac{1\,mol\,H_2O}{18\,g\,H_2O} \cdot \frac{1\,mol\,O}{1\,mol\,H_2O} \cdot \frac{6'022\cdot 10^{23}\,átomos\,O}{1\,mol\,O} =$$

$$= \boxed{3'35\cdot 10^{25}\text{ átomos O}}$$

b) * Número de átomos de oxígeno:

$$N = 10\text{ L aire} \cdot \frac{20\,L\,O_2}{100\,L\,aire} \cdot \frac{1\,mol\,O_2}{22'4\,L\,O_2} \cdot \frac{6'022\cdot 10^{23}\,moléculas\,O_2}{1\,mol\,O_2} \cdot \frac{2\,átomos\,O}{1\,molécula\,O_2} =$$

$$= \boxed{1'08\cdot 10^{23}\text{ átomos O}}$$

c) * Número de átomos de oxígeno:

$$N = 20\text{ g NaOH} \cdot \frac{1\,mol\,NaOH}{40\,g\,NaOH} \cdot \frac{1\,mol\,O}{1\,mol\,NaOH} \cdot \frac{6'022\cdot 10^{23}\,átomos\,O}{1\,mol\,O} = \boxed{3'01\cdot 10^{23}\text{ átomos O}}$$

---

30) Al tratar 5 g de mineral galena con ácido sulfúrico se obtienen 410 mL de H_2S gaseoso, medidos en condiciones normales, según la ecuación: $PbS + H_2SO_4 \rightarrow PbSO_4 + H_2S$. Calcule: a) La riqueza en PbS de la galena. b) El volumen de ácido sulfúrico 0,5 M gastado en esa reacción.
Datos: Masas atómicas Pb = 207; S = 32.

a) * Masa de PbS obtenida:

$$m = 410\text{ ml } H_2S \cdot \frac{1\,L\,H_2S}{1000\,ml\,H_2S} \cdot \frac{1\,mol\,H_2S}{22'4\,L\,H_2S} \cdot \frac{1\,mol\,PbS}{1\,mol\,H_2S} \cdot \frac{239\,g\,PbS}{1\,mol\,PbS} = 4'37\text{ g PbS}$$

* Riqueza de la galena: $\text{Riqueza} = \frac{m_{PbS} \cdot 100}{m_{galena}} = \frac{4'37 \cdot 100}{5} = \boxed{87'4\ \%}$

b) * Moles de H_2SO_4 gastados:

$$n = 410\text{ ml } H_2S \cdot \frac{1\,L\,H_2S}{1000\,ml\,H_2S} \cdot \frac{1\,mol\,H_2S}{22'4\,L\,H_2S} \cdot \frac{1\,mol\,H_2SO_4}{1\,mol\,H_2S} = 0'0183\text{ mol } H_2SO_4$$

* Volumen de ácido necesario:

$$c_M = \frac{n_s}{V_D} \quad \rightarrow \quad V_D = \frac{n_s}{c_M} = \frac{0'0183}{0'5} = 0'0366\text{ L} = \boxed{36'6\text{ ml}}$$

---

31) Se tienen en dos recipientes del mismo volumen y a la misma temperatura 1 mol de O_2 y 1 mol de CH_4, respectivamente. Conteste razonadamente a las siguientes cuestiones: a) ¿En cuál de los dos recipientes será mayor la presión? b) ¿En qué recipiente la densidad del gas será mayor? c) ¿Dónde habrá más átomos? Datos: Masas atómicas O = 16; C = 12; H = 1.

a) $P \cdot V = n \cdot R \cdot T \quad \rightarrow \quad P = \frac{n \cdot R \cdot T}{V}$. La presión es la misma en ambos recipientes, pues el número de moles, la temperatura y el volumen son iguales entre ambos recipientes.

b) $d = \frac{P \cdot M}{R \cdot T}$. El del dioxígeno. A igualdad de presión y temperatura, el de mayor densidad es el de mayor masa molecular. El CH_4 tiene 16 y el O_2 tiene 32.

c) $N = n \cdot N_A \cdot$ nº de átomos por molécula

O_2 : $N = 1 \cdot 6'022 \cdot 10^{23} \cdot 2 = 1'20 \cdot 10^{24}$ átomos ; CH_4 : $N = 1 \cdot 6'022 \cdot 10^{23} \cdot 5 = 3'01 \cdot 10^{24}$ átomos

Tiene más átomos el metano.

---

32) La etiqueta de un frasco de ácido clorhídrico indica que tiene una concentración del 20% en peso y que su densidad es 1,1 g/mL. a) Calcule el volumen de este ácido necesario para preparar 500 mL de HCl 1,0 M. b) Se toman 10 mL del ácido más diluido y se le añaden 20 mL del más concentrado, ¿cuál es la molaridad del HCl resultante?
Datos: Masas atómicas Cl = 35,5; H = 1. Se asume que los volúmenes son aditivos.

a) * Molaridad de la disolución concentrada:

$$c_{M1} = \frac{20\,g\,HCl}{100\,g\,disolución} \cdot \frac{1'1\,g\,disolución}{1\,ml\,disolución} \cdot \frac{1\,mol\,HCl}{36'5\,g\,HCl} \cdot \frac{1000\,ml\,disolución}{1\,L\,disolución} = 5'48\text{ M}$$

* Volumen de disolución concentrada:

$$c_{M1} \cdot V_1 = c_{M2} \cdot V_2 \rightarrow V_1 = \frac{c_{M2} \cdot V_2}{c_{M1}} = \frac{1 \cdot 500}{5'48} = \boxed{91'2\text{ ml}}$$

b) * Molaridad de la mezcla:

$$c_M = \frac{moles\,totales}{volumen\,total} = \frac{c_{M1} \cdot V_3 + c_{M3} \cdot V_4}{V_3 + V_4} = \frac{1 \cdot 0'010 + 5'48 \cdot 0'020}{0'010 + 0'020} = \boxed{3'99\text{ M}}$$

2012

33) Se disponen de tres recipientes que contienen en estado gaseoso 1 L de metano, 2 L de nitrógeno y 1,5 L de ozono, respectivamente, en las mismas condiciones de presión y temperatura. Justifica: a) ¿Cuál contiene mayor número de moléculas? b) ¿Cuál contiene mayor número de átomos? c) ¿Cual tiene mayor densidad?

a) $P \cdot V = n \cdot R \cdot T \rightarrow n = \frac{P \cdot V}{R \cdot T}$; $N = n \cdot N_A = \frac{P \cdot V \cdot N_A}{R \cdot T} = k \cdot V$

Tendrá mayor número de moléculas el de mayor volumen, es decir, el nitrógeno.

b) Nº átomos = Nº moléculas·nº átomos en una molécula = k·V·nº átomos por molécula

CH_4 : k·1·5 = 5·k N_2 : k·2·2 = 4·k O_3 : k·1'5·3 = 4'5·k

El metano tiene mayor número de átomos.

c) $d = \frac{P \cdot M}{R \cdot T}$. A igualdad de presión y temperatura, tiene mayor densidad el de mayor masa molecular, es decir, el ozono. Masas moleculares: CH_4 : 16, N_2 : 28, O_3 : 48.

---

34) Calcule: a) Cuántos moles de átomos de oxígeno hay en un mol de etanol. b) La masa de $2'6 \cdot 10^{20}$ moléculas de CO_2. c) El número de átomos de nitrógeno que hay en 0'38 g de NH_4NO_2. Masas atómicas: H = 1; C = 12; N = 14; O = 16.

a) * Fórmula semidesarrollada: $CH_3 - CH_2OH$ * Fórmula molecular: C_2H_6O

* Moles de oxígeno: $N = 1\text{ mol etanol} \cdot \frac{1\,mol\,O}{1\,mol\,etanol} = \boxed{1\text{ mol O}}$

b) * Masa de las moléculas de CO_2 :

$$m = 2'6\cdot 10^{20} \text{ moléculas } CO_2 \cdot \frac{1\, mol\, CO_2}{6'022\cdot 10^{23}\, moléculas\, CO_2} \cdot \frac{44\, g\, CO_2}{1\, mol\, CO_2} = \boxed{0'019 \text{ g } CO_2}$$

c) * Número de átomos de nitrógeno:

$$N = 0'38 \text{ g } NH_4NO_2 \cdot \frac{1\, mol\, NH_4NO_2}{64\, g\, NH_4NO_2} \cdot \frac{2\, mol\, N}{1\, mol\, NH_4NO_2} \cdot \frac{6'022\cdot 10^{23}\, átomos\, N}{1\, mol\, N} =$$

$$= \boxed{7'15\cdot 10^{21} \text{ átomos N}}$$

---

35) Dada la reacción química (sin ajustar): $AgNO_3 + Cl_2 \rightarrow AgCl + N_2O_5 + O_2$. Calcule: a) Los moles de N_2O_5 que se obtienen a partir de 20 g de $AgNO_3$, con exceso de Cl_2. b) El volumen de oxígeno obtenido, medido a 20 ºC y 620 mm de Hg.
Datos: R=0'082 atm·L·K^{-1}·mol^{-1}. Masas atómicas: N = 14; O = 16; Ag = 108.

a) * Reacción ajustada: por tanteo, empezando por el N: $2\, AgNO_3 + Cl_2 \rightarrow 2\, AgCl + N_2O_5 + \frac{1}{2} O_2$

Multiplicando por 2: $4\, AgNO_3 + 2\, Cl_2 \rightarrow 4\, AgCl + 2\, N_2O_5 + O_2$

* Moles de N_2O_5 que se obtienen:

$$n = 20 \text{ g } AgNO_3 \cdot \frac{1\, mol\, AgNO_3}{170\, g\, AgNO_3} \cdot \frac{2\, mol\, N_2O_5}{4\, mol\, AgNO_3} = \boxed{0'0588 \text{ mol } N_2O_5}$$

b) * Número de moles de dioxígeno:

$$n = 20 \text{ g } AgNO_3 \cdot \frac{1\, mol\, AgNO_3}{170\, g\, AgNO_3} \cdot \frac{1\, mol\, O_2}{4\, mol\, AgNO_3} = 0'0294 \text{ mol } O_2$$

* Volumen de dioxígeno: $V = \frac{n\cdot R\cdot T}{P} = \frac{0'0294\cdot 0'082\cdot 293}{\frac{620}{760}} = \boxed{0'866 \text{ L } O_2}$

---

36) Se preparan 25 mL de una disolución 2'5 M de $FeSO_4$. a) Calcule cuántos gramos de sulfato de hierro (II) se utilizarán para preparar la disolución. b) Si la disolución anterior se diluye hasta un volumen de 450 mL ¿Cuál será la molaridad de la disolución? Masas atómicas:O = 16; S = 32; Fe = 56.

a) * Masa de $FeSO_4$:

$$c_M = \frac{n_s}{V_D} = \frac{m_s}{M_s\cdot V_D} \quad \rightarrow \quad m_s = c_M\cdot M_s\cdot V_D = 2'5\, \frac{mol}{L} \cdot 152\, \frac{g}{mol} \cdot 0'025 \text{ L} = \boxed{9'5 \text{ g } FeSO_4}$$

b) * Molaridad de la disolución diluida:

$c_{M1} \cdot V_1 = c_{M2} \cdot V_2 \quad \rightarrow \quad c_{M2} = \dfrac{c_{M1} \cdot V_1}{V_2} = \dfrac{2'5 \cdot 25}{450} = \boxed{0'139\ M}$

---

37) Exprese en moles las siguientes cantidades de SO_3: a) $6'023 \cdot 10^{20}$ moléculas. b) 67'2 g. c) 25 litros medidos a 60 ºC y 2 atm de presión. Masas atómicas: O = 16; S = 32. R = 0'082 $atm \cdot L \cdot K^{-1} \cdot mol^{-1}$.

a) * Moles de SO_3 : $n = \dfrac{N}{N_A} = \dfrac{6'023 \cdot 10^{20}}{6'022 \cdot 10^{23}} = \boxed{10^{-3}\ mol}$

b) * Moles de SO_3 : $n = \dfrac{m}{M} = \dfrac{67'2}{80} = \boxed{0'84\ mol}$

c) * Moles de SO_3 : $n = \dfrac{P \cdot V}{R \cdot T} = \dfrac{2 \cdot 25}{0'082 \cdot (273+60)} = \boxed{1'83\ mol}$

---

38) Calcule la molaridad de una disolución preparada mezclando 150 mL de ácido nitroso 0'2 M con cada uno de los siguientes líquidos: a) Con 100 mL de agua destilada. b) Con 100 mL de una disolución de ácido nitroso 0'5 M.

a) * Molaridad final: $c_{M2} = \dfrac{n_s}{V_D} = \dfrac{c_{M1} \cdot V_1}{V_1 + V_2} = \dfrac{0'2 \cdot 0'15}{0'15 + 0'1} = \boxed{0'12\ M}$

b) * Molaridad final: $c_{M3} = \dfrac{n_s}{V_D} = \dfrac{c_{M1} \cdot V_1 + c_{M3} \cdot V_3}{V_1 + V_3} = \dfrac{0'2 \cdot 0'15 + 0'5 \cdot 0'1}{0'15 + 0'1} = \boxed{0'32\ M}$

---

39) Se mezclan 2 litros de cloro gas medidos a 97 ºC y 3 atm de presión con 3'45 g de sodio metal y se dejan reaccionar hasta completar la reacción. Calcule: a) Los gramos de cloruro de sodio obtenidos. b) Los gramos del reactivo no consumido.
Datos: R = 0'082 $atm \cdot L \cdot K^{-1} \cdot mol^{-1}$. Masas atómicas: Na = 23; Cl = 35'5.

a) * Reacción ajustada: $Cl_2 + 2\ Na \rightarrow 2\ NaCl$

* Moles de dicloro: $n = \dfrac{P \cdot V}{R \cdot T} = \dfrac{3 \cdot 2}{0'082 \cdot (273+97)} = 0'198\ mol\ Cl_2$

* Moles de sodio: $n = \dfrac{m}{M} = \dfrac{3'45}{23} = 0'15\ mol\ Na$

* Determinación del limitante: $\dfrac{1\, mol\, Cl_2}{2\, mol\, Na} = \dfrac{0'198\, mol\, Cl_2}{x} \quad \rightarrow \quad x = 2 \cdot 0'198 = 0'396\ mol\ Na$

Al ser 0'396 mol Na > 0'15 mol Na $\rightarrow$ El limitante es el Na.

* Gramos de NaCl: m = 0'15 mol Na · $\frac{2\,mol\,NaCl}{2\,mol\,Na} \cdot \frac{58'5\,g\,NaCl}{1\,mol\,NaCl}$ = **8'78 g NaCl**

b) * Moles de Cl_2 reaccionados: n = 0'15 mol Na · $\frac{1\,mol\,Cl_2}{2\,mol\,Na}$ = 0'075 mol Cl_2

* Moles de Cl_2 no reaccionados: n = 0'198 – 0'075 = 0'123 mol Cl_2

* Gramos de reactivo no consumido: m = n·M = 0'123 mol·71 $\frac{g}{mol}$ = **8'73 g Cl_2**

---

40) Razone si son verdaderas o falsas las siguientes proposiciones: a) En 22'4 L de oxígeno, a 0 ºC y 1 atm, hay el número de Avogadro de átomos de oxígeno. b) Al reaccionar el mismo número de moles de Mg o de Al con HCl se obtiene el mismo volumen de hidrógeno, a la misma presión y temperatura. c) A presión constante, el volumen de un gas a 50 ºC es el doble que a 25 ºC.

a) Falso. En condiciones normales (0ºC y 1 atm), 1 mol de cualquier gas ocupa 22'4 L. Luego tenemos un mol de O_2. Un mol de O_2 contiene: $2 \cdot N_A$ átomos de oxígeno.

b) Correcto. * Reacción con el Mg: $Mg + 2\,HCl \rightarrow MgCl_2 + H_2$

El limitante es el HCl. Se obtendría: $\frac{1}{2}$ = 0'5 mol H_2 .

* Reacción con el Al: $2\,Al + 6\,HCl \rightarrow 2\,AlCl_3 + 3\,H_2$

El limitante es el HCl. Se obtendría: $\frac{1 \cdot 3}{6}$ = 0'5 mol H_2 .

c) Falso. En un proceso a presión contante:

$$\frac{V_1}{T_1} = \frac{V_2}{T_2} \rightarrow V_2 = \frac{V_1 \cdot T_2}{T_1} = \frac{V_1 \cdot (273+50)}{273+25} = 1'08 \cdot V_1$$: es sólo 1'08 veces más grande.

2011

41) En disolución acuosa el ácido sulfúrico reacciona con cloruro de bario precipitando totalmente sulfato de bario y obteniéndose además ácido clorhídrico. Calcula: a) El volumen de una disolución de ácido sulfúrico de 1,84 $g \cdot mL^{-1}$ de densidad y 96 % de riqueza en masa, necesario para que reaccionen totalmente con 21,6 g de cloruro de bario. b) La masa de sulfato de bario que se obtendrá.
DATOS: A_r (H) = 1 u; A_r (O) = 16 u; A_r (S) = 32 u; A_r (Ba) = 137,4 u; A_r (Cl) = 35,5 u.

a) * Reacción ajustada: $H_2SO_4 + BaCl_2 \rightarrow BaSO_4 + 2\,HCl$

* Volumen necesario de disolución:

$$V = 21'6 \text{ g } BaCl_2 \cdot \frac{1\,mol\,BaCl_2}{208'4\,g\,BaCl_2} \cdot \frac{1\,mol\,H_2SO_4}{1\,mol\,BaCl_2} \cdot \frac{98\,g\,H_2SO_4}{1\,mol\,H_2SO_4} \cdot \frac{100\,g\,disolución}{96\,g\,H_2SO_4} \cdot$$

$$\cdot \frac{1\,ml\,disolución}{1'84\,g\,disolución} = \boxed{5'75 \text{ ml}}$$

b) * Masa de $BasO_4$ que se obtendrá:

$$m = 21'6 \text{ g } BaCl_2 \cdot \frac{1\,mol\,BaCl_2}{208'4\,g\,BaCl_2} \cdot \frac{1\,mol\,Ba\,SO_4}{1\,mol\,BaCl_2} \cdot \frac{233'4\,g\,BaSO_4}{1\,mol\,BaSO_4} = \boxed{24'2 \text{ g } BaSO_4}$$

---

42) a) ¿Cuál es la masa, expresada en gramos, de un átomo de calcio? b) ¿Cuántos átomos de cobre hay en 2,5 gramos de ese elemento? c) ¿Cuántas moléculas hay en una muestra que contiene 20 g de tetracloruro de carbono? DATOS: A_r (Ca) = 40 u; A_r (C) = 12 u; A_r (Cu) = 63,5 u; A_r (Cl) = 35,5 u.

a) * Masa de un átomo de Ca:

$$m = 1 \text{ átomo Ca} \cdot \frac{1\,mol\,Ca}{6'022 \cdot 10^{23}\,átomos\,Ca} \cdot \frac{40\,g\,Ca}{1\,mol\,Ca} = \boxed{6'64 \cdot 10^{-23} \text{ g Ca}}$$

b) * Número de átomos de cobre:

$$N = 2'5 \text{ g Cu} \cdot \frac{1\,mol\,Cu}{63'5\,g\,Cu} \cdot \frac{6'022 \cdot 10^{23}\,átomos\,Cu}{1\,mol\,Cu} = \boxed{2'37 \cdot 10^{22} \text{ átomos Cu}}$$

c) * Número de moléculas de CCl_4:

$$N = 20 \text{ g } CCl_4 \cdot \frac{1\,mol\,CCl_4}{154\,g\,CCl_4} \cdot \frac{6'022 \cdot 10^{23}\,moléculas\,CCl_4}{1\,mol\,CCl_4} = \boxed{7'82 \cdot 10^{22} \text{ moléculas } CCl_4}$$

---

43) En una botella de ácido clorhídrico concentrado figuran los siguientes datos: 36 % en masa, densidad 1,18 $g \cdot mL^{-1}$. Calcula: a) La molaridad de la disolución y la fracción molar del ácido. b) El volumen de este ácido concentrado que se necesita para preparar 1 L de disolución 2 M.
DATOS: A_r (Cl) = 35,5 u; A_r (O) = 16 u; A_r (H) = 1 u.

a) * Molaridad de la disolución:

$$c_M = \frac{36\,g\,HCl}{100\,g\,disolución} \cdot \frac{1\,mol\,HCl}{36'5\,g\,HCl} \cdot \frac{1'18\,g\,disolución}{1\,ml\,disolución} \cdot \frac{1000\,ml\,disolución}{1\,L\,disolución} = \boxed{11'6 \text{ M}}$$

* Fracción molar del ácido:

$$x = \frac{36\,g\,HCl}{100\,g\,disolución} \cdot \frac{1\,mol\,HCl}{36'5\,g\,HCl} \cdot \frac{100\,g\,disolución}{\frac{36}{36'5}+\frac{64}{18}mol} = \boxed{0'217}$$

b) * Volumen de ácido concentrado:

$$c_{M1} \cdot V_1 = c_{M2} \cdot V_2 \rightarrow V_1 = \frac{c_{M2} \cdot V_2}{c_{M1}} = \frac{2 \cdot 1}{11'6} = 0'172\ L = \boxed{172\ ml}$$

---

44) Se tienen 80 g de anilina ($C_6H_5NH_2$). Calcule: a) El número de moles del compuesto. b) El número de moléculas. c) El número de átomos de hidrógeno. Masas atómicas: C = 12; N = 14; H = 1.

a) * Número de moles del compuesto: $n = \frac{m}{M} = \frac{80}{93} = \boxed{0'86\ mol}$

b) * Número de moléculas: $N = n \cdot N_A = 0'86 \cdot 6'022 \cdot 10^{23} = \boxed{5'18 \cdot 10^{23}\ moléculas}$

c) * Número de átomos de hidrógeno:

$$N = 0'86\ mol\ anilina \cdot \frac{7\,mol\,H}{1\,mol\,anilina} \cdot \frac{6'022 \cdot 10^{23}\,átomos\,H}{1\,mol\,H} = \boxed{3'63 \cdot 10^{24}\ átomos\ H}$$

---

45) El carbonato de magnesio reacciona con ácido clorhídrico para dar cloruro de magnesio, dióxido de carbono y agua. Calcule: a) El volumen de ácido clorhídrico del 32 % en peso y 1'16 g/mL de densidad que se necesitará para que reaccione con 30'4 g de carbonato de magnesio. b) El rendimiento de la reacción si se obtienen 7'6 L de dióxido de carbono, medidos a 27 ºC y 1 atm.
Datos: $R = 0'082\ atm \cdot L \cdot K^{-1} \cdot mol^{-1}$. Masas atómicas: C = 12; O = 16; H = 1; Cl = 35'5; Mg = 24.

a) * Reacción ajustada: $MgCO_3 + 2\ HCl \rightarrow MgCl_2 + CO_2 + H_2O$

* Volumen de ácido necesario:

$$V = 30'4\ g\ MgCO_3 \cdot \frac{1\,mol\,MgCO_3}{84\,g\,MgCO_3} \cdot \frac{2\,mol\,HCl}{1\,mol\,MgCO_3} \cdot \frac{36'5\,g\,HCl}{1\,mol\,HCl} \cdot \frac{100\,g\,disolución}{32\,g\,HCl} \cdot$$

$$\cdot \frac{1\,ml\,disolución}{1'16\,g\,disolución} = \boxed{71'2\ ml}$$

b) * Moles teóricos de CO_2 que deberían obtenerse:

$$n = 30'4\ g\ MgCO_3 \cdot \frac{1\,mol\,MgCO_3}{84\,g\,MgCO_3} \cdot \frac{1\,mol\,CO_2}{1\,mol\,MgCO_3} = 0'362\ mol\ CO_2$$

* Moles reales de CO_2 que se obtienen: $n = \dfrac{P \cdot V}{R \cdot T} = \dfrac{1 \cdot 7'6}{0'082 \cdot 300} = 0'309 \text{ mol } CO_2$

* Rendimiento de la reacción:

$$\text{Rendimiento} = \frac{\textit{Cantidad real de producto} \cdot 100}{\textit{Cantidad teórica de producto}} = \frac{0'309 \cdot 100}{0'362} = \boxed{85'4\ \%}$$

---

46) Se dispone de una botella de ácido sulfúrico cuya etiqueta aporta los siguientes datos: densidad 1'84 g/mL y riqueza en masa 96 %. Calcule: a) La molaridad de la disolución y la fracción molar de los componentes. b) El volumen necesario para preparar 100 mL de disolución 7 M a partir del citado ácido. Masas atómicas: H = 1; O = 16; S = 32.

a) * Molaridad de la disolución:

$$c_M = \frac{96\,g\,H_2SO_4}{100\,g\,disolución} \cdot \frac{1'84\,g\,disolución}{1\,ml\,disolución} \cdot \frac{1000\,ml\,disolución}{1\,L\,disolución} \cdot \frac{1\,mol\,H_2SO_4}{98\,g\,H_2SO_4} = \boxed{18\text{ M}}$$

* Fracción molar del soluto:

$$x_s = \frac{96\,g\,H_2SO_4}{100\,g\,disolución} \cdot \frac{1\,mol\,H_2SO_4}{98\,g\,H_2SO_4} \cdot \frac{100\,g\,disolución}{\frac{96}{98} + \frac{4}{18}\,mol} = \boxed{0'815}$$

* Fracción molar del disolvente: $x_d = 1 - x_s = 1 - 0'815 = \boxed{0'185}$

b) * Volumen de la disolución concentrada:

$$c_{M1} \cdot V_1 = c_{M2} \cdot V_2 \;\rightarrow\; V_1 = \frac{c_{M2} \cdot V_2}{c_{M1}} = \frac{7 \cdot 100}{18} = \boxed{38'9\text{ ml}}$$

---

47) En la etiqueta de un frasco de ácido clorhídrico comercial se especifican los siguientes datos: 32 % en masa, densidad 1'14 g/mL. Calcule: a) El volumen de disolución necesario para preparar 0'1 L de HCl 0'2 M. b) El volumen de una disolución acuosa de hidróxido de bario 0'5 M necesario para neutralizar los 0'1 L de HCl del apartado anterior. Masas atómicas: H = 1; Cl = 35'5.

a) * Molaridad del ácido concentrado:

$$c_{M1} = \frac{32\,g\,HCl}{100\,g\,disolución} \cdot \frac{1\,mol\,HCl}{36'5\,g\,HCl} \cdot \frac{1'14\,g\,disolución}{1\,ml\,disolución} \cdot \frac{1000\,ml\,disolución}{1\,L\,disolución} = 9'99\text{ M}$$

* Volumen de la disolución concentrada:

$$c_{M1} \cdot V_1 = c_{M2} \cdot V_2 \;\rightarrow\; V_1 = \frac{c_{M2} \cdot V_2}{c_{M1}} = \frac{0'2 \cdot 0'1}{9'99} = 2 \cdot 10^{-3}\text{ L} = \boxed{2\text{ ml}}$$

b) * Reacción ajustada: $2\ HCl + Ba(OH)_2 \rightarrow BaCl_2 + 2\ H_2O$

* Volumen de $Ba(OH)_2$ necesario:

$$v_a \cdot c_{Ma} \cdot V_a = v_b \cdot c_{Mb} \cdot V_b \rightarrow V_b = \frac{v_a \cdot c_{Ma} \cdot V_a}{v_b \cdot c_{Mb}} = \frac{1 \cdot 0'2 \cdot 0'1}{2 \cdot 0'5} = 0'02\ L = \boxed{20\ ml}$$

---

48) Si a un recipiente que contiene $3 \cdot 10^{23}$ moléculas de metano se añaden 16 g de este compuesto: a) ¿Cuántos moles de metano contiene el recipiente ahora? b) ¿Y cuántas moléculas? c) ¿Cuál será el número de átomos totales? Masas atómicas: C = 12; H = 1.

a) * Número total de moles de CH_4 :

$$n_T = n_1 + n_2 = \frac{N}{N_A} + \frac{m}{M} = \frac{3 \cdot 10^{23}}{6'022 \cdot 10^{23}} + \frac{16}{16} = 0'5 + 1 = \boxed{1'5\ mol\ CH_4}$$

b) * Número total de moléculas:

$$N_T = N_1 + N_2 = N_1 + n_2 \cdot N_A = 3 \cdot 10^{23} + 1 \cdot 6'022 \cdot 10^{23} = \boxed{9'02 \cdot 10^{23}\ moléculas}$$

c) * Número de átomos totales: $(N_T)_{átomos} = 9'02 \cdot 10^{23}\ moléculas \cdot \frac{5\ átomos}{1\ molécula} = \boxed{4'51 \cdot 10^{24}\ átomos}$

2010

49) Un tubo de ensayo contiene 25 mL de agua. Calcula: a) El número de moles de agua. b) El número total de átomos de hidrógeno. c) La masa en gramos de una molécula de agua.
DATOS: d(agua) = 1 $g \cdot mL^{-1}$; A_r (H) = 1 u; A_r (O) = 16 u.

a) * Número de moles de agua: $n = 25\ ml\ H_2O \cdot \frac{1\ g\ H_2O}{1\ ml\ H_2O} \cdot \frac{1\ mol\ H_2O}{18\ g\ H_2O} = \boxed{1'39\ mol\ H_2O}$

b) * Número de átomos de hidrógeno:

$$N = 1'39\ mol\ H_2O \cdot \frac{2\ mol\ H}{1\ mol\ H_2O} \cdot \frac{6'022 \cdot 10^{23}\ átomos\ H}{1\ mol\ H} = \boxed{1'67 \cdot 10^{24}\ átomos\ H}$$

c) * Masa de una molécula de agua:

$$m = 1\ molécula\ H_2O \cdot \frac{1\ mol\ H_2O}{6'022 \cdot 10^{23}\ moléculas\ H_2O} \cdot \frac{18\ g\ H_2O}{1\ mol\ H_2O} = \boxed{2'99 \cdot 10^{-23}\ g\ H_2O}$$

---

50) Expresa en moles las siguientes cantidades de dióxido de carbono: a) 11,2 L, medidos en condiciones normales. b) $6{,}023\cdot10^{22}$ moléculas. c) 25 L medidos a 27 ºC y 2 atmósferas.
DATOS: $R = 0{,}082\ atm\cdot L\cdot mol^{-1}\cdot K^{-1}$.

a) * Moles de CO_2 : $n = 11'2\ L\ CO_2 \cdot \dfrac{1\,mol\,CO_2}{22'4\,L\,CO_2} =$ **0'5 mol CO_2**

b) * Moles de CO_2 : $n = \dfrac{N}{N_A} = \dfrac{6'023\cdot10^{22}}{6'022\cdot10^{23}} =$ **0'1 mol CO_2**

c) * Moles de CO_2 : $n = \dfrac{P\cdot V}{R\cdot T} = \dfrac{2\cdot25}{0'082\cdot(273+27)} =$ **2'03 mol CO_2**

---

51) El cloruro de sodio reacciona con nitrato de plata precipitando totalmente cloruro de plata y obteniéndose además nitrato de sodio. Calcula: a) La masa de cloruro de plata que se obtiene a partir de 100 mL de disolución de nitrato de plata 0,5 M y de 100 mL de disolución de cloruro de sodio 0,4 M. b) Los gramos del reactivo en exceso.
DATOS: A_r (O) = 16 u; A_r (Na) = 23 u; A_r (N) = 14; A_r (Cl) = 35,5 u; A_r (Ag) = 108 u.

a) * Reacción ajustada: $NaCl + AgNO_3 \rightarrow AgCl + NaNO_3$

* Moles de $AgNO_3$: $n = c_M\cdot V = 0'5\cdot0'1 = 0'05$ mol $AgNO_3$

* Moles de NaCl: $n = c_M\cdot V = 0'4\cdot0'1 = 0'04$ mol NaCl

* Determinación del limitante: $\dfrac{1\,mol\,NaCl}{1\,mol\,AgNO_3} = \dfrac{0'04\,mol\,NaCl}{x} \rightarrow x = 0'04$ mol $AgNO_3$

Al ser 0'04 mol $AgNO_3$ < 0'05 mol $AgNO_3$ $\rightarrow$ El $AgNO_3$ está en exceso, luego el NaCl es el limitante.

* Masa de AgCl: $m = 0'04\ mol\ NaCl \cdot \dfrac{1\,mol\,AgCl}{1\,mol\,NaCl}\cdot\dfrac{143'5\,g\,AgCl}{1\,mol\,AgCl} =$ **5'74 g AgCl**

b) * Moles de $AgNO_3$ reaccionados: n = 0'04 mol $AgNO_3$

* Moles de $AgNO_3$ sin reaccionar: n = 0'05 – 0'04 = 0'01 mol $AgNO_3$

* Gramos de reactivo en exceso: $m = n\cdot M = 0'01\cdot170 =$ **1'7 g $AgNO_3$**

---

52) Se tienen las siguientes cantidades de tres sustancias gaseosas: $3'01\cdot10^{23}$ moléculas de C_4H_{10}, 21 g de CO y 1 mol de N_2. Razonando la respuesta: a) Ordénelas en orden creciente de su masa. b) ¿Cuál de ellas ocupará mayor volumen en condiciones normales? c) ¿Cuál de ellas tiene mayor número de átomos? Masas atómicas: C = 12; N = 14; O = 16; H = 1.

a) * Masa de C_4H_{10} : m = $3'01 \cdot 10^{23}$ moléculas C_4H_{10} · $\dfrac{1\,mol\,C_4H_{10}}{6'022 \cdot 10^{23}\,moléculas\,C_4H_{10}}$ ·

· $\dfrac{58\,g\,C_4H_{10}}{1\,mol\,C_4H_{10}}$ = 29 g C_4H_{10}

* Masa de CO: m = 21 g

* Masa de N_2 : m = n·M = 1·28 = 28 g

* Orden pedido: 21 g CO < 28 g N_2 < 29 g C_4H_{10}

Un mol de una sustancia contiene su masa molecular expresada en gramos. Un mol de una sustancia también contiene un número de Avogadro de partículas.

b) V = $\dfrac{n \cdot R \cdot T}{P}$. A igualdad de temperatura y presión, ocupará mayor volumen aquella sustancia que tenga mayor número de moles.

* Moles de C_4H_{10} : n = $\dfrac{m}{M} = \dfrac{29}{58}$ = 0'5 mol C_4H_{10}

* Moles de CO: n = $\dfrac{m}{M} = \dfrac{21}{28}$ = 0'75 mol CO ; * Moles de N_2 : n = 1 mol N_2

Ocupará mayor volumen el N_2 , por tener más moles.

c) $N_{átomos}$ = n·N_A·nº átomos en una molécula

* Número de átomos de C_4H_{10} : $N_{átomos}$ = 0'5·N_A·14 = $4'22 \cdot 10^{24}$ átomos

* Número de átomos de CO: $N_{átomos}$ = 0'75·N_A·2 = $9'03 \cdot 10^{23}$ átomos

* Número de átomos de N_2 : $N_{átomos}$ = 1·N_A·2 = $1'20 \cdot 10^{24}$ átomos

El C_4H_{10} tiene mayor número de átomos, pues el producto de moles del compuesto por número de átomos por molécula es mayor.

---

53) Al añadir ácido clorhídrico al carbonato de calcio se forma cloruro de calcio, dióxido de carbono y agua. a) Escriba la reacción y calcule la cantidad en kilogramos de carbonato de calcio que reaccionará con 20 L de ácido clorhídrico 3 M. b) ¿Qué volumen ocupará el dióxido de carbono obtenido, medido a 20 ºC y 1 atmósfera? Datos: R = 0'082 atm·L·K^{-1}·mol^{-1} . Masas atómicas: C = 12; O = 16; Ca = 40.

a) * Reacción ajustada: $\boxed{2\,HCl + CaCO_3 \rightarrow CaCl_2 + CO_2 + H_2O}$

* Masa de $CaCO_3$:

$$m = \frac{3\,mol\,HCl}{1\,L\,disolución} \cdot 20\text{ L disolución} \cdot \frac{1\,mol\,CaCO_3}{2\,mol\,HCl} \cdot \frac{100\,g\,CaCO_3}{1\,mol\,CaCO_3} \cdot \frac{1\,kg\,CaCO_3}{1000\,g\,CaCO_3} =$$

$$= \boxed{3\text{ kg } CaCO_3}$$

b) * Moles de CO_2 obtenido:

$$n = \frac{3\,mol\,HCl}{1\,L\,disolución} \cdot 20\text{ L disolución} \cdot \frac{1\,mol\,CO_2}{2\,mol\,HCl} = 30\text{ mol } CO_2$$

* Volumen de CO_2 obtenido: $V = \frac{n \cdot R \cdot T}{P} = \frac{30 \cdot 0'082 \cdot 293}{1} = \boxed{721\text{ L } CO_2}$

---

54) Para determinar la riqueza de una partida de cinc se tomaron 50 g de muestra y se trataron con ácido clorhídrico del 37 % en peso y 1'18 g/mL de densidad, consumiéndose 126 mL de ácido. La reacción de cinc con ácido produce hidrógeno molecular y cloruro de cinc. Calcule: a) La molaridad de la disolución de ácido clorhídrico. b) El porcentaje de cinc en la muestra.
Masas atómicas: H = 1; Cl = 35'5; Zn = 65'4.

a) * Molaridad de la disolución de ácido:

$$c_M = \frac{37\,g\,HCl}{100\,g\,disolución} \cdot \frac{1'18\,g\,disolución}{1\,ml\,disolución} \cdot \frac{1000\,ml\,disolución}{1\,L\,disolución} \cdot \frac{1\,mol\,HCl}{36'5\,g\,HCl} = \boxed{12\text{ M}}$$

b) * Reacción ajustada: $Zn + 2\,HCl \rightarrow ZnCl_2 + H_2$

* Masa de Zn reaccionada:

$$m = \frac{12\,mol\,HCl}{1\,L\,disolución} \cdot 0'126\text{ L disolución} \cdot \frac{1\,mol\,Zn}{2\,mol\,HCl} \cdot \frac{65'4\,g\,Zn}{1\,mol\,Zn} = 49'4\text{ g Zn}$$

* Porcentaje de Zn en la muestra: $\text{Porcentaje} = \frac{m_{Zn} \cdot 100}{m_{muestra}} = \frac{49'4 \cdot 100}{50} = \boxed{98'8\ \%}$

---

55) Un litro de H_2S se encuentra en condiciones normales. Calcule: a) El número de moles que contiene. b) El número de átomos presentes. c) La masa de una molécula de sulfuro de hidrógeno, expresada en gramos. Masas atómicas: H = 1; S = 32.

a) * Número de moles: $n = 1\text{ L } H_2S \cdot \frac{1\,mol\,H_2S}{22'4\,L\,H_2S} = \boxed{0'0446\text{ mol } H_2S}$

b) * Número de átomos presentes:

$$N = 0'0446 \text{ mol } H_2S \cdot \frac{6'022 \cdot 10^{23}\, moléculas\, H_2S}{1\, mol\, H_2S} \cdot \frac{3\, átomos}{1\, molécula\, H_2S} = \boxed{8'06 \cdot 10^{22} \text{ átomos}}$$

c) * Masa de una molécula de H_2S:

$$m = 1 \text{ molécula } H_2S \cdot \frac{1\, mol\, H_2S}{6'022 \cdot 10^{23}\, moléculas\, H_2S} \cdot \frac{34\, g\, H_2S}{1\, mol\, H_2S} = \boxed{5'65 \cdot 10^{-23} \text{ g } H_2S}$$

---

56) Se tiene una mezcla de 10 g de hidrógeno y 40 g de oxígeno. a) ¿Cuántos moles de hidrógeno y de oxígeno contiene la mezcla? b) ¿Cuántas moléculas de agua se pueden formar al reaccionar ambos gases? c) ¿Cuántos átomos del reactivo en exceso quedan? Masas atómicas: H = 1; O = 16

a) * Moles de hidrógeno: $n = \frac{m}{M} = \frac{10}{2} = \boxed{5 \text{ mol } H_2}$

* Moles de O_2 : $n = \frac{m}{M} = \frac{40}{32} = \boxed{1'25 \text{ mol } O_2}$

b) * Reacción ajustada: $2\ H_2 + O_2 \rightarrow 2\ H_2O$

* Determinación del limitante: $\frac{2\, mol\, H_2}{1\, mol\, O_2} = \frac{5\, mol\, H_2}{x} \rightarrow x = \frac{5}{2} = 2'5 \text{ mol } O_2$

Al ser $2'5 \text{ mol } O_2 > 1'25 \text{ mol } O_2 \rightarrow$ El O_2 es el limitante.

* Moléculas de agua que se forman.

$$N = 1'25 \text{ mol } O_2 \cdot \frac{2\, mol\, H_2O}{1\, mol\, O_2} \cdot \frac{6'022 \cdot 10^{23}\, moléculas\, H_2O}{1\, mol\, H_2O} = \boxed{1'51 \cdot 10^{24} \text{ moléculas } H_2O}$$

c) * Número de moles reaccionados de H_2 : $\frac{2\, mol\, H_2}{1\, mol\, O_2} = \frac{n}{1'25\, mol\, O_2} \rightarrow n = 2'5 \text{ mol } H_2$

* Número de moles sin reaccionar de H_2 : $n = 5 - 2'5 = 2'5 \text{ mol } H_2$

* Número de átomos de reactivo en exceso:

$$N = 2'5 \text{ mol } H_2 \cdot \frac{6'022 \cdot 10^{23}\, moléculas\, H_2}{1\, mol\, H_2} \cdot \frac{2\, átomos\, H}{1\, molécula\, H_2} = \boxed{3'01 \cdot 10^{24} \text{ átomos H}}$$

---

57) Se mezclan 200 g de hidróxido de sodio y 1000 g de agua resultando una disolución de densidad 1'2 g/mL. Calcule: a) La molaridad de la disolución y la concentración de la misma en tanto por ciento en masa. b) El volumen de disolución acuosa de ácido sulfúrico 2 M que se necesita para neutralizar 20 mL de la disolución anterior. Masas atómicas: Na = 23; O = 16; H = 1.

a) * Molaridad de la disolución:

$$c_M = \frac{200\, g\, NaOH}{1200\, g\ disolución} \cdot \frac{1'2\, g\, disolución}{1\, ml\, disolución} \cdot \frac{1000\, ml\, disolución}{1\, L\, disolución} \cdot \frac{1\, mol\ NaOH}{40\, g\ NaOH} = \boxed{5\ M}$$

* Porcentaje en masa: $\text{Porcentaje} = \frac{200\, g\ NaOH}{1200\, g\ disolución} \cdot 100 = \boxed{16'7\ \%}$

b) * Reacción ajustada: $H_2SO_4 + 2\ NaOH \rightarrow Na_2SO_4 + 2\ H_2O$

* Volumen de ácido necesario:

$$v_a \cdot c_{Ma} \cdot V_a = v_b \cdot c_{Mb} \cdot V_b \rightarrow V_a = \frac{v_b \cdot c_{Mb} \cdot V_b}{v_a \cdot c_{Ma}} = \frac{1 \cdot 5 \cdot 20}{2 \cdot 2} = \boxed{25\ ml\ disolución\ H_2SO_4}$$

2009

58) a) ¿Cuántos moles de átomos de carbono hay en 1,5 moles de sacarosa, $C_{12}H_{22}O_{11}$? b) Determina la masa en kilogramos de $2{,}6 \cdot 10^{20}$ moléculas de NO_2. c) Indica el número de átomos de nitrógeno que hay en 0,76 g de NH_4NO_3.
DATOS: A_r (O) = 16 u; A_r (N) = 14 u; A_r (H) = 1 u; $N_A = 6{,}023 \cdot 10^{23}$ moléculas.

a) * Moles de carbono: $n = 1'5\ \text{mol sacarosa} \cdot \frac{12\, mol\ C}{1\, mol\ sacarosa} = \boxed{18\ mol\ C}$

b) * Masa de NO_2 :

$$m = 2{,}6 \cdot 10^{20}\ \text{moléculas}\ NO_2 \cdot \frac{1\, mol\ NO_2}{6'022 \cdot 10^{23}\, moléculas\ NO_2} \cdot \frac{46\, g\ NO_2}{1\, mol\ NO_2} \cdot \frac{1\, kg\ NO_2}{1000\, g\ NO_2} =$$

$$= \boxed{1'99 \cdot 10^{-5}\ kg\ NO_2}$$

c) * Número de átomos de nitrógeno:

$$N = 0'76\ g\ NH_4NO_3 \cdot \frac{1\, mol\ NH_4NO_3}{80\, g\ NH_4NO_3} \cdot \frac{2\, mol\ N}{1\, mol\ NH_4NO_3} \cdot \frac{6'022 \cdot 10^{23}\, átomos\ N}{1\, mol\ N} =$$

$$= \boxed{1'14 \cdot 10^{22}\ átomos\ N}$$

---

59) Un cilindro contiene 0,13 g de etano, calcula: a) El número de moles de etano. b) El número de moléculas de etano. c) El número de átomos de carbono. DATOS: A_r (C) = 12 u; A_r (H) = 1 u.

a) * Número de moles de C_2H_6 : $n = \frac{m}{M} = \frac{0'13}{30} = \boxed{4'33\cdot 10^{-3}\ \text{mol}}$

b) * Número de moléculas de C_2H_6 : $N = n\cdot N_A = 4'33\cdot 10^{-3}\cdot 6'022\cdot 10^{23} = \boxed{2'61\cdot 10^{21}\ \text{moléculas}\ C_2H_6}$

c) * Número de átomos de C:

$$N = 2'61\cdot 10^{21}\ \text{moléculas}\ C_2H_6 \cdot \frac{2\,\text{átomos}\,C}{1\,\text{molécula}\,C_2H_6} = \boxed{5'22\cdot 10^{21}\ \text{átomos C}}$$

2008

60) Un recipiente de 1 L de capacidad se encuentra lleno de gas amoníaco a 27 ºC y 0,1 atm. Calcula: a) La masa de amoníaco presente. b) El número de moléculas de amoníaco en el recipiente. c) El número de átomos de hidrógeno y nitrógeno que contiene.
DATOS: A_r (N) = 14 u; A_r (H) = 1 u; R = 0,082 $atm\cdot L\cdot mol^{-1}\cdot K^{-1}$.

a) * Masa de NH_3 presente:

$$P\cdot V = n\cdot R\cdot T \rightarrow P\cdot V = \frac{m}{M}\cdot R\cdot T \rightarrow m = \frac{P\cdot V\cdot M}{R\cdot T} = \frac{0'1\cdot 1\cdot 17}{0'082\cdot 300} = \boxed{0'0691\ g\ NH_3}$$

b) * Número de moléculas de NH_3 :

$$N = 0'0691\ g\ NH_3 \cdot \frac{1\,mol\,NH_3}{17\,g\,NH_3}\cdot\frac{6'022\cdot 10^{23}\,\text{moléculas}\,NH_3}{1\,mol\,NH_3} = \boxed{2'45\cdot 10^{21}\ \text{moléculas}\ NH_3}$$

c) * Número de átomos de hidrógeno:

$$N = 2'45\cdot 10^{21}\ \text{moléculas}\ NH_3 \cdot \frac{3\,\text{átomos}\,H}{1\,\text{molécula}\,NH_3} = \boxed{7'35\cdot 10^{21}\ \text{átomos H}}$$

* Número de átomos de nitrógeno:

$$N = 2'45\cdot 10^{21}\ \text{moléculas}\ NH_3 \cdot \frac{1\,\text{átomos}\,N}{1\,\text{molécula}\,NH_3} = \boxed{2'45\cdot 10^{21}\ \text{átomos N}}$$

EL ÁTOMO, LA TABLA Y EL ENLACE

2018

1) Justifique por qué: a) El radio atómico disminuye al aumentar el número atómico en un periodo de la Tabla Periódica. b) El radio atómico aumente al incrementarse el número atómico en un grupo de la Tabla Periódica. c) El volumen del ión Na^+ es menor que el del átomo de Na.

a) En un período hay elementos con electrones en el mismo nivel energético. Al aumentar el número atómico, aumenta la carga nuclear, los electrones están más atraídos por el núcleo y el tamaño del átomo disminuye.

b) Al incrementarse el número atómico en un grupo, aumenta el número de niveles energéticos y el efecto pantalla de los electrones internos, con lo que aumenta el radio atómico.

c) El Na y el Na^+ tienen la misma carga nuclear, pero el Na^+ tiene un electrón menos. Esto significa que los electrones del Na^+ van a estar más atraídos por el núcleo, por lo que su radio va a ser menor que el del Na.

---

2) Teniendo en cuenta que el elemento Ne precede al Na en la Tabla Periódica, justifique razonadamente si son verdaderas o falsas las siguientes afirmaciones: a) El número atómico del ion Na^+ es igual al del átomo de Ne. b) El número de electrones del ion Na^+ es igual al del átomo de Ne. c) El radio del ión Na^+ es menor que el del átomo de Ne.

a) Falso. El número atómico es el número de protones. El Na^+ y el Ne tienen distinto número de protones.

b) Verdadero. Si el Ne precede al Na en la tabla periódica, la diferencia entre ambos es un electrón. Si el Na pierde un electrón, es isoelectrónico con el Ne.

c) Verdadero. Ambas especies son isoelectrónicas, pero el Na^+ tiene mayor carga nuclear por estar situado posteriormente en la tabla periódica. Al tener mayor carga nuclear con los mismos electrones, los electrones están más atraídos por el núcleo y el radio es menor.

---

3) Sean los siguientes orbitales: 3p, 2s, 4p, 3d. a) Ordénelos justificadamente de forma creciente según su energía. b) Escriba una posible combinación de números cuánticos para cada orbital. c) Razone si el 3p y el 4p son exactamente iguales.

a) 2s < 3p < 3d < 4p. La energía de los orbitales viene dada por la suma de los números cuánticos: $n + \ell$. En caso de empate, el de mayor energía es el de mayor valor de n. Correspondencia entre los tipos de orbitales y los valores del: s ($\ell = 0$), p ($\ell = 1$), d ($\ell = 2$), f ($\ell = 3$). Energía de los orbitales dados: 2s ($n + \ell = 2 + 0 = 2$), 3p ($n + \ell = 3 + 1 = 4$), 3d ($n + \ell = 3 + 2 = 5$), 4p ($n + \ell = 4 + 1 = 5$).

b) 3p: (3,1,1,½) ; 2s (2,0,0,-1/2) ; 4p (4,1,-1,½) ; 3d (3,2,-1,-1/2)

c) No, no lo son. Su forma es la misma pero su tamaño es distinto: el 4p es mayor que el 3p.

---

4) Indique, razonadamente, si las siguientes afirmaciones son verdaderas o falsas: a) El ion F^- tiene mayor radio que el ion Na^+. b) La primera energía de ionización del Cs es mayor que la del K. c) Los elementos con Z = 11 y Z = 17 pertenecen al mismo periodo.

a) Verdadero. El F^- y el Na^+ son especies isoelectrónicas; de dos especies isoelectrónicas, la de menor radio es la de mayor número atómico ya que, al tener mayor carga nuclear, el mismo número de electrones está atraído por una carga nuclear más fuerte.

b) Falso. El potasio tiene una primera energía de ionización mayor que el Cs. La energía de ionización mide la dificultad para arrancar un electrón de un átomo gaseoso. Es más difícil arrancar un electrón del K que del Cs porque tiene menor tamaño y los electrones están más unidos al núcleo.

c) Verdadero. Z = 11 corresponde al Na y Z = 17 corresponde al Cl, ambos del tercer período.

---

5) Considere las siguientes configuraciones electrónicas: 1) $1s^2\ 2s^2\ 2p^7$. 2) $1s^2\ 2s^3$. 3) $1s^2\ 2s^2\ 2p^5$. 4) $1s^2\ 2s^2\ 2p^6\ 3s^1$. a) Razone cuáles no son posibles. b) Justifique el estado de oxidación del ion más probable de los elementos cuya configuración sea correcta. c) Identifique y sitúe en la Tabla Periódica los elementos cuya configuración sea correcta.

a) Reglas de los números cuánticos: n: de 1 a 7; ℓ: de 0 a n – 1; m: de $-\ell$ a $+\ell$ pasando por cero; s: +1/2 y – ½ por cada valor de m.
$1s^2\ 2s^2\ 2p^7$: el orbital p admite un máximo de 6 electrones.
$1s^2\ 2s^3$: el orbital s admite un máximo de 2 electrones.

b) $1s^2\ 2s^2\ 2p^5$: el estado de oxidación más probable es – 1, pues de esta forma, al ganar un electrón, adquiere la configuración electrónica de gas noble, que es muy estable.
$1s^2\ 2s^2\ 2p^6\ 3s^1$: el estado de oxidación más probable es + 1, pues de esta forma, al perder un electrón, adquiere la configuración electrónica de gas noble, que es muy estable.

c) $1s^2\ 2s^2\ 2p^5$: nos fijamos en el orbital de valencia $2p^5$. El p^5 indica columna de los halógenos. El 2 indica segundo período. Se trata del flúor, F.
$1s^2\ 2s^2\ 2p^6\ 3s^1$: nos fijamos en el orbital de valencia $3s^1$. El s^1 indica columna de los alcalinos. El 3 indica tercer período. Se trata del sodio, Na.

---

6) Justifique si las siguientes afirmaciones son verdaderas o falsas: a) El número cuántico m para un electrón en el orbital 3p puede tomar cualquier valor entre + 3 y – 3. b) El número de electrones con números cuánticos distintos que pueden existir en un subnivel con n = 2 y l = 1 es de 6. c) Los valores de los números cuánticos n , l y m, que pueden ser correctos para describir el orbital donde se encuentra el electrón diferenciador del elemento de número atómico 31, son (4,1,– 2).

a) Falso. m puede ir desde $-\ell$ a $+\ell$ pasando por cero. Para un orbital p, el valor de ℓ es 1, luego m sólo puede ir desde – 1 a +1, pasando por cero.

b) Verdadero. m puede ir desde $-\ell$ a $+\ell$ pasando por cero. Para $\ell = 1$, los valores posibles de m son -1, 0 y 1. Para cada uno de estos valores de m hay dos de s. Luego en total hay $3 \cdot 2 = 6$.
c) Falso. La configuración electrónica del átomo con Z = 31 es: $1s^2\ 2s^2\ 2p^6\ 3s^2\ 3p^6\ 4s^2\ 3d^{10}\ 4p^1$. Al orbital $4p^1$ le corresponde n = 4 y $\ell = 1$. m no puede valer – 2, pues va desde -1 a +1.

---

7) Conteste de forma razonada a las siguientes cuestiones: a) ¿Cuántos orbitales hay en el nivel de energía n = 2? b) ¿Cuál es el número máximo de electrones que puede encontrarse en el nivel de energía n = 3? c) ¿En qué se diferencian y en qué se parecen los orbitales $3p_x$, $3p_y$ y $3p_z$?

a) Hay cuatro. El número de orbitales viene dado por el número de combinaciones (n,ℓ,m) que existen. Para n = 2, ℓ puede valer 0 y 1. Para cada valor de ℓ, m puede valer desde $-\ell$ a $+\ell$ pasando por cero. Luego existen los siguientes orbitales: (2,0,0), (2,1,-1), (2,1,0) y (2,1,1), correspondientes a los orbitales 2s, $2p_x$, $2p_y$ y $2p_z$.

b) Es 18. El número máximo de electrones viene dado por $2 \cdot n^2 = 2 \cdot 3^2 = 18$. El número de electrones viene dado por todas las combinaciones posibles de números cuánticos para ese nivel:
$n = 3 \quad \rightarrow \quad \ell = 0\ (m = 0),\ \ell = 1\ (m = -1,0,1),\ \ell = 2\ (m = -2, -1, 0, 1, 2)$. Hay 9 valores de m posibles y dos de s por cada valor de m. En total, 18.

---

8) Sean los elementos cuyas configuraciones electrónicas son A: $1s^2\ 2s^2$; B: $1s^2\ 2s^2\ 2p^1$; C: $1s^2\ 2s^2\ 2p^5$. Justifique cuál de ellos tiene: a) Menor radio. b) Mayor energía de ionización. c) Menor electronegatividad.

Según su configuración electrónica externa, A es un alcalinotérreo, el Be; B es un térreo, el B y C es un halógeno, el F. Los tres elementos están situados en el mismo período, luego sus electrones externos están en el mismo nivel energético.

a) El elemento C, el F. En un mismo período, el elemento de menor radio es el de mayor número atómico, pues tiene mayor carga nuclear y sus electrones están más atraídos por el núcleo.

b) El elemento C, el F. La energía de ionización mide la dificultad en arrancar un electrón a un átomo gaseoso. El elemento C tiene mayor dificultad porque, al ser más pequeño, sus electrones externos están más atados al núcleo.

c) El elemento A, el Be. La electronegatividad es la tendencia a atraer los electrones de enlace. El elemento A tiene menor tendencia a atraer los electrones de enlace porque tiene mayor radio atómico y los electrones están lejos de la atracción del núcleo positivo.

---

9) La configuración electrónica del último nivel energético de un elemento es $4s^2\ 4p^3$. De acuerdo con este dato: a) Deduzca, justificadamente, la situación de dicho elemento en la Tabla Periódica. b) Escriba una de las posibles combinaciones de números cuánticos para su electrón diferenciador. c) Indique, justificadamente, dos posibles estados de oxidación de este elemento.

a) $4p^3$ es el último orbital en ocuparse. El exponente 3 indica que es la tercera columna de los elementos de la derecha de la tabla periódica, es decir, es del grupo de los nitrogenoideos. El 4 indica que está en el 4º período. Sabiendo que el N, el primero del grupo está en el 2º período, la configuración corresponde al arsénico, As.

b) (4,1,1,1/2)

c) – 3 y + 5. Según la regla del octeto, los elementos tienden a alcanzar la configuración de gas noble, que es la más estable. Si ganase tres electrones, su configuración sería la del gas noble siguiente, el Kr; luego un número de oxidación sería el – 3. Si perdiese cinco electrones, su configuración sería la del gas noble anterior, el Ar; luego otro número de oxidación sería + 5.

---

10) Las configuraciones electrónicas de dos átomos A y B son $1s^2\ 2s^2\ 2p^3$ y $1s^2 2s^2 2p^5$, respectivamente. Explique razonadamente: a) El tipo de enlace que se establece entre ambos elementos para obtener el compuesto AB_3. b) La geometría según la TRPECV del compuesto AB_3 .c) La polaridad del compuesto AB_3 y su solubilidad en agua.

a) Covalente. El elemento A es un nitrogenoideo, el N y el elemento B es un halógeno, el F. Debido a que ambos son no metales, la baja diferencia de electronegatividad entre ambos hace que el enlace que se establezca entre ambos sea covalente.

b) Pirámide trigonal. La estructura de Lewis de la molécula sería:

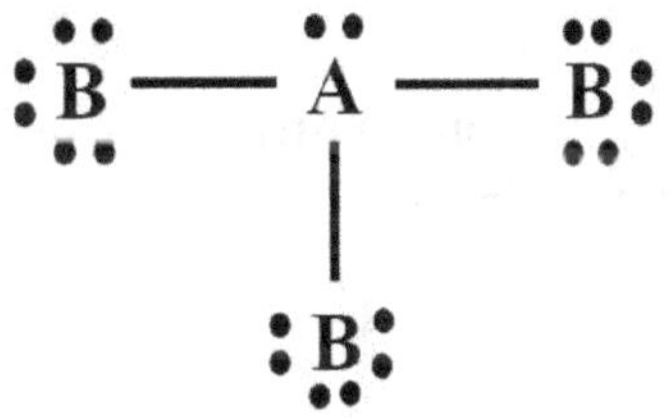

La molécula es del tipo: AB_3E, es decir, tres pares de electrones de enlace y uno de no enlace. Esta combinación corresponde a una pirámide trigonal:

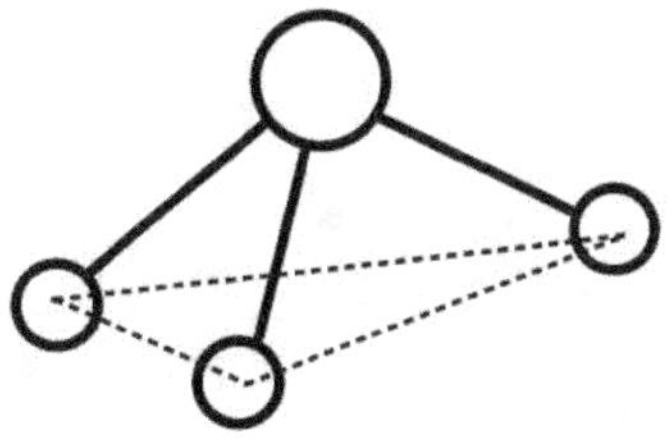

c) A y B son dos no metales y su diferencia de electronegatividades no es muy elevada. Por ello, el enlace será covalente polar, pero con ligera polaridad, con lo que será poco soluble en un disolvente polar como el agua.

---

11) a) Dibuje la molécula de eteno ($CH_2 = CH_2$), indicando la hibridación de los átomos de carbono y todos los enlaces σ y π presentes. b) Realice el diagrama de Lewis de la molécula CH_3Cl. c) Justifique la polaridad de la molécula PH_3, basándose en la aplicación de la TRPECV.

a)

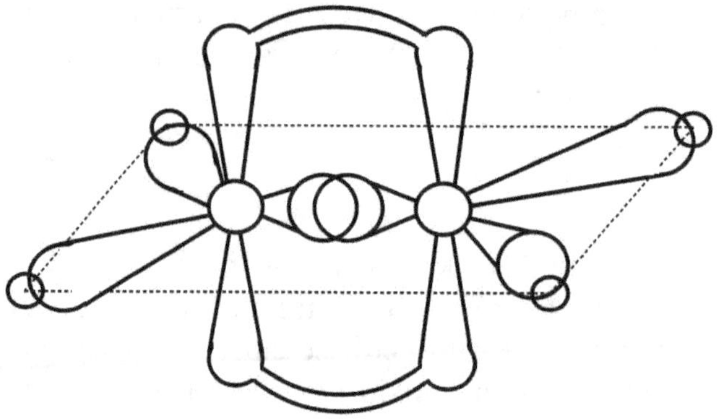

* Ecuación de hibridación: 1 O.A. s + 2 O.A. p = 3 O.H. sp^2
* Orbitales disponibles por cada carbono: 3 O.H. sp^2 + 2 O.A. p
Los orbitales p solapan lateralmente y forman un enlace π.

b) Estructura de Lewis:

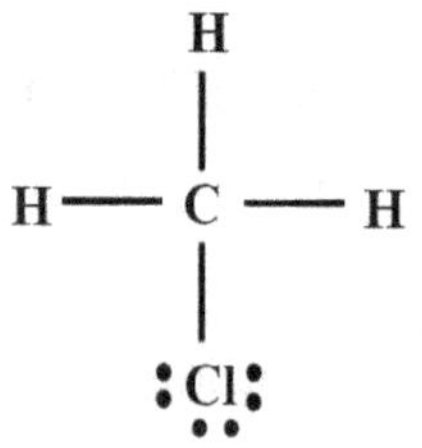

La molécula es del tipo: AB_4, es decir, con cuatro pares de electrones de enlace y ningún par de electrones libres, luego la molécula es tetraédrica:

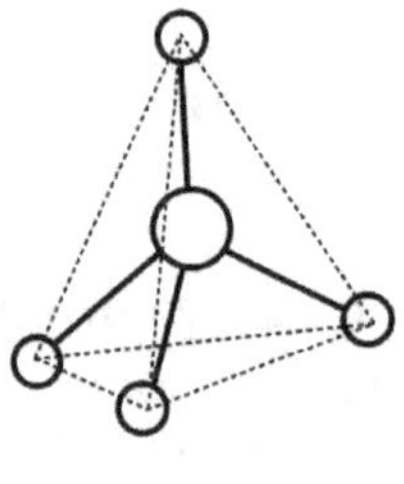

c) Estructura de Lewis:

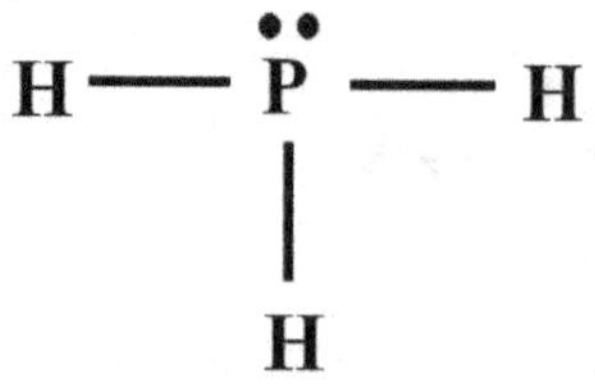

La molécula es del tipo: AB_3E, es decir, con tres pares de electrones de enlace y un par de electrones libres, luego la molécula es pirámide trigonal. Los enlaces P – H son polares y, por la geometría de la molécula se crea un momento dipolar total que hace polar a la molécula.

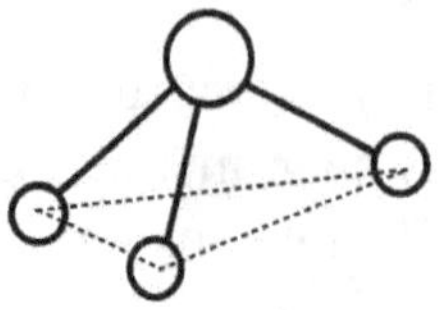

12) Dados los siguientes compuestos: LiCl, CH_4, H_2O y HF, indique razonadamente: a) El tipo de enlace que presentan. b) Cuáles de las moléculas covalentes son polares. c) Cuáles de las moléculas covalentes pueden presentar puntos de fusión y ebullición mayores de lo esperado.

a) LiCl: enlace iónico, pues está formado por un metal muy electropositivo y un no metal; CH_4: enlace covalente, pues está formado por dos no metales; H_2O y HF: enlace covalente, pues está formado por dos no metales y enlace de hidrógeno como fuerza intermolecular, pues tiene hidrógeno unido a un elemento muy electronegativo.

b) H_2O y HF, pues la diferencia de electronegatividades entre los elementos es superior a 1 y existe una separación de cargas entre los extremos de la molécula.

c) H_2O y HF pues los enlaces de hidrógeno hacen que las fuerzas intermoleculares sean más altas que en el caso de las fuerzas de van der Waals del CH_4. Cuando un cuerpo se funde o hierve, se rompen fuerzas intermoleculares.

---

13) De entre las siguientes sustancias NaBr, CCl_4 y Cu, responda razonadamente a las siguientes cuestiones: a) ¿Cuáles conducen la electricidad en disolución o en estado sólido? b) ¿Cuál será la de menor punto de ebullición? c) ¿Cuáles serán insolubles en agua?

a) NaBr. Al estar formado por un metal muy electropositivo y un no metal, es una sustancia iónica. Las sustancias iónicas conducen cuando están fundidas o disueltas porque en esos estados la red cristalina está rota y los iones se mueven con libertad.

b) CCl_4. El enlace es covalente pues se trata de dos no metales. Las fuerzas intermoleculares son fuerzas de van der Waals, que son débiles. Cuando una sustancia hierve, se rompen sus fuerzas intermoleculares. Si esas fuerzas son débiles, el punto de ebullición es bajo.

c) CCl_4 y Cu. Cuando una sustancia se disuelve en agua, hay una atracción electrostática entre la sustancia y las moléculas de agua. En el caso de CCl_4 y Cu no existe esa atracción electrostática.

---

14) Para la molécula CH_3Cl, indique razonadamente: a) Su geometría aplicando la teoría de RPECV. b) El carácter polar o no polar de dicha molécula. c) La hibridación del átomo central.

a) Estructura de Lewis:

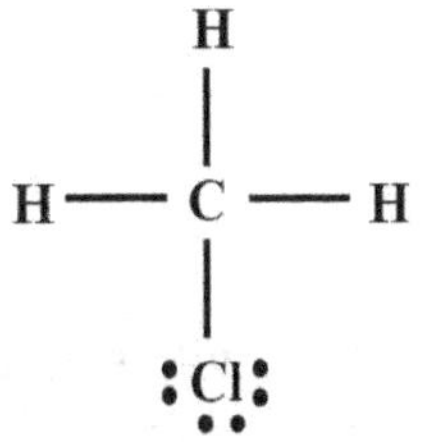

La molécula es del tipo AB_4, es decir, tiene cuatro pares de electrones de enlace y 0 pares de electrones libres, luego la molécula es tetraédrica:

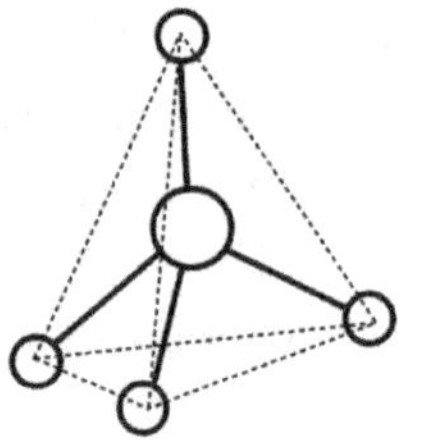

b) La molécula es polar porque los enlaces C – H no tienen la misma polaridad que el enlace C – Cl y la suma de los momentos dipolares parciales da lugar a un momento dipolar total, que hace polar a la molécula.

c) La hibridación es sp^3. Ecuación de hibridación: 1 O.A. s + 3 O.A. p = 4 O.H. sp^3
Configuración externa del átomo central: $2s^2\,2p^2$

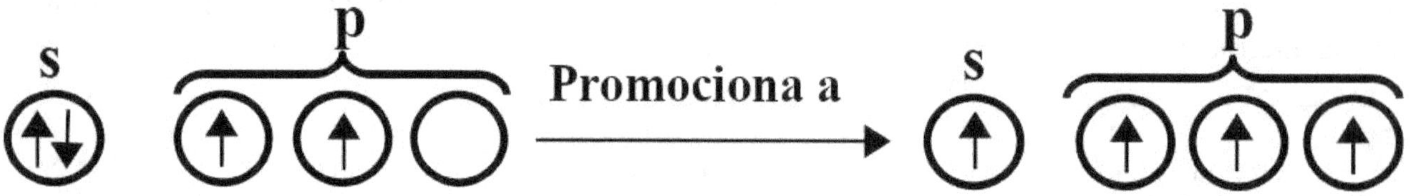

---

15) Explique, en función del tipo de enlace, las siguientes afirmaciones: a) El cloruro de sodio tiene un punto de fusión de 800ºC, en cambio, el Cl_2 es un gas a temperatura ambiente. b) El diamante no conduce la corriente eléctrica mientras que el níquel sí lo hace. c) La temperatura de fusión del agua es menor que la del cobre.

a) El NaCl tiene enlace iónico por toda la red cristalina y es un enlace fuerte y el Cl_2 tiene fuerzas de van der Waals como fuerzas intermoleculares. Si las fuerzas entre partículas son pequeñas, los puntos de fusión y de ebullición son bajos y la sustancia puede ser un gas a temperatura ambiente.

b) El diamante es una sustancia covalente y sus electrones están localizados alrededor de cada átomo en la red cristalina. El níquel es una sustancia metálica y el gas electrónico está formado por electrones deslocalizados que se mueven alrededor de toda la red cristalina; esta libertad le hace conductor.

c) El agua tiene enlace de hidrógeno como fuerzas intermoleculares y el cobre tiene enlace metálico por toda la red cristalina. El enlace metálico es más fuerte que el enlace de hidrógeno. Cuando una sustancia se funde, se rompen sus fuerzas de atracción en la red cristalina. A mayor intensidad de estas fuerzas, mayor punto de fusión.

2017

16) Tres elementos tienen las siguientes configuraciones electrónicas:

A: $1s^2\,2s^2\,2p^6\,3s^2\,3p^6$; B: $1s^2\,2s^2\,2p^6\,3s^2\,3p^6\,4s^1$; C: $1s^2\,2s^2\,2p^6\,3s^1$

La primera energía de ionización de estos elementos (no en ese orden) es: 419 $KJ\cdot mol^{-1}$, 735 $KJ\cdot mol^{-1}$ y 1527 $KJ\cdot mol^{-1}$ y los radios atómicos son 97, 160 y 235 pm (1 pm = 10^{-12} m). a) Indique de que elementos se tratan A y C. b) Relacione, de forma justificada, cada valor de energía con cada elemento. c) Asigne, de forma justificada, a cada elemento el valor del radio correspondiente.

a) El elemento A es el Ar y el elemento C es el Na.

b) A: 1527 $KJ \cdot mol^{-1}$; B: 419 $KJ \cdot mol^{-1}$ y C: 735 $KJ \cdot mol^{-1}$. La energía de ionización es la energía necesaria para arrancar un electrón a un átomo gaseoso. A mayor energía de ionización, mayor dificultad en arrancárselo. A tiene la mayor energía pues es un gas noble y su configuración electrónica es muy estable. B y C son alcalinos; el de mayor energía de ionización es C ya que es más pequeño y sus electrones están más atraídos por el núcleo.

c) A: 97 pm; B: 235 pm y C: 160 pm. A y C están en el mismo período: el de menor tamaño es el de mayor carga nuclear (el A), pues los electrones están más atraídos por el núcleo. B y C están en el mismo grupo: el de mayor tamaño es el de mayor número de niveles electrónicos, el B.

---

17) Un átomo tiene 34 protones y 44 neutrones y otro átomo posee 19 protones y 20 neutrones. a) Indique el número atómico y el número másico de cada uno de ellos. b) Escriba un posible conjunto de números cuánticos para el electrón diferenciador de cada uno de ellos. c) Indique, razonadamente, cuál es el ion más estable de cada uno de ellos y escriba su configuración electrónica.

a) Primer átomo: Z = 34, A = 78. Segundo átomo: Z = 19, A = 39.

b) * Configuración electrónica del primer átomo: $1s^2\ 2s^2\ 2p^6\ 3s^2\ 3p^6\ 4s^2\ 3d^{10}\ 4p^4$

* Configuración electrónica del segundo átomo: $1s^2\ 2s^2\ 2p^6\ 3s^2\ 3p^6\ 4s^1$

* Números cuánticos para el primer átomo: (4,1,-1,1/2)

* Números cuánticos para el segundo átomo: (2,0,0,1/2)

c) * Primer átomo: X^{2-}, tenderá a ganar dos electrones para adquirir la configuración de gas noble, que es la más estable.

* Segundo átomo: X^+, tenderá a perder un electrón para adquirir la configuración de gas noble, que es la más estable.

* Configuración electrónica del X^{2-}: $1s^2\ 2s^2\ 2p^6\ 3s^2\ 3p^6\ 4s^2\ 3d^{10}\ 4p^6$

* Configuración electrónica del X^+: $1s^2\ 2s^2\ 2p^6\ 3s^2\ 3p^6$

---

18) Sean las siguientes combinaciones de números cuánticos para un electrón:

I) (1,0,2,-1/2), II) (5,0,0,1/2), III) (3,2,-2,-1/2), IV) (0,0,0,1/2)

a) Justifique cuál o cuáles de ellas no están permitidas. b) Indique el orbital en el que se encuentra el electrón para las que sí son permitidas. c) Ordene, razonadamente, dichos orbitales según su valor de energía creciente.

a) Reglas de los números cuánticos: n: de 1 a 7; ℓ: de 0 a n – 1; m: de $-\ell$ a $+\ell$ pasando por cero; s: +1/2 y – ½ por cada valor de m.

I: no permitida, pues m no puede ser superior a ℓ. IV: no permitida, pues n no puede valer 0.

b) II: 5s; III: 3d.

c) 3d < 5s. La energía de un orbital viene dada por la suma de números cuánticos: $n + \ell$.

Para el 3d: $n + \ell = 3 + 2 = 5$. Para el 5s: $n + \ell = 5 + 0 = 5$. En caso de empate, el de menor energía es el de menor valor de n, el 3s.

---

19) Dados los elementos: A (Z = 9) y B (Z = 25). a) Escriba las configuraciones electrónicas de los elementos neutros en estado fundamental y justifique el grupo y el periodo de cada uno de los elementos. b) Justifique el carácter metálico o no metálico de cada uno de los elementos en base a una propiedad periódica. c) Justifique el ion más estable de los elementos A y B.

a) * Configuración electrónica de A: $1s^2\ 2s^2\ 2p^5$

* Configuración electrónica de B: $1s^2\ 2s^2\ 2p^6\ 3s^2\ 3p^6\ 4s^2\ 3d^5$

El grupo y el período vienen determinados por el último orbital que se está ocupando.

* Átomo A: el electrón diferenciador es $2p^5$: 2º período y grupo de los halógenos.

* Átomo B: el electrón diferenciador es $3d^5$: 4º período y 5º grupo de los metales de transición, es decir, grupo del Mn. Los metales de transición tienen la configuración externa: $(n-1)d^x$.

b) El elemento A es un no metal porque su configuración externa es $2p^5$, por lo que tendrá una alta afinidad electrónica, es decir, una gran tendencia a captar un electrón para adquirir la configuración de gas noble.

El elemento B es un metal porque sus orbitales externos son $4s^2\ 3d^5$, por lo que tiene una baja energía de ionización y perderá electrones con facilidad.

c) * Iones más estables: A^- y B^{2+}. El elemento A, al adquirir un electrón más, adquiere la configuración electrónica del gas noble más cercano, que es muy estable. El elemento B, al perder dos electrones (los dos electrones 4s) adquiere una configuración semillena (un electrón en cada orbital 3d), la cual es bastante estable.

---

20) Dados los elementos: A (Z = 19) y B (Z = 36): a) Escriba las configuraciones electrónicas de los átomos en estado fundamental indicando justificadamente el grupo y periodo al que pertenecen en el sistema periódico. b) Justifique si los siguientes números cuánticos podrían corresponder al electrón diferenciador de alguno de ellos, indicando a cuál: (5,1,-1,1/2), (4,0,0,1/2) y (4,1,3,1/2). c) Justifique cuál de los dos elementos presenta menos reactividad química.

a) * Configuración electrónica de A: $1s^2\ 2s^2\ 2p^6\ 3s^2\ 3p^6\ 4s^1$

* Configuración electrónica de B: $1s^2\ 2s^2\ 2p^6\ 3s^2\ 3p^6\ 4s^2\ 3d^{10}\ 4p^6$

El grupo y el período vienen determinados por el último orbital que se está ocupando.

* Átomo A: el electrón diferenciador es $4s^1$: 4º período y grupo de los alcalinos.

* Átomo B: el electrón diferenciador es $4p^6$: 4º período y 6º grupo de los elementos de la derecha de la tabla, es decir, de los gases nobles.

b) (5,1,-1,1/2): no corresponde a ninguno, pues es un orbital 5p.
(4,0,0,1/2): corresponde al elemento A, pues es un orbital 4s.
(4,1,3,1/2): corresponde al átomo B, pues es un orbital 4p.

c) El de menor reactividad química es el átomo B, pues es un gas noble y, según la regla del octeto, los átomos tienen tendencia a ganar o perder electrones hasta conseguir la configuración de gas noble, que es la más estable. Si la configuración es la de un gas noble, no tenderá a reaccionar.

---

21) A y Q son átomos de distintos elementos situados en el mismo período y que tienen 5 y 7 electrones de valencia, respectivamente. Responda, razonadamente, si las siguientes afirmaciones son verdaderas o falsas: a) A tiene mayor primera energía de ionización que Q. b) Q tiene menor afinidad electrónica que A. c) A tiene mayor radio atómico que Q.

a) Falso. Q tiene mayor primera energía de ionización que A. La energía de ionización mide la dificultad de arrancar un electrón a un átomo gaseoso. En un mismo período se sitúan elementos con electrones externos en el mismo nivel energético. Q tiene más electrones y, suponiendo átomo neutro, más carga nuclear que A; los electrones del mismo nivel energético estarán más atraídos por el núcleo, el átomo será más pequeño y será más difícil arrancarle un electrón.

b) Falso. La afinidad electrónica mide la facilidad de captar un electrón por parte de un átomo gaseoso. Como Q es más pequeño que A, el nuevo electrón estará más cerca del núcleo y más atraído por él.

c) Verdadero. En un mismo período se sitúan elementos con electrones externos en el mismo nivel energético. Q tiene más electrones y, suponiendo átomo neutro, más carga nuclear que A; los electrones del mismo nivel energético estarán más atraídos por el núcleo y el átomo será más pequeño.

---

22) Explique la veracidad o falsedad de los siguientes enunciados: a) Para n = 2 hay 5 orbitales d. b) En el orbital 3p el número cuántico n vale 1. c) El número máximo de electrones con la combinación de números cuánticos n = 4 y m = - 2 es 4.

a) Falso. El número cuántico secundario, ℓ, va desde 0 hasta n – 1, es decir, 0 y 1. $\ell = 0$ corresponde al orbital s y $\ell = 1$ corresponde al orbital p. Luego para n = 2 no hay ningún orbital d posible. Para n = 2, los orbitales posibles son: (2,0,0), (2,1,-1), (2,1,0) y (2,1,1).

b) Falso. El número cuántico principal n de un orbital viene dado por el primer número. Para el orbital 3p, n vale 3.

c) Verdadero. Reglas de los números cuánticos: n: de 1 a 7; ℓ: de 0 a n – 1; m: de – ℓ a + ℓ pasando por cero; s: +1/2 y – ½ por cada valor de m. Según esto, las combinaciones pedidas posibles son: (4,2,-2,1/2), (4,2,-2,-1/2), (4,3,-2,1/2) y (4,3,-2,-1/2).

---

23) a) Justifique cuál de las siguientes especies, Li^+ y He, tiene mayor radio. b) Razone cuál de los siguientes elementos, O y N, tiene mayor afinidad electrónica. c) Justifique cuál de los siguientes elementos, Na y Cl, tiene mayor energía de ionización.

a) El He. Ambas son especies isoelectrónicas, tienen dos electrones cada uno. En las especies isoelectrónicas, la de mayor radio es la de menor número atómico, porque el mismo número de electrones están menos atraídos por una menor carga nuclear.

b) El O. La afinidad electrónica es la energía que desprende un átomo gaseoso cuando capta un electrón. A mayor afinidad electrónica, mayor tendencia a captar un electrón. El O y el N están en el mismo período, luego sus electrones externos están en el mismo nivel energético. Al tener el O mayor número atómico, tiene mayor carga nuclear, los electrones externos están más atraídos y el átomo es más pequeño. El nuevo electrón se capta más fácilmente por un átomo pequeño porque está más cerca del núcleo positivo.

c) El Cl. La energía de ionización es la energía necesaria para arrancar un electrón de un átomo gaseoso. A mayor energía de ionización, mayor dificultad en arrancar el electrón. El Cl y el Na están en el mismo período, luego sus electrones externos están en el mismo nivel energético. Al tener el Cl mayor número atómico, tiene mayor carga nuclear, los electrones externos están más atraídos y el átomo es más pequeño. Al ser más pequeño, sus electrones están más atraídos por el núcleo y es más difícil arrancar un electrón.

---

24) Para un átomo en su estado fundamental, justifique si son verdaderas o falsas las siguientes afirmaciones: a) El número máximo de electrones con un número cuántico n = 3 es 14. b) Si en el subnivel 3p se sitúan 3 electrones habrá un electrón desapareado. c) En el subnivel 4s puede haber dos electrones como máximo.

a) Falso. El número máximo de electrones viene dado por: $2 \cdot n^2 = 2 \cdot 3^2 = 18$. Luego es falso.

b) Falso. Según el principio de máxima multiplicidad, los electrones tienden a situarse en orbitales de la misma energía de tal forma que estén lo más desapareados posible. Como existen tres orbitales 3p, se situará un electrón en cada orbital (p_x, p_y y p_z) y los tres electrones estarán desapareados.

c) Verdadero. Los orbitales s sólo admiten dos electrones, pues orbital s significa $\ell = 0$ y para $\ell = 0$, m sólo puede valer cero. Números cuánticos posibles: (4,0,0,1/2) y (4,0,0,-1/2).

---

25) a) Represente las estructuras de Lewis de las moléculas de H_2O y NF_3 . b) Justifique la geometría de estas moléculas según la teoría de Repulsión de Pares de Electrones de la Capa de Valencia. c) Explique cuál de ellas presenta mayor punto de ebullición.

a)

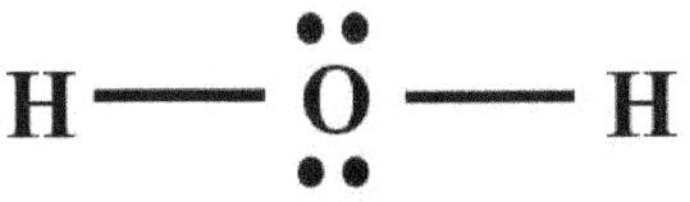

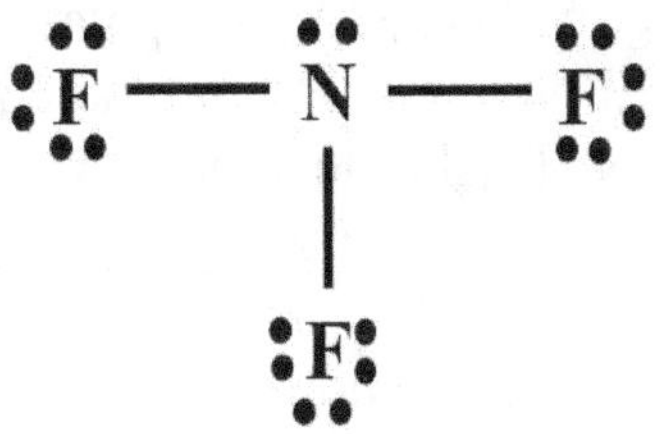

H_2O NF_3

b) El H_2O es una molécula del tipo AB_2E_2, es decir, tiene dos pares de electrones de enlace y dos pares de electrones libres; esto corresponde a una molécula angular. El NF_3 es una molécula del tipo AB_3E, es decir, tiene tres pares de electrones de enlace y un par de electrones libres; esto corresponde a una molécula piramidal trigonal.

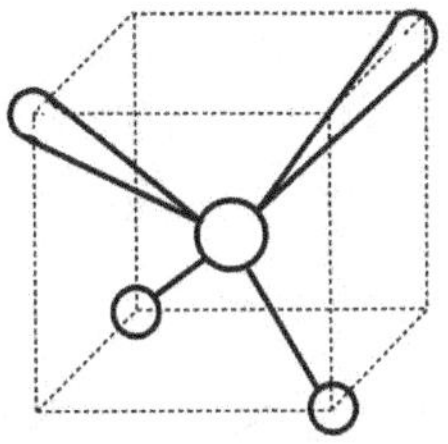

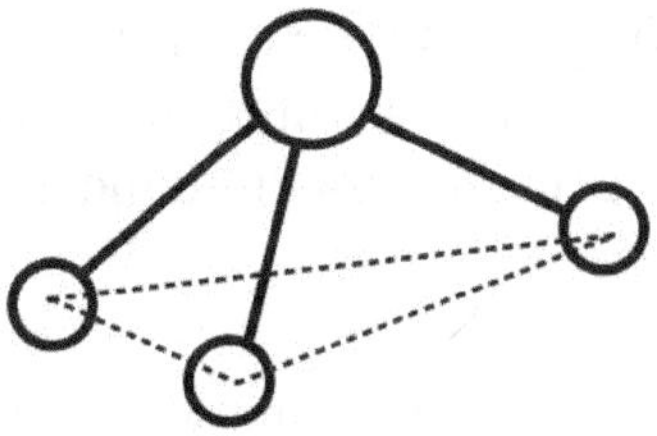

H_2O NF_3

c) El H_2O. Cuando una sustancia hierve, se rompen sus fuerzas intermoleculares. A mayor intensidad de las fuerzas intermoleculares, mayor punto de ebullición. El H_2O tiene mayor punto de ebullición porque su enlace de hidrógeno es más fuerte que las fuerzas de van der Waals del NF_3.

---

26) Dadas las siguientes especies químicas NCl_3 y BCl_3 . a) Explique por qué el tricloruro de nitrógeno presenta carácter polar y, sin embargo, el tricloruro de boro es apolar. b) ¿Cuál de las dos sustancias será soluble en agua? Justifique su respuesta. c) Indique la hibridación del átomo central en cada una de las especies.

a) El NCl_3 es una molécula del tipo AB_3E, es decir, es una pirámide trigonal. La molécula BCl_3 es del tipo AB_3, es decir, es trigonal plana. Aunque los enlaces N – Cl y B – Cl son polares, los momentos dipolares parciales se anulan en el BCl_3 por la simetría de la molécula; sin embargo, en el NCl_3 los momentos dipolares parciales se suman y dan lugar a un momento dipolar total, haciendo polar a la molécula.

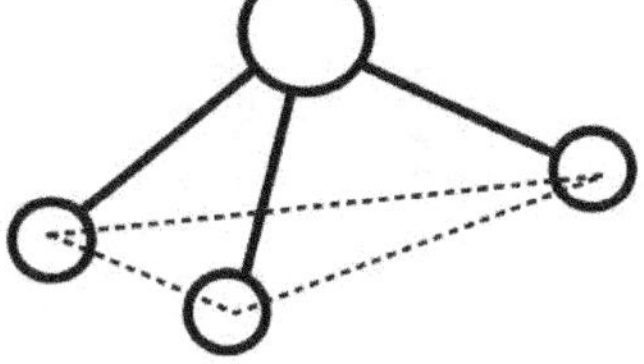

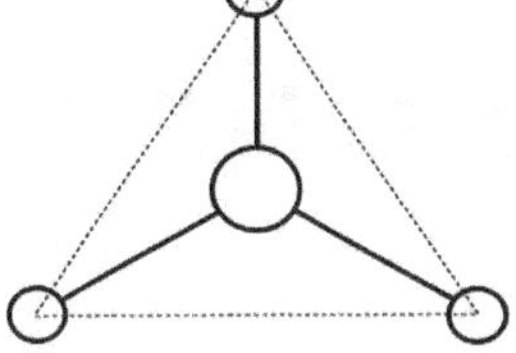

NCl_3 BCl_3

b) El NCl_3. Poque las sustancias polares se disuelven en disolventes polares y las sustancias apolares en las apolares. El NCl_3 es polar y el agua también, por lo que habrá una atracción electrostática entre las moléculas de NCl_3 y las de agua.

---

27) Justifique la veracidad o falsedad de las siguientes afirmaciones: a) El CsCl es un sólido cristalino conductor de la electricidad. b) El H_2S tiene un punto de ebullición más bajo que el H_2O. c) El cloruro de sodio es soluble en agua.

a) Parcialmente verdadero y parcialmente falso. El CsCl es un sólido cristalino porque es una sustancia iónica, está formada por un elemento muy electropositivo (el Cs) y otro muy electronegativo (el Cl). Las sustancias cristalinas forman redes cristalinas a temperatura ambiente. Sin embargo, no conducen la electricidad en estado sólido, pues sus electrones están muy localizados en torno a sus iones en la red cristalina.

b) Verdadero. Cuando una sustancia hierve, se rompen sus fuerzas intermoleculares. A mayor intensidad de las fuerzas intermoleculares, mayor punto de ebullición. El H_2S y el H_2O tienen puentes de hidrógeno como fuerzas intermoleculares, pero es más fuerte en el agua porque el oxígeno es más electronegativo que el azufre.

c) Verdadero. El NaCl es una sustancia iónica por tener un átomo muy electropositivo unido a un no metal. Las sustancias iónicas son solubles en agua porque, en contacto con ella, las moléculas de agua rodean a los iones, los atraen electrostáticamente y rompen la red cristalina.

---

28) a) Explique, en función de las interacciones moleculares, por qué el NH_3 tiene un punto de ebullición más alto que el CH_4. b) Explique, en función de las interacciones moleculares, por qué el CH_4 tiene un punto de ebullición más bajo que el C_2H_6. c) Indique cuántos enlaces π y cuántos σ tienen las moléculas de nitrógeno y oxígeno.

a) Cuando una sustancia hierve, se rompen sus fuerzas intermoleculares. A mayor intensidad de las fuerzas intermoleculares, mayor punto de ebullición. El NH_3 tiene puentes de hidrógeno como fuerzas intermoleculares, que son más intensas que las fuerzas de van der Waals del CH_4.

b) El CH_4 y el C_2H_6 tienen fuerzas de van der Waals como fuerzas intermoleculares. Cuando una sustancia hierve, se rompen sus fuerzas intermoleculares. A mayor intensidad de las fuerzas intermoleculares, mayor punto de ebullición. Cuanto mayor es la masa molecular, mayor es la intensidad de las fuerzas de van der Waals.

c) Estructuras de Lewis:

:N ≡ N:

N_2

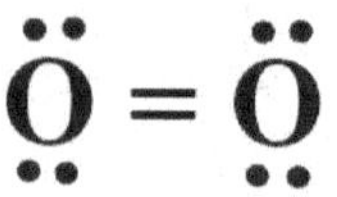

O_2

N_2: un enlace σ y dos enlaces π ; O_2: un enlace σ y un enlace π

---

29) De entre las sustancias siguientes: Cu, NaF y HF, elija, justificadamente, la más representativa en los aspectos que se indican a continuación: a) Sustancia no metálica de punto de fusión muy elevado. b) Sustancia con conductividad térmica y eléctrica en estado natural. c) Sustancia que presenta puentes de hidrógeno.

a) El NaF. Al tener un átomo muy electropositivo (el Na) y un no metal (el Cl), el enlace es iónico. El enlace iónico es fuerte. Cuando una sustancia se funde, se rompen las fuerzas que cohesionan las partículas. Cuanto mayor sea la intensidad de las fuerzas entre las partículas, mayor punto de fusión. El enlace intermolecular en el HF es el puente de hidrógeno, más débil que el enlace iónico.

b) El Cu. El Cu es una sustancia metálica. Los metales son buenos conductores del calor y la electricidad debido a la gran movilidad electrónica del gas electrónico que rodea a toda la red cristalina.

c) El HF. Para tener puentes de hidrógeno, hay que tener en la molécula un átomo de hidrógeno unido a un átomo muy electronegativo. En este caso, el átomo muy electronegativo es el F.

---

30) En función del tipo de enlace conteste, razonando la respuesta: a) ¿Tiene CH_3OH un punto de ebullición más alto que el CH_4? b) ¿Tiene el KCl un punto de fusión mayor que el Cl_2? c) ¿Cuál de estas sustancias es soluble en agua CCl_4 o KCl ?

a) Sí. Cuando una sustancia hierve, se rompen sus fuerzas intermoleculares. Cuanto mayor sea la intensidad de las fuerzas intermoleculares, mayor será el punto de ebullición. El CH_4 tiene fuerzas de van der Waals como fuerzas intermoleculares y el CH_3OH tiene puentes de hidrógeno, más fuertes que las fuerzas de van der Waals.

b) Sí. El KCl es una sustancia iónica y el Cl_2 es una sustancia molecular. Cuando una sustancia se funde, se rompen algunas de sus fuerzas de cohesión entre las partículas. A mayor fuerza de cohesión, mayor punto de fusión. Las fuerzas de cohesión en el KCl son enlaces iónicos, mucho más fuertes que las fuerzas de van der Waals del Cl_2.

c) El KCl. El CCl_4 es una molécula covalente prácticamente apolar y el KCl es un compuesto iónico. Las sustancias apolares no se disuelven en disolventes polares como el agua. Las sustancias iónicas se disuelven en agua porque las moléculas de agua atraen a los iones de la red cristalina y rompen la red.

---

31) Para las especies HBr, NaBr y Br_2, determine razonadamente: a) El tipo de enlace que predominará en ellas. b) Cuál de ellas tendrá mayor punto de fusión. c) Cuál es la especie menos soluble en agua.

a) HBr: enlace por puente de hidrógeno, pues en su molécula hay un hidrógeno unido a un átomo muy electronegativo. NaBr: enlace iónico, pues está constituido por un metal muy electropositivo y un no metal. Br_2: fuerzas de van der Waals, pues está formado por dos átomos de no metal.

b) El NaBr. Cuando una sustancia se funde, se rompen algunas fuerzas de atracción entre sus partículas. El que tenga una mayor intensidad en sus fuerzas de cohesión tendrá mayor punto de fusión. El enlace iónico es más fuerte que el enlace de hidrógeno y este es más fuerte que las fuerzas de van der Waals.

c) El Br_2. Las sustancias polares se disuelven en disolventes polares y las apolares en las apolares. El Br_2 es apolar, pues los dos átomos son iguales y el agua es polar.

---

32) Explique, razonadamente, qué tipo de fuerzas hay que vencer para: a) Fundir hielo. b) Disolver NaCl. c) Sublimar I_2 .

a) Enlace de hidrógeno. Cuando se funde una sustancia, se rompen algunas fuerzas intermoleculares. En el caso del agua, estas fuerzas intermoleculares son enlaces de hidrógeno, pues la molécula de agua tiene hidrógeno unido a un átomo muy electronegativo, el oxígeno.

b) Enlace iónico. El NaCl es suna sustancia iónica, pues está formada por un metal muy electropositivo (el Na) y un no metal (el Cl). Las sustancias iónicas se disuelven bien en agua porque las moléculas de agua rodean a los iones que se liberan después de romper la red cristalina.

c) Fuerzas de van der Waals. El I_2 es una sustancia molecular con enlace covalente apolar. Las fuerzas intermoleculares que unen las moléculas son fuerzas de van der Waals.

---

33) Responda razonadamente a las siguientes cuestiones: a) ¿Por qué, a 1 atm de presión y a 25ºC, el H_2O es un líquido y el H_2S es un gas? b) ¿Qué compuesto será más soluble en agua, CaO o CsI? c) ¿Son polares las moléculas de H_2O y de I_2 ?

a) Los puntos de fusión y de ebullición y, por consiguiente, el estado de una sustancia a temperatura ambiente viene determinado por la intensidad de sus fuerzas intermoleculares. A mayor intensidad de estas fuerzas, más altos serán los puntos de fusión y de ebullición, pues es más difícil vencer las fuerzas intermoleculares. El H_2O y el H_2S tienen el mismo tipo de fuerzas intermoleculares: el enlace de hidrógeno. Sin embargo, es más fuerte en el caso del agua, pues el oxígeno es más electronegativo.

b) El CsI. Cuanto mayor sea la energía reticular de un compuesto iónico, más estable es su red cristalina y más difícil será romperla a la hora de disolverse. La energía reticular es proporcional a: $\frac{Q_1 \cdot Q_2}{r^2}$. En el caso del CaO, Q_1 y Q_2 valen el doble que en el CsI y el radio iónico es más pequeño, pues los radios de Cs y I son más grandes. Por consiguiente, el CaO tiene una mayor energía reticular y será menos soluble.

c) El H_2O es polar y el I_2 es apolar. El H_2O es polar porque hay una diferencia de electronegatividades superior a 1 entre los dos elementos. En el caso del I_2, la molécula es apolar porque los dos átomos son del mismo elemento y la diferencia de electronegatividades es cero.

---

34) Dadas las moléculas BF_3 y PF_3 : a) Represente sus estructuras de Lewis. b) Prediga razonadamente la geometría de cada una de ellas según TRPECV. c) Determine, razonadamente, si estas moléculas son polares.

a)

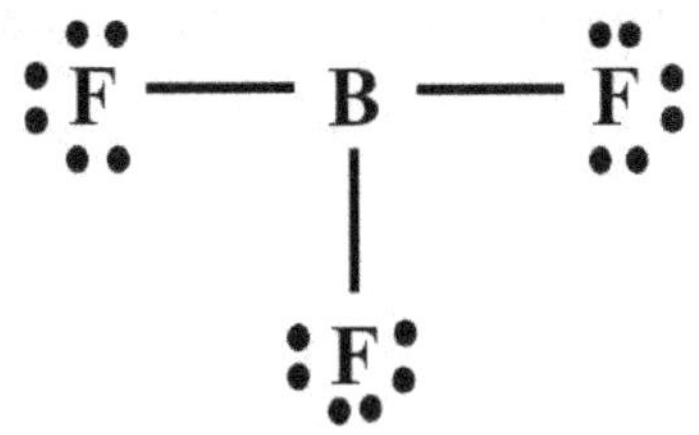

BF_3

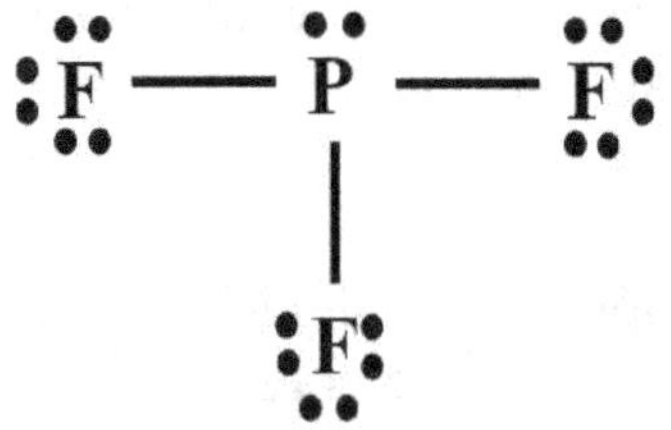

PF_3

b) La molécula BF_3 es del tipo AB_3, es decir, tiene 3 pares de electrones de enlace y 0 pares libres, luego la molécula es trigonal plana. La molécula PF_3 es del tipo AB_3E, es decir, tiene 3 pares de electrones de enlace y un par de electrones libres, luego la molécula es piramidal trigonal.

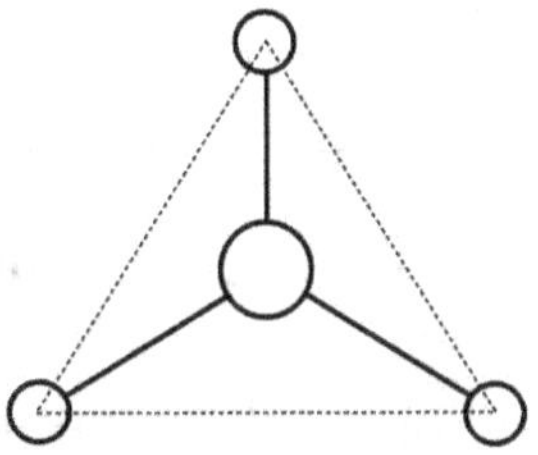

BF_3

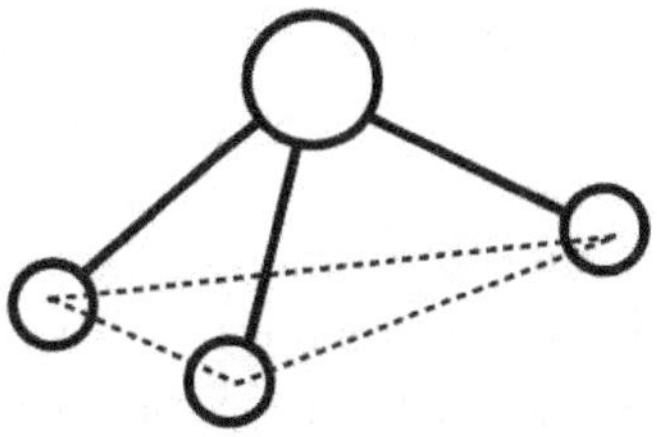

PF_3

c) BF_3 es apolar y PF_3 es polar. Aunque los enlaces B – F y P – F son polares, la geometría del BF_3 hace que se anulen los momentos dipolares parciales, de tal forma que el momento dipolar total es cero y la molécula es apolar. En el caso del PF_3, los momentos polares parciales se suman y dan lugar a un momento dipolar total y a una molécula polar, por consiguiente.

2016

35) a) Explique cuáles de los siguientes grupos de números cuánticos son imposibles para un electrón en un átomo: (4,2,0,1/2), (3,3,2,-1/2), (2,0,1,1/2), (4,1,1,-1/2). b) Indique los orbitales donde se sitúan electrones que corresponden con los grupos de números cuánticos anteriores que están permitidos. c) Justifique cuál de dichos orbitales tiene mayor energía.

a) Reglas de los números cuánticos: n: de 1 a 7; ℓ: de 0 a n – 1; m: de – ℓ a + ℓ pasando por cero; s: +1/2 y – ½ por cada valor de m.

(3,3,2,-1/2): imposible, pues ℓ no puede llegar hasta n.

(2,0,1,1/2): imposible, pues m va desde – ℓ a + ℓ, pasando por cero. Sólo puede valer 0.

b) (4,2,0,1/2): orbital 4d ; (4,1,1,-1/2): orbital 4p

c) El 4d. La energía de un orbital viene dada por la suma de números cuánticos n + ℓ.

Orbital 4d: n + ℓ = 4 + 2 = 6 ; orbital 4p: n + ℓ = 4 + 1 = 5.

---

36) Sean los iones Mn^{2+} y Fe^{3+}. Justifique la veracidad o falsedad de las siguientes afirmaciones: a) Ambos tienen la misma configuración electrónica. b) Ambos tienen el mismo número de electrones. c) Son isótopos entre sí.

a) Verdadero.
* Configuración externa del Mn: $4s^2\ 3d^5$ → Por capas: $3d^5\ 4s^2$
* Configuración externa del Fe: $4s^2\ 3d^6$ → Por capas: $3d^6\ 4s^2$

Para obtener la configuración electrónica de un catión, hay que ordenar por capas y retirar electrones de derecha a izquierda.
* Configuración externa del Mn^{2+}: $3d^5$
* Configuración externa del Fe^{3+}: $3d^5$

b) Verdadero. Al tener la misma configuración electrónica, tienen el mismo número de electrones.

c) Falso. Los isótopos son los átomos del mismo elemento con distinto valor de A, el número másico. Al ser distintos elementos, no pueden ser isótopos.

---

37) a) Indique, justificadamente, los valores posibles para cada uno de los números cuánticos que faltan en las siguientes combinaciones: (3,?,2) ; (?,1,1) ; (4,1,?). b) Escriba una combinación posible de números cuánticos n, l y m para un orbital del subnivel 5d. c) Indique, justificando la respuesta, el número de electrones desapareados que presentan en estado fundamental los átomos de Mn y As.

a) Reglas de los números cuánticos: n: de 1 a 7; ℓ: de 0 a $n-1$; m: de $-\ell$ a $+\ell$ pasando por cero; s: +1/2 y – ½ por cada valor de m.

(3,?,2): valores posibles: sólo el 2, pues m va de $-\ell$ a $+\ell$ y ℓ no puede llegar a 3.

(?,1,1): valores posibles: 2, 3, 4, 5, 6 y 7, pues n puede ir de 1 a 7 y ℓ de 0 a $n-1$.

(4,1,?): valores posibles: -1, 0 y 1, pues m va de $-\ell$ a $+\ell$ pasando por 0.

b) (5,2,1,1/2)

c) * Configuraciones externas: Mn: $4s^2\ 3d^5$; As: $4s^2\ 4p^3$

* Diagrama de orbitales:

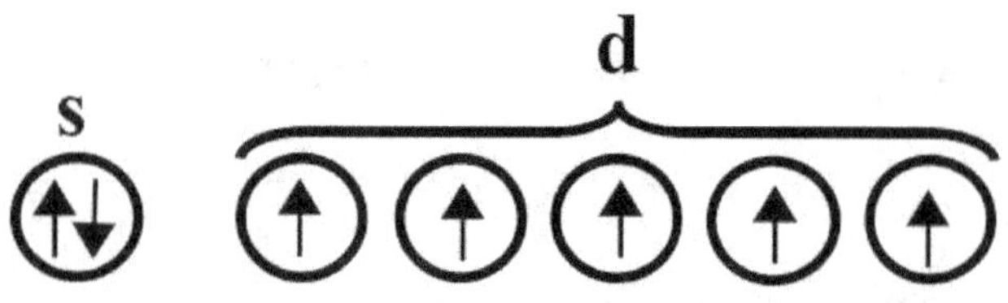

Mn

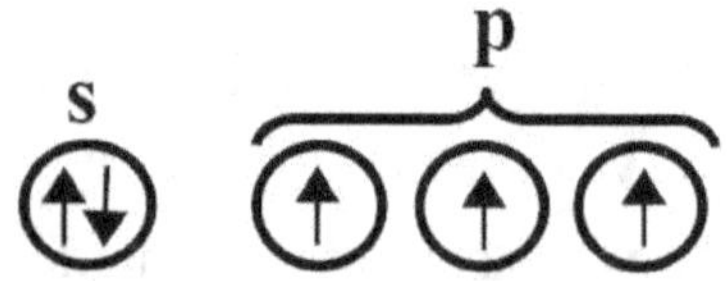

As

Según el principio de máxima multiplicidad, los electrones tienden a estar lo más desapareados posible en orbitales de la misma energía.
Número de electrones desapareados: Mn: 5, As: 3.

---

38) Razone para la siguiente pareja de átomos Mg y S: a) El elemento de mayor radio. b) El elemento de mayor energía de ionización. c) El elemento de mayor electronegatividad.

a) El Mg. Ambos elementos están en el mismo período, luego sus electrones más externos están en el mismo nivel energético. Para elementos del mismo período, el de menor tamaño es el de mayor número atómico pues, al tener mayor carga nuclear, los electrones del mismo nivel están más atraídos por el núcleo.

b) El S. La energía de ionización es la energía necesaria para arrancar un electrón de un átomo gaseoso. A mayor energía de ionización, más dificultad para arrancar ese electrón. El S presenta mayor dificultad porque es un átomo más pequeño y sus electrones más externos están más atados al núcleo.

c) El S. La electronegatividad es la tendencia a atraer electrones de enlace. El S tiene mayor electronegatividad porque es un átomo más pequeño y los electrones de enlace están más atraídos por la cercanía del núcleo positivo.

---

39) Sean los elementos X e Y de número atómico 38 y 35, respectivamente. a) Escriba sus configuraciones electrónicas. b) Razone cuáles serán sus iones más estables. c) Justifique cuál de estos iones tiene mayor radio.

a) * Configuraciones electrónicas:
X: $1s^2\ 2s^2\ 2p^6\ 3s^2\ 3p^6\ 4s^2\ 3d^{10}\ 4p^6\ 5s^2$; Y: $1s^2\ 2s^2\ 2p^6\ 3s^2\ 3p^6\ 4s^2\ 3d^{10}\ 4p^5$

b) X^{2+} e Y^-. Según la regla del octeto, los átomos tienden a formar iones para alcanzar el octeto completo, es decir la configuración del gas noble más cercano, que es una configuración muy estable. Los iones más estables serán: X^{2+} e Y^- . El átomo X alcanzaría más fácilmente la configuración del gas noble más cercano perdiendo dos electrones y el átomo Y ganando un electrón.

c) El Y^-. X^{2+} e Y^- son especies isoelectrónicas, es decir, tienen el mismo número de electrones. De dos especies isoelectrónicas, la de menor tamaño es la de mayor número atómico, pues la atracción nuclear es mayor para el mismo número de electrones. Como Y^- tiene menor número atómico, tendrá mayor radio.

2015

40) a) Razona si una molécula de formula AB_2 debe ser siempre lineal. b) Justifica cuál debe tener un punto de fusión mayor, el CsI o el CaO. c) Pon un ejemplo de una molécula con un átomo de hidrógeno con hibridación sp^3 y justifícalo.

a) No necesariamente. Según la teoría RPECV, si la molécula no tiene pares de electrones libres, la molécula será lineal. Si el átomo central tiene pares de electrones libres, la geometría será angular.

b) El CaO. Cuanto mayor sea la energía reticular de un compuesto iónico, más estable es su red cristalina y más difícil será romperla a la hora de fundirla. La energía reticular es proporcional a: $\frac{Q_1 \cdot Q_2}{r^2}$. En el caso del CaO, Q_1 y Q_2 valen el doble que en el CsI y el radio iónico es más pequeño, pues los radios de Cs y I son más grandes. Por consiguiente, el CaO tiene una mayor energía reticular y tendrá un mayor punto de fusión.

c) El metano, CH_4 . Configuración electrónica externa: $2s^2\ 2p^2$.

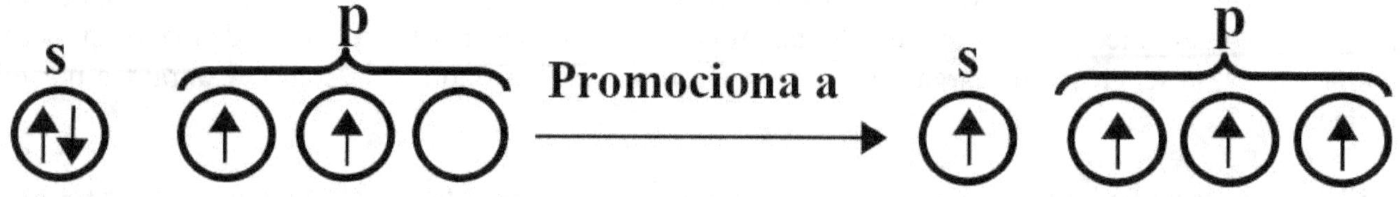

Ecuación de hibridación: 1 O.A. s + 3 O.A. p = 4 O.H. sp^3
Los orbitales tienen forma tetraédrica alrededor del átomo central.

---

41) a) Escribe la configuración electrónica del rubidio. b) Indica el conjunto de números cuánticos que caracteriza al electrón externo del átomo de cesio en su estado fundamental. c) Justifica cuántos electrones desapareados hay en el ión Fe^{3+} ($3d^5$).

a) Rb: $1s^2\ 2s^2\ 2p^6\ 3s^2\ 3p^6\ 4s^2\ 3d^{10}\ 4p^6\ 5s^1$

b) * Configuración externa del Cs: $6s^1$.

* Conjunto de números cuánticos del electrón externo: (6,0,0,1/2)

c) Hay 5. Según el principio de máxima multiplicidad de Hund, los electrones tienden a estar lo más desapareados posible dentro de los orbitales de la misma energía, del mismo tipo. Como existen 5 orbitales d, para $3d^5$ habrá un electrón en cada orbital y con espines paralelos.

---

42) a) Razona si para un electrón son posibles las siguientes combinaciones de números cuánticos:
(0, 0, 0, + ½); (1, 1, 0, + ½); (2, 1, – 1, + ½); (3, 2, 1, + ½).
b) Indica en qué orbital se encuentra el electrón en cada una de las combinaciones posibles. c) Razona en cuál de ellas la energía sería mayor.

a) Reglas de los números cuánticos: n: de 1 a 7; ℓ: de 0 a n – 1; m: de – ℓ a + ℓ pasando por cero; s: +1/2 y – ½ por cada valor de m.
(0, 0, 0, + ½): no es posible, pues n no puede valer cero.
(1, 1, 0, + ½): no es posible, pues ℓ no puede igualar a n.
(2, 1, – 1, + ½): correcto.
(3, 2, 1, + ½): correcto.

b) (2, 1, – 1, + ½): orbital 2p ; (3, 2, 1, + ½): orbital 3d

c) La energía es mayor en el 3d. La energía de un orbital viene dada por la suma de números cuánticos $n + \ell$.

* Energía de los orbitales: 2p: $n + \ell = 2 + 1 = 3$; 3d: $n + \ell = 3 + 2 = 5$

---

43) Indica, razonadamente, si cada una de las siguientes proposiciones es verdadera o falsa. a) Según el método RPECV, la molécula de amoniaco se ajusta a una geometría tetraédrica. b) En las moléculas SiH_4 y H_2S, en los dos casos el átomo central presenta hibridación sp^3. c) La geometría de la molécula BCl_3 es plana triangular.

a) Falso.
Estructura de Lewis:

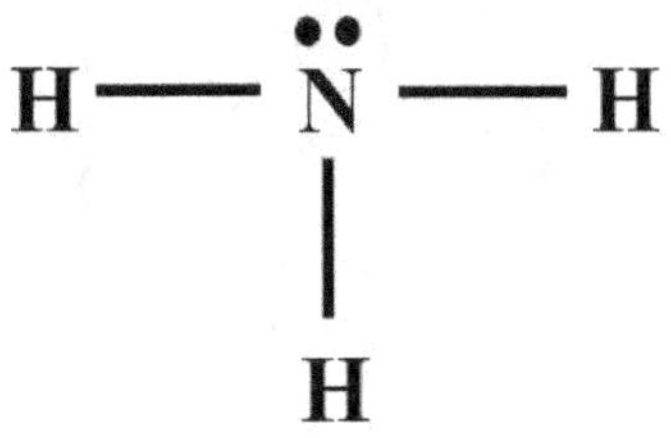

La molécula de NH_3 es del tipo AB_3E, es decir, tiene 3 pares de electrones de enlace y un par de electrones libres, luego la molécula es piramidal trigonal:

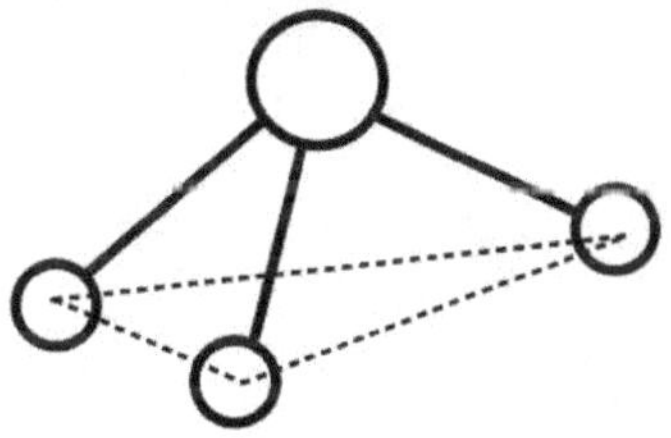

b) Correcto.

* Configuraciones externas: Si: $2s^2\ 2p^2$; S: $2s^2\ 2p^4$

* Diagrama de orbitales:

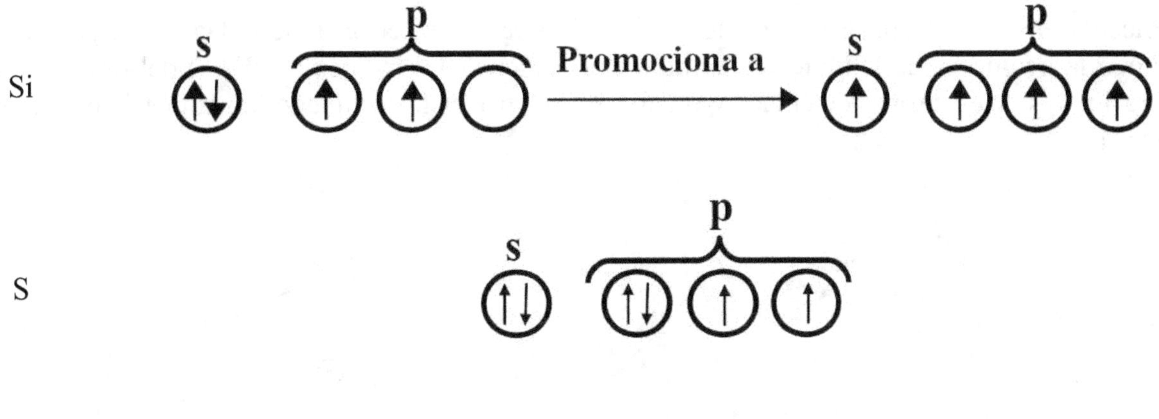

* Para las dos moléculas: 1 O.A. s + 3 O.A. p = 4 O.H. sp^3 . Luego la hibridación es tetraédrica.

c) Estructura de Lewis:

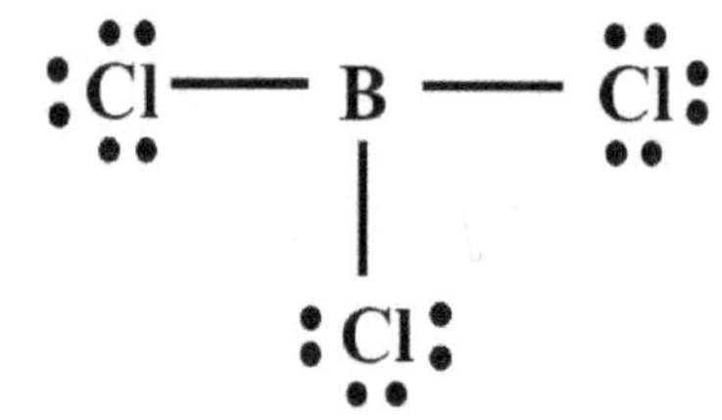

La molécula BCl_3 es del tipo AB_3, es decir, tiene 3 pares de electrones de enlace y 0 pares de electrones libres, luego la geometría de la molécula es trigonal plana:

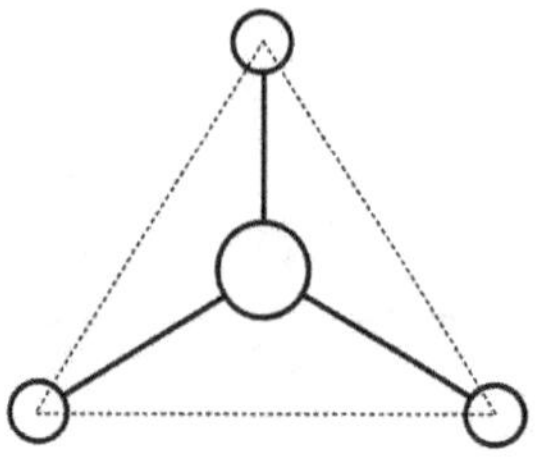

---

44) Para las siguientes moléculas: NF_3 y SiF_4. a) Escriba las estructuras de Lewis. b) Prediga la geometría molecular mediante la aplicación del método de la teoría de Repulsión de Pares de Electrones de la Capa de Valencia. c) Justifique la polaridad de las moléculas.

a) Estructuras de Lewis.

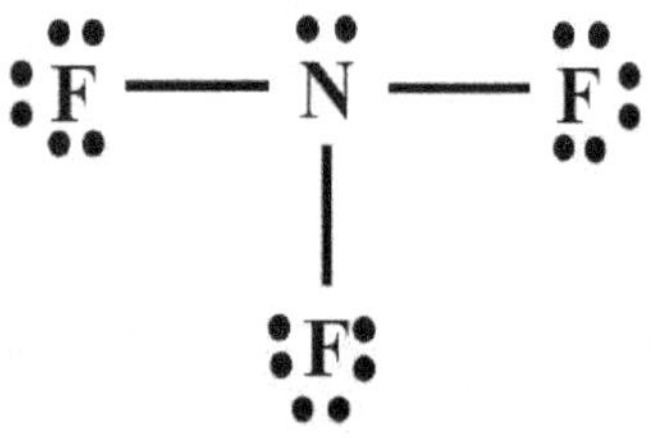

NF_3

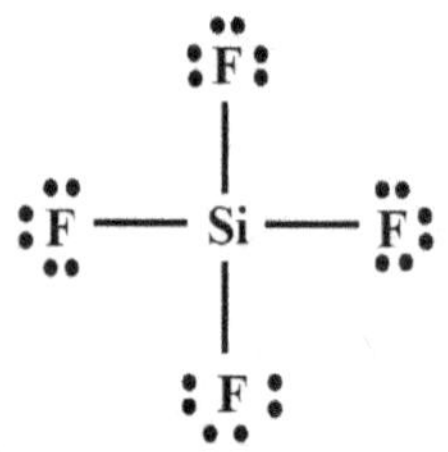

SiF_4

b) La molécula NF_3 es del tipo AB_3E, es decir, tiene 3 pares de electrones de enlace y un par de no enlace, luego la geometría de la molécula es piramidal trigonal. La molécula SiF_4 es del tipo AB_4, es decir, tiene 4 pares de electrones de enlace y 0 pares de electrones libres, luego la geometría molecular es tetraédrica.

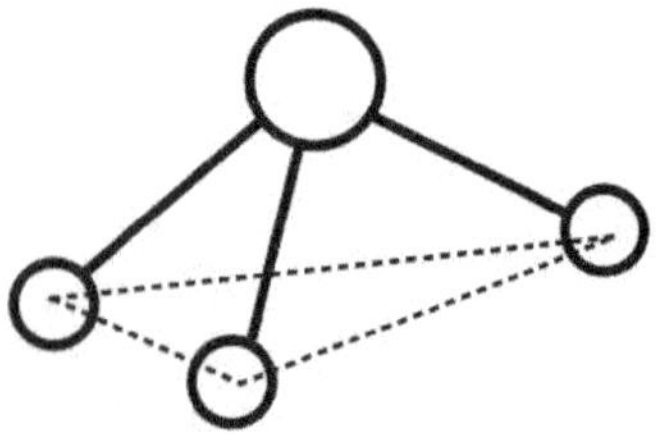

NF_3

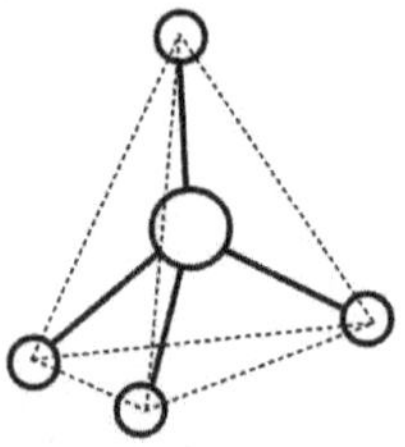

SiF_4

c) Las dos moléculas son covalentes polares sólo que la diferencia de electronegatividades entre los dos átomos es mayor en el caso del SiF_4 que en el caso del NF_3. Luego la molécula SiF_4 es más polar.

---

45) Dadas las siguientes configuraciones electrónicas de capa de valencia: 1) ns^1 2) $ns^2\ np^1$
a) Indique, razonadamente, el grupo al que corresponde cada una de ellas. b) Nombre dos elementos de cada uno de los grupos anteriores. c) Razone cuáles serían los estados de oxidación más estables de los elementos de esos grupos.

a) ns^1 corresponde a los alcalinos, pues en los alcalinos el electrón diferenciador está en un orbital s.
$ns^2\ np^1$ corresponde a los térreos, pues en los térreos el electrón diferenciador está en un orbital p.

b) Alcalinos: litio (Li) y sodio (Na). Térreos: boro (B) y aluminio (Al).

c) Alcalinos: + 1. Térreos: + 3.

Según la regla del octeto, los elementos tienden a formar iones para conseguir el octeto completo y así adquirir la configuración del gas noble más cercano, que es una configuración muy estable. Si los alcalinos pierden el electrón ns^1, adquieren la configuración del gas noble anterior. Si los térreos pierden los tres electrones externos, adquieren la configuración del gas noble anterior también.

---

46) Razone si las siguientes afirmaciones son verdaderas o falsas: a) La primera energía de ionización del Al es mayor que la del Cl. b) El radio atómico del Fe es mayor que el del K. c) Es más difícil arrancar un electrón del ión sodio (Na^+) que del átomo de neón.

a) Falso. La primera energía de ionización es la energía necesaria para arrancar un electrón de un átomo gaseoso. Cuanto mayor es la energía de ionización, mayor es la dificultad de arrancarle el electrón. El Al y el Cl están en el mismo período, luego sus electrones externos están en el mismo nivel energético. El Cl tiene un menor radio atómico por tener mayor valor de Z y mayor carga nuclear. Al ser más pequeño, sus electrones externos están más atraídos por el núcleo y es más difícil arrancarle un electrón.

b) Falso. Ambos elementos están en el mismo período, luego sus electrones externos están en el mismo nivel energético. El Fe es más pequeño porque tiene mayor carga nuclear y el núcleo atrae con más fuerza a los electrones del mismo nivel energético.

c) Verdadero. El ion Na^+ y el Ne son especies isoelectrónicas y ambos tienen configuración de gas noble. Al tener un mayor valor de Z, el ion Na^+ atrae con más fuerza al mismo número de electrones que tiene el átomo de Ne.

---

47) Dadas las sustancias: N_2, KF, H_2S, PH_3, C_2H_4 y Na_2O, indique razonadamente cuáles presentan: a) Enlaces covalentes con momento dipolar resultante distinto de cero. b) Enlaces iónicos. c) Enlaces múltiples.

a) H_2S y PH_3. Ambas sustancias tienen enlace covalente porque unen dos no metales. La geometría molecular hace que los momentos dipolares parciales se sumen y no se anulen. En el caso del H_2S es angular y en el caso del PH_3 es piramidal trigonal.

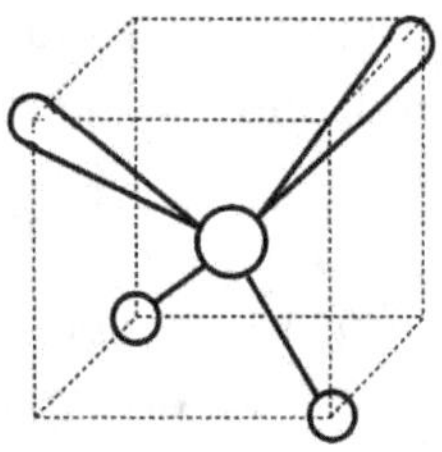

H_2S

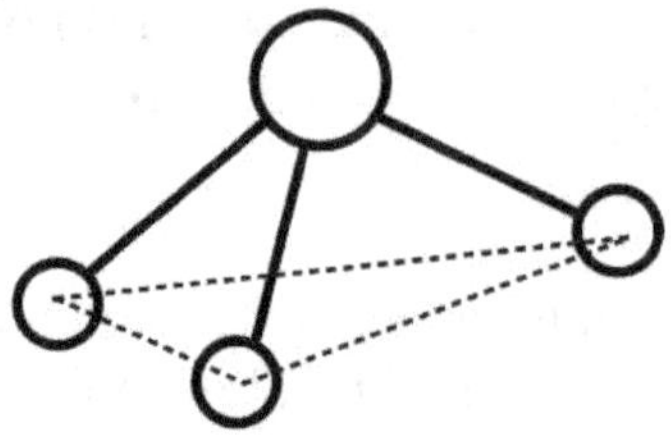

PH_3

b) KF y Na_2O. Para tener enlace iónico, hace falta un elemento muy electropositivo (como el K o el Na) y un no metal. De esta forma se consigue que el metal le dé uno o varios electrones al no metal.

c) N_2 y C_2H_4.

$$:N \equiv N:$$

Estructura de Lewis del N_2

En el eteno, los carbonos están usando orbitales híbridos sp^2. Los orbitales p que quedan libres se solapan lateralmente y forman un enlace π.

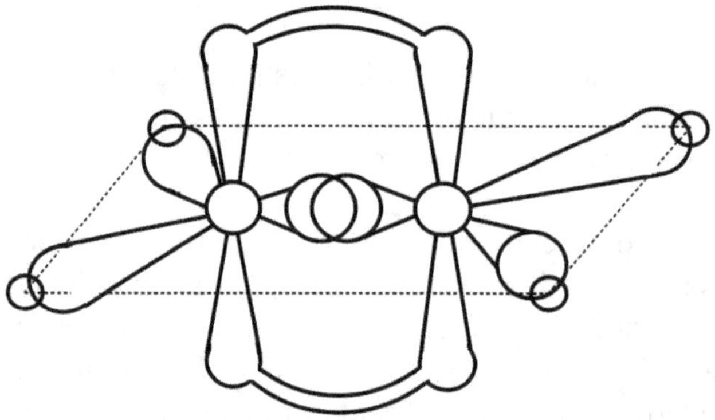

---

48) a) Escriba la configuración electrónica de los iones Cl^- (Z=17) y K^+ (Z=19). b) Razone cuál de los dos iones tendrá mayor radio. c) Razone entre los átomos de Cl y K cuál tendrá mayor energía de ionización.

a) Cl^-: $1s^2\ 2s^2\ 2p^6\ 3s^2\ 3p^6$; K^+: $1s^2\ 2s^2\ 2p^6\ 3s^2\ 3p^6$

b) El Cl^-. Las dos son especies isoelectrónicas. De dos especies isoelectrónicas, la de mayor radio es la de menor valor de Z ya que, al tener menor carga nuclear, el mismo número de electrones es menos atraído por el núcleo.

c) El Cl. La energía de ionización es la energía necesaria para arrancar un electrón de un átomo gaseoso. A mayor energía de ionización, mayor dificultad en arrancarlo. El Cl es un átomo más pequeño, por lo que sus electrones externos están más atraídos por el núcleo y es más difícil arrancarlos.

---

49) Dados los elementos A, B y C de números atómicos 8, 20 y 35, respectivamente: a) Escriba la estructura electrónica de esos elementos. b) Justifique el grupo y periodo a los que pertenecen en base a la configuración electrónica. c) Indique, razonadamente, cuál es el ion más estable de cada uno de ellos y escriba su configuración electrónica.

a) A: $1s^2\ 2s^2\ 2p^4$; B: $1s^2\ 2s^2 2p^6\ 3s^2\ 3p^6\ 4s^2$; C: $1s^2\ 2s^2 2p^6\ 3s^2\ 3p^6\ 4s^2\ 3d^{10}\ 4p^5$

b) El grupo y el período vienen determinados por el electrón diferenciador:
A: electrón $2p^4$: 2º período y 4º grupo de los elementos de la derecha, es decir, de los calcógenos.
B: electrón $4s^2$: 4º período y 2º grupo de los elementos de la izquierda, es decir, de los alcalinotérreos.
C: electrón $4p^5$: 5º período y 5º grupo de los elementos de la derecha, es decir, de los halógenos.

c) A^{2-}, B^{2+} y C^-. Según la regla del octeto, los átomos tienden a formar iones para completar su octeto, de tal forma que así adquieran la configuración del gas noble más cercano, configuración que es muy estable.

* Configuraciones electrónicas:

A^{2-} : $1s^2\ 2s^2\ 2p^6$; B^{2+} : $1s^2\ 2s^2 2p^6\ 3s^2\ 3p^6$; C^- : $1s^2\ 2s^2 2p^6\ 3s^2\ 3p^6\ 4s^2\ 3d^{10}\ 4p^6$

---

50) En función del tipo de enlace explique por qué: a) El NH_3 tiene un punto de ebullición más alto que el CH_4. b) El KCl tiene un punto de fusión mayor que el Cl_2. c) El CH_4 es poco soluble en agua y el KCl es muy soluble.

a) Ambas son moléculas covalentes. Cuando una sustancia hierve, se rompen sus fuerzas intermoleculares. Cuanto más intensas sean estas fuerzas, más alto será el punto de ebullición. El NH_3 tiene un punto de ebullición más alto porque forma enlaces de hidrógeno entre las moléculas, más fuertes que las fuerzas de van der Waals del CH_4.

b) El KCl es una sustancia iónica y el Cl_2 es una sustancia molecular. Cuando una sustancia se funde, se rompen algunas de sus fuerzas de unión entre las partículas. Cuanto mayores sean estas fuerzas, mayor será el punto de fusión. El enlace iónico del KCl es mucho más fuerte que las fuerzas de van der Waals del Cl_2.

c) El CH_4 es una sustancia molecular apolar, pues hay poca diferencia de electronegatividades entre el C y el H. Las sustancias apolares no se disuelven en disolventes polares como el agua. El KCl es una sustancia iónica que se disuelve muy bien en agua porque las moléculas de agua atraen a los iones de la red cristalina y rompen la red.

2014

51) Responde a las siguientes cuestiones justificando la respuesta: a) ¿En qué grupo y en qué período se encuentra el elemento cuya configuración electrónica termina en $4f^{14}\ 5d^5\ 6s^2$? b) ¿Es posible la siguiente combinación de números cuánticos: (1,1,0,½)? c) ¿La configuración electrónica $1s^2\ 2s^2 2p^5\ 3s^2$, pertenece a un átomo en su estado fundamental?

a) El electrón diferenciador es el $5d^5$, luego se trata de un elemento de transición. Como en los elementos de transición la configuración externa es $(n - 1)\ d^x$, el valor de n es 6, es decir, está en el sexto período. El orbital d^5 indica que se trata de la quinta columna de los metales de transición, la del grupo del Mn.

b) No. Porque ℓ no puede valer igual que n.

c) No, pertenece a un estado excitado. Para el mismo número de electrones, la configuración en estado fundamental sería: $1s^2\ 2s^2\ 2p^6\ 3s^1$, pues debe ocuparse completamente el orbital 2p (de menor energía) antes que ocupar el 3s (de mayor energía).

---

52) a) Deduce la geometría de las moléculas BCl_3 y H_2S aplicando la Teoría de la Repulsión de los Pares de Electrones de la Capa de Valencia. b) Explica si las moléculas anteriores son polares. c) Indica la hibridación que posee el átomo central.

a) Estructuras de Lewis:

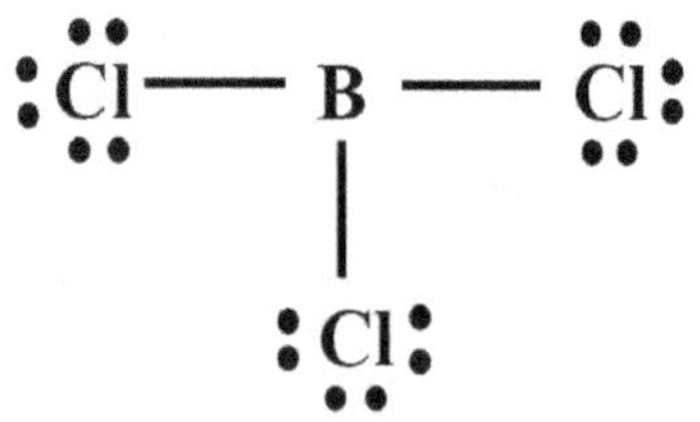

BCl_3

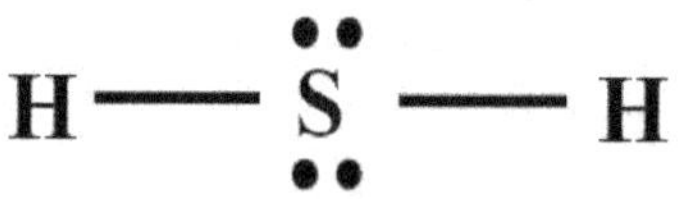

H_2S

La molécula BCl_3 es del tipo AB_3, es decir, tiene 3 pares de electrones de enlace y 0 pares de electrones libres; esto corresponde a una geometría trigonal plana. La molécula H_2S es del tipo AB_2E_2, es decir, tiene 2 pares de electrones de enlace y dos pares de electrones libres; esto corresponde a una geometría angular.

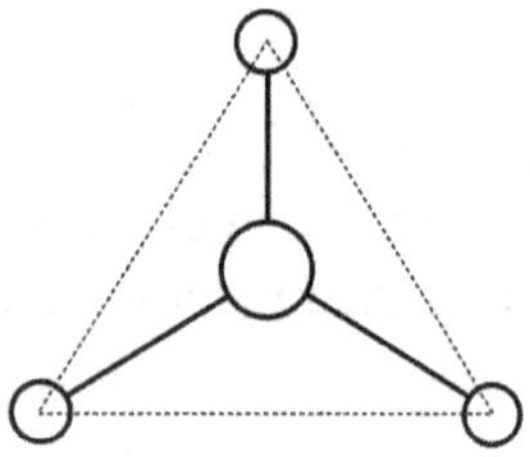

BCl_3

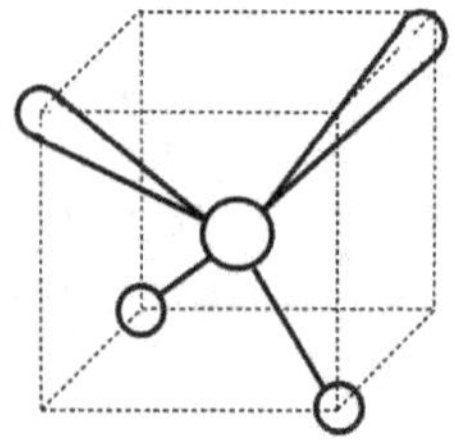

H_2S

b) BCl_3 es apolar y H_2S es polar. Aunque los enlaces B – Cl y H – S son polares, los momentos dipolares parciales se anulan en el BCl_3 por la geometría de la molécula, dando como resultado un momento dipolar nulo y una molécula apolar. En el caso del H_2S, la geometría de la molécula hace que los momentos dipolares parciales se sumen, dando como resultado un momento dipolar total y una molécula polar.

c) * Configuraciones electrónicas externas: B: $2s^2\,2p^1$; S: $3s^2\,3p^4$

B

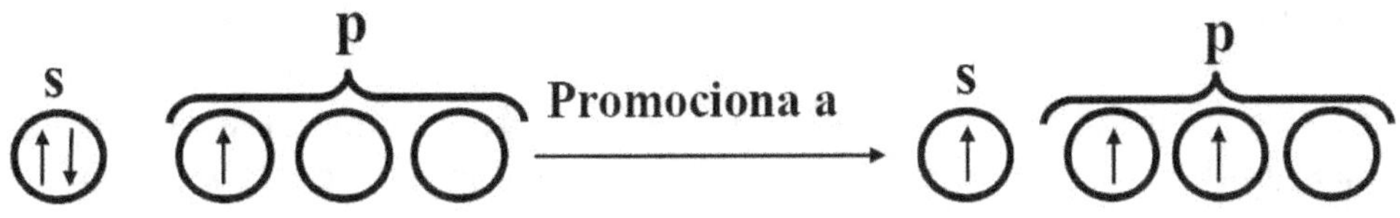

S

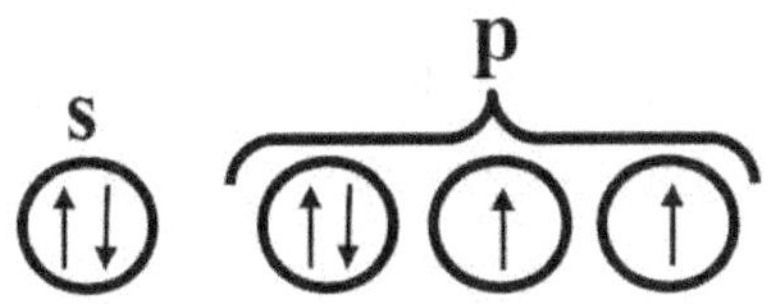

* Ecuaciones de hibridación:
BCl_3 : 1 O.A. s + 2 O.A. p = 3 O.H. sp^2 ; H_2S: 1 O.A. s + 3 O.A. p = 4 O.H. sp^3

---

53) Contesta de forma razonada a las cuestiones acerca de los elementos que poseen las siguientes configuraciones electrónicas:

A: $1s^2\,2s^2\,2p^6\,3s^2\,3p^6\,4s^2$; B: $1s^2\,2s^2\,2p^6\,3s^2\,3p^6\,3d^{10}\,4s^2\,4p^5$.

a) ¿A qué grupo y a qué período pertenecen? b) ¿Qué elemento se espera que posea una mayor energía de ionización? c) ¿Qué elemento tiene un radio atómico menor?

a) El grupo y el período vienen dados por el electrón diferenciador:
A: electrón $4s^2$: 4º período y 2º grupo de la izquierda de la tabla, es decir, de los alcalinotérreos.
B: electrón $4p^5$: 4º período y 5º grupo de la derecha de la tabla periódica, es decir, de los halógenos.

b) El B. La energía de ionización es la energía necesaria para arrancar un electrón de un átomo gaseoso. A mayor energía, mayor dificultad. Los elementos A y B están en el mismo período, luego sus electrones externos están en el mismo nivel energético. El elemento B es más pequeño porque tiene mayor carga nuclear y sus electrones del mismo nivel energético están más atraídos por el núcleo. Al ser más pequeño, sus electrones externos están más atraídos por el núcleo y resulta más difícil arrancar esos electrones.

c) El B. Los elementos A y B están en el mismo período, luego sus electrones externos están en el mismo nivel energético. El elemento B es más pequeño porque tiene mayor carga nuclear y sus electrones del mismo nivel energético están más atraídos por el núcleo.

---

54) Razona si las siguientes afirmaciones son verdaderas o falsas: a) El etano tiene un punto de ebullición más alto que el etanol. b) El tetracloruro de carbono es una molécula apolar. c) El MgO es mas soluble en agua que el BaO.

a) Falso. Cuando una sustancia hierve, se rompen sus fuerzas intermoleculares. Cuanto mayor sea la intensidad de las fuerzas intermoleculares, mayor será el punto de ebullición. El etanol tiene enlaces de hidrógeno, que son más fuertes que las fuerzas de van der Waals del etano.

b) Verdadero. Aunque el enlace C – Cl es polar, la geometría tetraédrica de la molécula hace que los momentos dipolares parciales se anulen dando como resultado un momento dipolar total nulo y una molécula apolar.

c) Falso. Las dos son sustancias iónicas. La más soluble en agua será la que tenga menor energía reticular, que mide la energía necesaria para romper la red cristalina. La energía reticular es proporcional a: $\frac{Q_1 \cdot Q_2}{r^2}$. Las cargas de los iones son iguales para los dos compuestos, pues tienen valencia 2. El Ba tiene mayor radio atómico, luego la distancia entre iones en el BaO será mayor que en el MgO; por consiguiente, el BaO tiene menor energía reticular y es más soluble en agua.

---

55) Dados dos elementos del tercer periodo, A y B, con 5 y 7 electrones de valencia, respectivamente, razone si las siguientes afirmaciones son verdaderas o falsas: a) A tiene menor energía de ionización. b) B tiene mayor radio atómico. c) El par de electrones del enlace A—B se encuentra desplazado hacia A.

a) Verdadero. Los elementos A y B están en el mismo período, luego sus electrones externos están en el mismo nivel energético. El elemento B es más pequeño porque tiene mayor carga nuclear y sus electrones del mismo nivel energético están más atraídos por el núcleo. La energía de ionización es la energía necesaria para arrancar un electrón a un átomo gaseoso. A mayor energía, mayor dificultad. Es más difícil arrancar un electrón de B porque es más pequeño y sus electrones están más atraídos por el núcleo.

b) Falso. Los elementos A y B están en el mismo período, luego sus electrones externos están en el mismo nivel energético. El elemento B es más pequeño porque tiene mayor carga nuclear y sus electrones del mismo nivel energético están más atraídos por el núcleo.

c) Falso. El desplazamiento de los electrones de enlace lo mide la electronegatividad. B es más electronegativo que A porque es más pequeño y los electrones de enlace son más atraídos por la carga positiva del núcleo de B, que está más cerca al ser más pequeño.

---

56) Razone si los siguientes enunciados son verdaderos o falsos: a) Los compuestos covalentes conducen la corriente eléctrica. b) Todos los compuestos covalentes tienen puntos de fusión elevados. c) Todos los compuestos iónicos, disueltos en agua, son buenos conductores de la electricidad.

a) Falso. Sólo conducen la corriente eléctrica las sustancias que tengan electrones deslocalizados. Los compuestos covalentes tienen electrones localizados, giran alrededor de su correspondiente átomo en la red cristalina.

b) Verdadero. Los compuestos covalentes forman enlace covalente por toda la red cristalina. Al ser el enlace covalente un enlace fuerte, es difícil de romper y hacen falta temperaturas altas para fundirlos.

c) Verdadero. Cuando un compuesto iónico se disuelve en agua, se rompe la red cristalina y los iones quedan libres en disolución. Esa libertad de movimiento de las cargas le hace conductor.

---

57) Escriba la configuración electrónica de: a) Un átomo neutro de número atómico 35. b) El ion F^-. c) Un átomo neutro con 4 electrones de valencia, siendo los números cuánticos principal (n) y secundario (l) de su electrón diferenciador n = 2 y l = 1.

a) $1s^2\ 2s^2\ 2p^6\ 3s^2\ 3p^6\ 4s^2\ 3d^{10}\ 4p^5$

b) $1s^2\ 2s^2\ 2p^6$

c) $1s^2\ 2s^2\ 2p^4$

---

58) Explique razonadamente si las siguientes afirmaciones son verdaderas o falsas: a) El agua pura no conduce la electricidad. b) El NaCl en estado sólido conduce la electricidad. c) La disolución formada por NaCl en agua conduce la electricidad.

a) Verdadero. El agua es una sustancia molecular y no tiene electrones deslocalizados. Además, la descomposición del agua en iones H_3O^+ y OH^- da lugar a una concentración de 10^{-7} M, insuficiente para convertir el agua pura en conductora.

b) Falso. El NaCl es una sustancia iónica. Las sustancias iónicas no conducen la electricidad porque no tienen electrones ni cargas deslocalizadas. Los iones están perfectamente situados en los vértices de la red cristalina y no tienen libertad de movimiento hasta que el compuesto se funde o se disuelve.

c) Verdadero. El NaCl es un compuesto iónico. Cuando un compuesto iónico se disuelve, se rompe su red cristalina y sus iones quedan libres en disolución. Esa libertad de movimiento de los iones hace que el compuesto sea conductor en disolución.

---

59) El número atómico de dos elementos A y B es 17 y 21, respectivamente. a) Escriba la configuración electrónica en estado fundamental y el símbolo de cada uno. b) Escriba el ion más estable de cada uno. c) ¿Cuál de esos dos iones posee mayor radio? Justifique la respuesta.

a) A: $1s^2\ 2s^2\ 2p^6\ 3s^2\ 3p^5$; B: $1s^2\ 2s^2\ 2p^6\ 3s^2\ 3p^6\ 4s^2\ 3d^1$
A es el cloro, Cl y B es el escandio, Sc.

b) Cl^- y Sc^{3+}

c) El Cl^-. Ambas son especies isoelectrónicas. Entre dos especies isoelectrónicas, la de mayor radio es la de menor número atómico (el Cl^-) pues tiene menor carga nuclear y el mismo número de electrones están menos atraídos por el núcleo.

---

60) Razone si las siguientes afirmaciones sobre el átomo de neón y el ion óxido, son verdaderas o falsas: a) Ambos poseen el mismo número de electrones. b) Contienen el mismo número de protones. c) El radio del ion óxido es mayor que el del átomo de neón.

a) Verdadero. El O está situado dos lugares antes que el Ne en la tabla periódica. Si acepta dos electrones más, su configuración es idéntica a la del Ne.

b) Falso. El número de protones viene dado por el número atómico y el número atómico es exclusivo de cada elemento. Luego cada elemento tiene un número de protones distinto, independientemente de si es ion o no.

c) Verdadero. Ambas son especies isoelectrónicas. Entre dos especies isoelectrónicas, la de mayor radio es la de menor número atómico (el O^{2-}) pues tiene menor carga nuclear y el mismo número de electrones están menos atraídos por el núcleo.

CINÉTICA Y EQUILIBRIO

2018

1) En un reactor de 5 L se introducen inicialmente 0'8 moles de CS_2 y 0'8 moles de H_2. A 300ºC se establece el equilibrio: $CS_2(g) + 4\,H_2(g) \rightleftharpoons CH_4(g) + 2\,H_2S(g)$, siendo la concentración de CH_4 de 0'025 mol/L. Calcule: a) La concentración molar de todas las especies en el equilibrio. b) K_c y K_p a dicha temperatura.

a) * Balance de materia:

	CS_2	+	$4\,H_2$	$\rightleftharpoons$	CH_4	+	$2\,H_2S$
Moles iniciales	0'8		0'8		-		-
Moles reaccionados	x		4·x		-		-
Moles formados	-		-		x		2·x
Moles en el equilibrio	0'8 – x		0'8 – 4·x		x		2·x
Concentraciones de equilibrio	$\frac{0'8-x}{5}$		$\frac{0'8-4\cdot x}{5}$		0'025 M		2·x

* Valor de x: x = 0'025 M

* Concentraciones de equilibrio:

$CS_2: \frac{0'8-x}{5} = \frac{0'8-0'025}{5} = \boxed{0'155\ M}$; $H_2: \frac{0'8-4\cdot x}{5} = \frac{0'8-4\cdot 0'025}{5} = \boxed{0'14\ M}$

$CH_4: \boxed{0'025\ M}$; H_2S: $2\cdot x = 2\cdot 0'025 = \boxed{0'05\ M}$

b) * Constante de concentraciones: $K_c = \frac{[CH_4]\cdot[H_2S]^2}{[CS_2]\cdot[H_2]^4} = \frac{0'025\cdot 0'05^2}{0'155\cdot 0'14^4} = \boxed{1'05}$

* Constante de presiones parciales:

$K_p = K_c\cdot(R\cdot T)^{\Delta n} = 1'05\cdot(0'082\cdot 573)^{1+2-1-4} = 1'05\cdot(0'082\cdot 573)^{-2} = \boxed{4'76\cdot 10^{-4}}$

---

2) Para la obtención de O_2 se utiliza la siguiente reacción:

$$4\,KO_2(s) + 2\,CO_2(g) \rightleftharpoons 2\,K_2CO_3(s) + 3\,O_2(g)$$

Sabiendo que K_p es 28,5 a 25°C, justifique si las siguientes afirmaciones son verdaderas o falsas: a) Una vez alcanzado el equilibrio, la presión total del sistema es la presión parcial de O_2 elevado al cubo. b) La constante K_c tiene un valor de 28,5. c) Un aumento de la cantidad de KO_2 implica una mayor obtención de O_2.

a) Falso. En el equilibrio estarán presentes dos especies gaseosas: el CO_2 y el O_2. La presión total será la suma de las presiones parciales: $P_T = p_{CO2} + p_{O2}$.

b) Falso.

* Cálculo de K_c :

$$K_p = K_c \cdot (R \cdot T)^{\Delta n} \quad \rightarrow \quad K_c = K_p \cdot (R \cdot T)^{-\Delta n} = 28'5 \cdot (0'082 \cdot 298)^{-(3-2)} = 28'5 \cdot (0'082 \cdot 298)^{-1} = 1'17$$

Ambas constantes tendrían el mismo valor si el incremento de moles gaseosos fuera cero, pero no lo es.

c) Falso. Según el principio de Le Chatelier, la alteración de las condiciones de un equilibrio mediante un factor exterior provoca que el equilibrio se desplace en el sentido en el que compense al factor exterior. Esto ocurre porque la constante de equilibrio tiene que ser constante a una temperatura dada; si se modifica una concentración de la constante de equilibrio, se modifican las demás. La adición de KO_2 no altera el equilibrio porque la concentración de KO_2 no está presente en la constante de equilibrio, al ser un equilibrio heterogéneo: $K_c = \dfrac{[O_2]^3}{[CO_2]^2}$.

---

3) En un recipiente de 2 L y a 100ºC se encontró que los moles de N_2O_4 y NO_2 eran 0,4 y 0,6 respectivamente. Sabiendo que K_c a dicha temperatura es de 0,212 para la reacción:

$$N_2O_4(g) \rightleftharpoons 2\ NO_2\ (g)$$

a) Razone si el sistema se encuentra en equilibrio. b) Calcule las concentraciones de N_2O_4 y NO_2 en el equilibrio.

a) * Constante de concentraciones: $Q = \dfrac{[NO_2]^2}{[N_2O_4]} = \dfrac{0'6^2}{0'4} = 0'9$

Al ser $Q \neq K_c$, el sistema no está en equilibrio. Al ser $Q > K_c$, el sistema se desplaza a la izquierda.

b) * Balance de materia:

	N_2O_4	$\rightleftharpoons$	$2\ NO_2$
Moles iniciales	0'4		0'6
Moles reaccionados	-		2·x
Moles formados	x		2·x
Moles en el equilibrio	0'4 + x		0'6 - 2·x
Concentraciones de equilibrio	$\dfrac{0'4+x}{2}$		$\dfrac{0'6-2\cdot x}{2}$

* Cálculo de x: $K_c = \dfrac{[NO_2]^2}{[N_2O_4]} = \dfrac{\dfrac{(0'6-2\cdot x)^2}{2^2}}{\dfrac{0'4+x}{2}} = \dfrac{0'36+4\cdot x^2-2'4\cdot x}{0'8+2\cdot x} = 0'212$

$0'36 + 4\cdot x^2 - 2'4\cdot x = 0'212\cdot 0'8 + 0'212\cdot 2\cdot x \quad \rightarrow \quad 4\cdot x^2 - 2'82\cdot x + 0'19 = 0$

x = $\dfrac{+2'82 \pm \sqrt{2'82^2 - 4\cdot 4\cdot 0'19}}{2\cdot 4}$ = 0'63 y 0'0755 . El correcto es 0'0755, pues los moles de NO_2 en el equilibrio no pueden ser negativos.

* Concentraciones de equilibrio:

N_2O_4 : $\dfrac{0'4+x}{2} = \dfrac{0'4+0'0755}{2} = \boxed{0'238\ M}$; NO_2 : $\dfrac{0'6-2\cdot x}{2} = \dfrac{0'6-2\cdot 0'0755}{2} = \boxed{0'225\ M}$

---

4) La reacción $CO(g) + NO_2(g) \rightleftharpoons CO_2(g) + NO(g)$ tiene la siguiente ecuación de velocidad obtenida experimentalmente: $v = k\cdot[NO_2]^2$. Justifique si son verdaderas o falsas las siguientes afirmaciones: a) La velocidad de desaparición del CO es igual a la velocidad de desaparición del NO_2. b) La constante de velocidad no depende de la temperatura porque la reacción se produce en fase gaseosa. c) El orden total de la reacción es 1 porque la velocidad sólo depende de la concentración de NO_2.

a) Verdadera. En la reacción ajustada, el CO y el NO_2 tienen el mismo coeficiente estequiométrico, luego sus velocidades serán iguales: $v_{CO} = -\dfrac{d[CO]}{dt} = v_{NO2} = -\dfrac{d[NO_2]}{dt}$

b) Falso. La constante de velocidad es siempre función de la temperatura, como demuestra la expresión de Arrhenius: $k = A\cdot e^{-Ea/R\cdot T}$. A mayor temperatura, mayor grado de agitación molecular y mayor valor de la constante de velocidad.

c) Falso. El orden total de la reacción es 2 porque ese es el único exponente que aparece en la concentración de la ecuación de velocidad.

---

5) En un recipiente de 2 L se introducen 4,90 g de CuO y se calienta hasta 1025ºC, alcanzándose el equilibrio siguiente: $4\ CuO(s) \rightleftharpoons 2\ Cu_2O(s) + O_2(g)$
Si la presión total en el equilibrio es de 0,5 atm, calcule: a) Los moles de O_2 que se han formado y la cantidad de CuO que queda sin descomponer. b) Las constantes K_p y K_c a esa temperatura.
Datos: $R = 0'082\ atm\cdot L\cdot mol^{-1}\cdot K^{-1}$. Masas atómicas relativas: O: 16 ; Cu: 63,5.

a) * Balance de materia:

$n = \dfrac{m}{M} = \dfrac{4'90}{79'5} = 0'0616$ mol CuO

	$4\,CuO$	$\rightleftharpoons$	$2\,Cu_2O$	+	O_2
Moles iniciales	0'0616		-		-
Moles reaccionados	4·x		-		-
Moles formados	-		2·x		x
Moles en el equilibrio	0'0616 – x		2·x		x
Concentraciones de equilibrio	$\frac{0'616-x}{2}$		$\frac{2\cdot x}{2}$		x

Sólo el O_2 está en estado gaseoso, luego la presión es debida sólo a él.

* Moles de O_2 que se han formado: $n = \frac{P\cdot V}{R\cdot T} = \frac{0'5\cdot 2}{0'082\cdot(273+1025)} = \boxed{9'4\cdot 10^{-3}\text{ mol}} = x$

* Cantidad de CuO que queda sin descomponer: $n = 0'0616 - x = 0'0616 - 9'4\cdot 10^{-3} = \boxed{0'0522\text{ mol CuO}}$

b) * Constante de presiones parciales: $K_p = p_{O2} = \boxed{0'5}$

* Constante de concentraciones: $K_c = K_p\cdot(R\cdot T)^{-\Delta n} = 0'5\cdot(0'082\cdot 1298)^{-1} = \boxed{4'70\cdot 10^{-3}}$

---

6) Explique cómo afecta al siguiente equilibrio: $3\,Fe(s) + 4\,H_2O(g) \rightleftharpoons Fe_3O_4(s) + 4\,H_2(g)$
a) Un aumento del volumen del recipiente donde se lleva a cabo la reacción. b) Un aumento de la concentración de H_2. c) Un aumento de la cantidad de Fe presente en la reacción.

Según el principio de Le Chatelier, la alteración de las condiciones de un equilibrio mediante un factor exterior provoca que el equilibrio se desplace en el sentido en el que compense al factor exterior. Esto ocurre porque la constante de equilibrio tiene que ser constante a una temperatura dada; si se modifica una concentración de la constante de equilibrio, se modifican las demás.

La expresión de la constante de equilibrio en este equilibrio heterogéneo es: $K_c = \frac{[H_2]^4}{[H_2O]^4}$

a) Un aumento de volumen no afecta al equilibrio, pues el volumen desaparece en la expresión de la constante de equilibrio:

$$K_c = \frac{[H_2]^4}{[H_2O]^4} = \frac{\frac{n_{H2}^4}{V^4}}{\frac{n_{H2O}^4}{V^4}} = \frac{n_{H2}^4}{n_{H2O}^4}$$

b) El equilibrio se desplazará hacia la izquierda para compensar el aumento de concentración de H_2, pues de esta forma disminuiría su concentración.
c) Un aumento de la cantidad de Fe no afecta al equilibrio pues al ser el equilibrio heterogéneo, las sustancias sólidas no afectan a la constante de equilibrio.

---

7) A temperaturas elevadas, el BrF_5 se descompone según la reacción:

$$2\,BrF_5(g) \rightleftharpoons Br_2(g) + 5\,F_2(g)$$

En un recipiente herméticamente cerrado de 10 L, se introducen 0,1 moles de BrF_5 y se deja que el sistema alcance el equilibrio a 1500 K. Si en el equilibrio la presión total es de 2,12 atm, calcule: a) El número de moles de cada gas en el equilibrio. b) El valor de K_c y K_p. Dato: R = 0'082 atm·L·mol^{-1}·K^{-1}.

a) * Balance de materia:

	$2\,BrF_5$	$\rightleftharpoons$	Br_2	+	$5\,F_2$
Moles iniciales	0'1		-		-
Moles reaccionados	2·x		-		-
Moles formados	-		x		5·x
Moles en el equilibrio	0'1 – 2·x		x		5·x
Concentraciones de equilibrio	$\frac{0'1-2\cdot x}{10}$		$\frac{x}{10}$		$\frac{5\cdot x}{10}$

* Moles totales en el equilibrio: $n_T = 0'1 - 2\cdot x + x + 5\cdot x = 0'1 + 4\cdot x$

* Cálculo de x: $P_T\cdot V = n_T\cdot R\cdot T \rightarrow n_T = \frac{P_T\cdot V}{R\cdot T} = \frac{2'12\cdot 10}{0'082\cdot 1500} = 0'172$ mol

$0'1 + 4\cdot x = 0'172 \rightarrow x = \frac{0'172-0'1}{4} = 0'018$ mol

* Moles de cada gas en el equilibrio:

BrF_5 : 0'1 – 2·x = 0'1 – 2·0'018 = **0'064 mol** ; Br_2 : x = **0'018 mol**

F_2 : 5·x = 5·0'018 = **0'09 mol**

b) * Concentraciones:

BrF_5 : $\frac{0'064}{10} = 6'4\cdot 10^{-3}$ M ; Br_2 : $\frac{0'018}{10} = 1'8\cdot 10^{-3}$ M ; F_2 : $\frac{0'09}{10} = 9\cdot 10^{-3}$ M

* Constante de concentraciones:

$$K_c = \frac{[Br_2]\cdot[F_2]^5}{[BrF_5]^2} = \frac{1'8\cdot 10^{-3}\cdot(9\cdot 10^{-3})^5}{(6'4\cdot 10^{-3})^2} = \boxed{2'59\cdot 10^{-9}}$$

* Constante de presiones parciales:

$$K_p = K_c\cdot(R\cdot T)^{\Delta n} = 2'59\cdot 10^{-9}\cdot(0'082\cdot 1500)^{1+5-2} = 2'59\cdot 10^{-9}\cdot(0'082\cdot 1500)^4 = \boxed{0'593}$$

---

8) Experimentalmente se halla que la reacción A → B + C, en fase gaseosa, es de orden 2 respecto de A. a) Escriba la ecuación de velocidad. b) Explique cómo variará la velocidad de reacción si el volumen disminuye a la mitad. c) Calcule la velocidad cuando [A] = 0'3 M, si la constante de velocidad es $k = 0,36\ L\cdot mol^{-1}\cdot s^{-1}$

a) $v = k\cdot[A]^2$

b) Si el volumen disminuye a la mitad, la nueva concentración es: $[A]' = \frac{n}{0'5\cdot V} = 2\cdot[A]$, la concentración de A será el doble, por lo que: $v' = k\cdot(2\cdot[A])^2 = 4\cdot k\cdot[A]^2 = 4\cdot v$. La velocidad se hace 4 veces mayor.

c) $v = k\cdot[A]^2 = 0'36\ \frac{L}{mol\cdot s}\cdot 0'3^2\ \frac{mol^2}{L^2} = 0'0324\ \frac{mol}{L\cdot s} = \boxed{0'0324\ \frac{M}{s}}$

---

9) El $NaHCO_3(s)$ se utiliza en la fabricación del pan. Su descomposición térmica desprende CO_2, produciendo pequeñas burbujas en la masa que hacen que suba el pan al hornearlo. Para la reacción: $2\ NaHCO_3(s) \rightleftharpoons Na_2CO_3(s) + H_2O(g) + CO_2(g)$, K_p tiene un valor de 3,25 a 125ºC. Si se calientan a esa temperatura 100 g de $NaHCO_3(s)$ en un recipiente cerrado de 2 L de capacidad, calcule: a) El valor de la presión parcial de cada uno de los gases y la presión total cuando se alcance el equilibrio. b) La masa de $NaHCO_3$ que se ha descompuesto y la masa de todos los sólidos que quedan en el recipiente.
Datos: $R = 0'082\ atm\cdot L\cdot mol^{-1}\cdot K^{-1}$. Masas atómicas relativas: H: 1 ; C: 12 ; O: 16 ; Na: 23.

a) * Balance de materia:

$n = \frac{m}{M} = \frac{100}{84} = 1'19$ mol $NaHCO_3$

	$2\ NaHCO_3(s)$	$\rightleftharpoons$	$Na_2CO_3(s)$	+	$H_2O(g)$	+	$CO_2(g)$
Moles iniciales	1'19		-		-		-
Moles reaccionados	$2\cdot x$		-		-		-
Moles formados	-		x		x		x
Moles en el equilibrio	$1'19 - 2\cdot x$		x		x		x
Concentraciones de equilibrio	$\frac{1'19-2\cdot x}{2}$		$\frac{x}{2}$		$\frac{x}{2}$		$\frac{x}{2}$

* Constante de concentraciones: $K_c = K_p\cdot(R\cdot T)^{-\Delta n} = 3'25\cdot(0'082\cdot 398)^{-2} = 3'05\cdot 10^{-3}$

* Cálculo de x: $K_c = [H_2O]\cdot[CO_2] = \frac{x}{2}\cdot\frac{x}{2} = \frac{x^2}{4} = 3'05\cdot 10^{-3} \rightarrow x = \sqrt{4\cdot 3'05\cdot 10^{-3}} = 0'110$ mol

* Número de moles totales en el equilibrio:

$n_T = 1'19 - 2\cdot x + x + x + x = 1'19 + x = 1'19 + 0'110 = 1'30$ mol

* Presión total: $P_T \cdot V = n_T \cdot R \cdot T \rightarrow P_T = \frac{n_T \cdot R \cdot T}{V} = \frac{1'30 \cdot 0'082 \cdot 398}{2} = \boxed{21'2 \text{ atm}}$

* Presiones parciales: $p_{H2O} = p_{CO2} = \frac{P_T}{2} = \frac{21'2}{2} = \boxed{10'6 \text{ atm}}$

b) * Moles de $NaHCO_3$ que se han descompuesto: $n = 2 \cdot x = 2 \cdot 0'110 = 0'220$ mol

* Masa de $NaHCO_3$ que se ha descompuesto: $m = n \cdot M = 0'220 \cdot 84 = \boxed{18'5 \text{ g } NaHCO_3}$

* Moles de Na_2CO_3 que quedan: $n = x = 0'220$ mol

* Masa de Na_2CO_3 que queda: $m = n \cdot M = 0'220 \cdot 106 = \boxed{23'3 \text{ g } Na_2CO_3}$

---

10) Se añade el mismo número de moles de CO_2 que de H_2 en un recipiente cerrado de 2 L que se encuentra a 1259 K, estableciéndose el siguiente equilibrio: $H_2(g) + CO_2(g) \rightleftharpoons H_2O(g) + CO(g)$. Una vez alcanzado el equilibrio, la concentración de CO es 0,16 M y el valor de K_c es 1,58. Calcule: a) Las concentraciones del resto de los gases en el equilibrio. b) La presión total del sistema en el equilibrio. Dato: $R = 0'082$ atm·L·mol^{-1}·K^{-1}.

a) * Balance de materia:

	H_2	+	CO_2	$\rightleftharpoons$	H_2O	+	CO
Moles iniciales	n_0		n_0		-		-
Moles reaccionados	x		x		-		-
Moles formados	-		-		x		x
Moles en el equilibrio	$n_0 - x$		$n_0 - x$		x		x
Concentraciones de equilibrio	$\frac{n_0 - x}{2}$		$\frac{n_0 - x}{2}$		$\frac{x}{2}$		$\frac{x}{2} = 0'16$

* Cálculo de x: $\frac{x}{2} = 0'16 \rightarrow x = 0'16 \cdot 2 = 0'32$ mol

* Número total de moles en el equilibrio: $n_T = n_0 - x + n_0 - x + x + x = 2 \cdot n_0$

* Constante de concentraciones:

$$K_c = \frac{[H_2O]\cdot[CO]}{[H_2]\cdot[CO_2]} = \frac{\frac{x}{2}\cdot\frac{x}{2}}{\frac{n_0-x}{2}\cdot\frac{n_0-x}{2}} = \frac{x^2}{(n_0-x)^2} = \frac{0'32^2}{(n_0-0'32)^2} = 1'58 \rightarrow$$

$$\rightarrow \frac{0'32}{n_0-0'32} = \sqrt{1'58} = 1'26 \rightarrow 0'32 = 1'26\cdot n_0 - 0'32\cdot 1'26 \rightarrow$$

$$\rightarrow n_0 = \frac{0'32+0'32\cdot 1'26}{1'26} = 0'574 \text{ mol}$$

* Concentraciones de equilibrio:

H_2: $\frac{n_0-x}{2} = \frac{0'574-0'32}{2} = \boxed{0'127\ M}$; CO_2: $\frac{n_0-x}{2} = \frac{0'574-0'32}{2} = \boxed{0'127\ M}$;

H_2O: $\frac{x}{2} = \frac{0'32}{2} = \boxed{0'16\ M}$; CO: $\frac{x}{2} = \frac{0'32}{2} = \boxed{0'16\ M}$

b) * Presión total del sistema en equilibrio:

$$P_T = \frac{n_T\cdot R\cdot T}{V} = \frac{2\cdot 0'574\cdot 0'082\cdot 1259}{2} = \boxed{59'3 \text{ atm}}$$

---

11) Basándose en las reacciones químicas correspondientes: a) Calcule la solubilidad en agua del $ZnCO_3$ en mg/L. b) Justifique si precipitará $ZnCO_3$ al mezclar 50 mL de Na_2CO_3 0'01 M con 200 mL de $Zn(NO_3)_2$ 0'05 M. Datos: $K_s(ZnCO_3) = 2'2\cdot 10^{-11}$. Masas atómicas C: 12; O: 16; Zn: 65'4.

a) * Equilibrio de solubilidad:

	$ZnCO_3$ (s)	$\rightleftharpoons$	Zn^{2+}(ac)	+	CO_3^{2-} (ac)
Solubilidad	s		s		s

* Solubilidad: $P_s = [Zn^{2+}]\cdot[CO_3^{2-}] = s\cdot s = s^2 \rightarrow$

$$\rightarrow s = \sqrt{P_s} = \sqrt{2'2\cdot 10^{-11}} = 4'69\cdot 10^{-6}\ \frac{mol}{L}\cdot\frac{125'4\,g}{1\,mol}\cdot\frac{1000\,mg}{1\,g} = \boxed{0'588\ \frac{mg}{L}}$$

b) * Reacción: $Na_2CO_3 + Zn(NO_3)_2 \rightarrow ZnCO_3 + 2\ NaNO_3$

* Moles de Na_2CO_3 : $n = c_M\cdot V = 0'01\cdot 0'050 = 5\cdot 10^{-4}$ mol

* Moles de $Zn(NO_3)_2$: $n = c_M\cdot V = 0'05\cdot 0'2 = 0'01$ mol

* Moles de CO_3^{2-} :

	Na_2CO_3	$\rightarrow$	$2\ Na^+$	+	CO_3^{2-}
Moles	$5\cdot10^{-4}$		$2\cdot5\cdot10^{-4}$		$5\cdot10^{-4}$

* Moles de Zn^{2+} :

	$Zn(NO_3)_2$	$\rightarrow$	Zn^{2+}	+	$2\ NO_3^-$
Moles	0'01		0'01		2·0'01

* Concentraciones de los iones: $[Zn^{2+}] = \frac{n}{V} = \frac{0'01}{0'050+0'200} = 0'04\ M$

$[CO_3^{2-}] = \frac{n}{V} = \frac{5\cdot10^{-4}}{0'050+0'200} = 2\cdot10^{-3}\ M$

* Producto de concentraciones: $Q = [Zn^{2+}]\cdot[CO_3^{2-}] = 0'04\cdot2\cdot10^{-3} = 8\cdot10^{-5}$

Al ser $Q = 8\cdot10^{-5} > P_s = 2'2\cdot10^{-11}$. Esto significa que precipitará el $ZnCO_3$

---

12) Basándose en las reacciones químicas correspondientes, calcule la solubilidad del $CaSO_4$. a) En agua pura. b) En una disolución 0,50 M de sulfato de sodio (Na_2SO_4). Datos: $Ks(CaSO_4) = 9,1\cdot10^{-6}$

a) * Equilibrio de solubilidad:

	$CaSO_4(s)$	$\rightleftharpoons$	$Ca^{2+}(ac)$	+	$SO_4^{2-}(ac)$
Solubilidad	s		s		s

* Producto de solubilidad: $P_s = [Ca^{2+}]\cdot[SO_4^{2-}] = s\cdot s = s^2 \rightarrow$

$\rightarrow\ s = \sqrt{P_s} = \sqrt{9'1\cdot10^{-6}} = \boxed{3'02\cdot10^{-3}\ \frac{mol}{L}}$

b) * Disolución del Na_2SO_4:

	$Na_2SO_4(s)$	$\rightarrow$	$2\ Na^+(ac)$	+	$SO_4^{2-}(ac)$
Concentración	0'5 M		1 M		0'5 M

* Equilibrio de solubilidad:

	$CaSO_4(s)$	$\rightleftharpoons$	$Ca^{2+}(ac)$	+	$SO_4^{2-}(ac)$
Solubilidad	s		s		s + 0'5

* Solubilidad: $P_s = [Ca^{2+}]\cdot[SO_4^{2-}] = s\cdot(s + 0'5) \approx s\cdot 0'5$, pues $0'5 >> s \rightarrow$

$$\rightarrow \quad s = \frac{P_s}{0'5} = \frac{9'1\cdot 10^{-6}}{0'5} = \boxed{1'82\cdot 10^{-5}\ M}$$

---

13) El hidróxido de calcio, $Ca(OH)_2$, es poco soluble en agua. Se dispone de una disolución saturada en equilibrio con su sólido. Razone si la masa del sólido en esa disolución aumenta, disminuye o no se altera al añadir: a) Agua. b) Disolución de NaOH. c) Disolución de HCl.

a) * Equilibrio de solubilidad:

	$Ca(OH)_2(s)$	$\rightleftharpoons$	$Ca^{2+}(ac)$	+	$2\ OH^-(ac)$
Solubilidad	s		s		2·s

$s = \frac{n_s}{V_D}$. Al añadir agua, las concentraciones de Ca^{2+} y de OH^- disminuyen, luego el equilibrio se desplaza a la derecha según Le Chatelier. Las concentraciones aumentan hasta alcanzar el valor de s y 2·s . Como ha aumentado el volumen, aumenta el número de moles y la masa de soluto en disolución.

b) Disminuye.

* Disolución del NaOH : $NaOH(s) \rightarrow Na^+(ac) + OH^-(ac)$

Según el efecto del ion común, al añadir a una disolución de una sal poco soluble una sal soluble que tenga un ion común (OH^-) con la anterior, la solubilidad de la sal poco soluble disminuye. Si la disolución está saturada, al disminuir la solubilidad, precipitará $Ca(OH)_2$ y habrá menos sólido disuelto.

c) Aumenta.

* Disolución del HCl : $HCl(s) \rightarrow H^+(ac) + Cl^-(ac)$

El H^+ reacciona con el OH^- , por lo que el equilibrio: $Ca(OH)_2(s) \rightleftharpoons Ca^{2+}(ac) + 2\ OH^-(ac)$ se desplaza hacia la derecha, disolviéndose más $Ca(OH)_2$ y aumentando, por consiguiente, su masa en la disolución.

---

14) Basándose en las reacciones químicas correspondientes, calcule la concentración de ion fluoruro: a) En una disolución saturada de fluoruro de calcio (CaF_2). b) Si la disolución es además 0,2 M en cloruro de calcio ($CaCl_2$). Dato: $K_s(CaF_2) = 3,9\cdot 10^{-11}$

a) * Equilibrio de solubilidad:

	$CaF_2(s)$	$\rightleftharpoons$	$Ca^{2+}(ac)$	+	$2\ F^-(ac)$
Solubilidad	s		s		2·s

* Solubilidad: $P_s = [Ca^{2+}]\cdot[F^-]^2 = s\cdot(2\cdot s)^2 = 4\cdot s^3 \rightarrow$

$$\rightarrow \quad s = \sqrt[3]{\frac{P_s}{4}} = \sqrt[3]{\frac{3'9\cdot 10^{-11}}{4}} = 2'14\cdot 10^{-4}\ M$$

* Concentración del ion fluoruro: $[F^-] = 2\cdot s = 2\cdot 2'14\cdot 10^{-4} = \boxed{4'28\cdot 10^{-4}\ M}$

b) * Disolución del $CaCl_2$:

	$CaCl_2(s)$	$\rightarrow$	$Ca^{2+}(ac)$	+	$2\ Cl^-(ac)$
Concentración	0'2 M		0'2 M		0'4 M

* Equilibrio de solubilidad:

	$CaF_2(s)$	$\rightleftharpoons$	$Ca^{2+}(ac)$	+	$2\ F^-(ac)$
Solubilidad	s		s + 0'2		2·s

* Solubilidad:

$P_s = [Ca^{2+}]\cdot[F^-]^2 = (s + 0'2)\cdot(2\cdot s)^2 \approx 0'2\cdot 4\cdot s^2 = 0'8\cdot s^2$, pues 0'2 >> s . Luego:

$$s = \sqrt{\frac{P_s}{0'8}} = \sqrt{\frac{3'9\cdot 10^{-11}}{0'8}} = \boxed{6'98\cdot 10^{-6}\ M}$$

---

15) Indique, razonadamente, si son ciertas o falsas las siguientes afirmaciones: a) Se puede aumentar la solubilidad del AgCl añadiendo HCl a la disolución. b) El producto de solubilidad de una sal es independiente de la concentración inicial de la sal que se disuelve. c) La solubilidad de una sal tiene un valor único.

a) Falso. Según el efecto del ion común, al añadir a una disolución de una sal poco soluble una sal soluble que tenga un ion común (Cl^-) con la anterior, la solubilidad de la sal poco soluble disminuye. Esto es debido al principio de Le Chatelier: al aumentar la concentración de una especie, el equilibrio se desplaza en el sentido de consumirla. Al desplazarse hacia la izquierda, la solubilidad disminuye.

* Disolución del HCl: $HCl \rightarrow H^+ + Cl^-$

* Equilibrio de solubilidad: $CaF_2(s) \rightleftharpoons Ca^{2+}(ac) + 2\ F^-(ac)$

b) Verdadero. El producto de solubilidad es una función exclusivamente de la temperatura y de la sustancia de la que se trate.

c) Falso. La solubilidad de una sustancia depende de la temperatura. A cada temperatura le corresponde un valor.

2017

16) Para el equilibrio: $H_2(g) + CO_2(g) \rightarrow H_2O(g) + CO(g)$
la constante K_c = 4'40 a 200 K. Calcule: a) Las concentraciones en el equilibrio cuando se introducen simultáneamente 1 mol de H_2 y 1 mol de CO_2 en un reactor de 4'68 L a dicha temperatura. b) La presión parcial de cada especie en el equilibrio y el valor de K_p. Dato: R = 0'082 atm·L·mol^{-1}·K^{-1}

a) * Balance de materia:

	H_2	+	CO_2	$\rightleftharpoons$	H_2O	+	CO
Moles iniciales	1		1		-		-
Moles reaccionados	x		x		-		-
Moles formados	-		-		x		x
Moles en el equilibrio	1 – x		1 – x		x		x
Concentraciones de equilibrio	$\frac{1-x}{4'68}$		$\frac{1-x}{4'68}$		$\frac{x}{4'68}$		$\frac{x}{4'68}$

* Cálculo de x:

$$K_c = \frac{[H_2O]\cdot[CO]}{[H_2]\cdot[CO_2]} = \frac{\frac{(1-x)^2}{4'68^2}}{\frac{x^2}{4'68^2}} = \frac{(1-x)^2}{x^2} = 4'40 \rightarrow \frac{1-x}{x} = \sqrt{4'40} = 2'10 \rightarrow$$

$$\rightarrow 1 - x = 2'10\cdot x \rightarrow 1 = 3'10\cdot x \rightarrow x = \frac{1}{3'10} = 0'323 \text{ mol}$$

* Concentraciones de equilibrio:

$$[H_2] = [CO_2] = \frac{1-x}{4'68} = \frac{1-0'323}{4'68} = \boxed{0'145 \text{ M}} \; ; \; [H_2O] = [CO] = \frac{x}{4'68} = \frac{0'323}{4'68} = \boxed{0'0690 \text{ M}}$$

b) * Número de moles totales en el equilibrio: $n_T = 1 - x + 1 - x + x + x = 2$ mol

* Fracciones molares en el equilibrio:

$$H_2: \frac{1-x}{2} = \frac{1-0'323}{2} = 0'339 \; ; \; CO_2: 0'339 \; ; \; H_2O: \frac{x}{2} = \frac{0'323}{2} = 0'162 \; ; \; CO: 0'162$$

* Presión total: $P_T = \frac{n_T\cdot R\cdot T}{V} = \frac{2\cdot 0'082\cdot 200}{4'68} = 7'01$ atm

* Presiones parciales:

$$p_{H2} = p_{CO} = x_i\cdot P_T = 0'339\cdot 7'01 = \boxed{2'38 \text{ atm}} \; ; \; p_{H2O} = p_{CO} = x_i\cdot P_T = 0'162\cdot 7'01 = \boxed{1'14 \text{ atm}}$$

* Constante de presiones parciales: $K_p = K_c \cdot (R \cdot T)^{\Delta n} = 4'40 \cdot (0'082 \cdot 200)^{1+1-1-1} = \boxed{4'40}$

---

17) En el equilibrio: $C(s) + O_2(g) \rightarrow CO_2(g)$. a) Escriba las expresiones de K_c y K_p. b) Obtenga, para este equilibrio, la relación entre ambas. c) ¿Qué ocurre con el equilibrio al reducir el volumen del reactor a la mitad?

a) * Expresión de K_c : $K_c = \dfrac{[CO_2]}{[O_2]}$ * Expresión de K_p : $K_p = \dfrac{p_{CO2}}{p_{O2}}$

b) * Relación entre ambas: $K_p = K_c \cdot (R \cdot T)^{\Delta n} = K_c \cdot (R \cdot T)^{1-1} = K_c \cdot (R \cdot T)^0 = K_c$

c) Según el principio de Le Chatelier, la alteración de las condiciones de un equilibrio mediante un factor externo provoca que el equilibrio se desplace en el sentido en el que compense al factor exterior. Esto ocurre porque la constante de equilibrio tiene que ser constante a una temperatura dada; si se modifica una concentración de la constante de equilibrio, se modifican las demás.

Al reducir el volumen del reactor a la mitad no ocurre nada, pues modifica por igual la concentración de los reactivos gaseosos y de los productos. Ni K_p ni K_c dependen del volumen:

$$K_c = \frac{[CO_2]}{[O_2]} = \frac{\frac{n_{CO2}}{V}}{\frac{n_{O2}}{V}} = \frac{n_{CO2}}{n_{O2}} \quad ; \quad K_p = \frac{p_{CO2}}{p_{O2}} = \frac{\frac{n_{CO2} \cdot R \cdot T}{V}}{\frac{n_{O2} \cdot R \cdot T}{V}} = \frac{n_{CO2}}{n_{O2}}$$

---

18) En un recipiente de 4 litros, a una cierta temperatura, se introducen 0,16 moles de HCl , 0,08 moles de O_2 y 0,02 moles de Cl_2, estableciéndose el siguiente equilibrio:

$$4\,HCl(g) + O_2(g) \rightarrow 2\,H_2O(g) + 2\,Cl_2(g)$$

Cuando se alcanza el equilibrio hay 0,06 moles de HCl. Calcule: a) Los moles de O_2, H_2O y Cl_2 en el equilibrio. b) El valor de K_c a esa temperatura.

a) * Balance de materia:

	4 HCl	+	O_2	⇌	2 H_2O	+	2 Cl_2
Moles iniciales	0'16		0'08		-		0'02
Moles reaccionados	4·x		x		-		-
Moles formados	-		-		2·x		2·x
Moles en el equilibrio	0'16 – 4·x		0'08 – x		2·x		2·x
Concentraciones de equilibrio	$\frac{0'16-4\cdot x}{4}$		$\frac{0'08-x}{4}$		$\frac{2\cdot x}{4}$		$\frac{2\cdot x}{4}$

* Cálculo de x: $0'16 - 4 \cdot x = 0'06 \rightarrow x = \dfrac{0'16 - 0'06}{4} = 0'025$ mol

* Moles en el equilibrio:

O_2 : 0'08 – x = 0'08 – 0'025 = $\boxed{0'055\ mol}$; H_2O : 2·x = 2·0'025 = $\boxed{0'05\ mol}$

Cl_2 : 2·x = 2·0'025 = $\boxed{0'05\ mol}$

b) * Concentraciones de equilibrio:

HCl: $\frac{0'16-4\cdot x}{4} = \frac{0'16-4\cdot 0'025}{4}$ = 0'015 M ; O_2 : $\frac{0'08-x}{4} = \frac{0'08-0'025}{4}$ = 0'0137 M

H_2O : $\frac{x}{2} = \frac{0'025}{2}$ = 0'0125 M ; Cl_2 : $\frac{x}{2} = \frac{0'025}{2}$ = 0'0125 M

* Constante de concentraciones: $K_c = \frac{[H_2O]\cdot[CO]}{[H_2]\cdot[CO_2]} = \frac{0'0125^2\cdot 0'0125^2}{0'015^4\cdot 0'0137} = \boxed{35'2}$

---

19) Sea el sistema en equilibrio: $CaCO_3(s) \rightarrow CaO(s) + CO_2(g)$, indique, razonadamente, si las siguientes afirmaciones son verdaderas o falsas: a) La presión total del reactor será igual a la presión parcial del CO_2. b) Si se añade más $CaCO_3(s)$ se produce más CO_2. c) K_c y K_p son iguales.

a) Verdadero. La única sustancia en estado gaseoso es el CO_2. Por consiguiente, es la única que contribuye a la presión del recipiente: $P_T = p_{CO2}$.

b) Falso. Según el principio de Le Chatelier, la alteración de las condiciones de un equilibrio mediante un factor externo provoca que el equilibrio se desplace en el sentido en el que compense al factor exterior. Esto ocurre porque la constante de equilibrio tiene que ser constante a una temperatura dada; si se modifica una concentración de la constante de equilibrio, se modifican las demás.

La concentración de $CaCO_3$ no forma parte de la constante de equilibrio, luego la modificación de esta concentración no altera las concentraciones de equilibrio.

c) Falso. La relación entre ambas constantes es: $K_p = K_c\cdot(R\cdot T)^{\Delta n}$.
Al ser: $\Delta n = 1$: $K_p = K_c\cdot(R\cdot T)^{\Delta n} = K_c\cdot(R\cdot T)^1 = K_c\cdot R\cdot T$

---

20) La deshidrogenación del alcohol bencílico para fabricar benzaldehído (un agente aromatizante) es un proceso de equilibrio descrito por la ecuación:

$$C_6H_5CH_2OH(g) \rightleftharpoons C_6H_5CHO(g) + H_2(g)$$

A 523 K el valor de la constante de equilibrio K_p = 0'558. a) Si colocamos 1,2 g de alcohol bencílico en un matraz cerrado de 2 L a 523 K, ¿cuál será la presión parcial de benzaldehído cuando se alcance el equilibrio? b) ¿Cuál es el valor de la constante K_c a esa temperatura?
Datos: Masas atómicas: C = 12 ; O = 16 ; H = 1. R = 0'082 $atm\cdot L\cdot mol^{-1}\cdot K^{-1}$

a) * Balance de materia:

$$n = \frac{m}{M} = \frac{1'2}{108} = 0'0111 \text{ mol}$$

	$C_6H_5CH_2OH$	$\rightleftharpoons$ C_6H_5CHO	+ H_2
Moles iniciales	0'0111	-	-
Moles reaccionados	x	-	-
Moles formados	-	x	x
Moles en el equilibrio	0'0111 – x	x	x
Concentraciones de equilibrio	$\frac{0'0111-x}{2}$	$\frac{x}{2}$	$\frac{x}{2}$

* Constante de concentraciones:

$$K_c = K_p \cdot (R \cdot T)^{-\Delta n} = 0'558 \cdot (0'082 \cdot 523)^{1+1-1} = 0'558 \cdot 0'082 \cdot 523 = 23'9$$

* Cálculo de x:

$$K_c = \frac{[C_6H_5CHO] \cdot [H_2]}{[C_6H_5CH_2OH]} = \frac{\frac{x}{2} \cdot \frac{x}{2}}{\frac{0'0111-x}{2}} = \frac{x^2}{2 \cdot (0'0111-x)} = \frac{x^2}{0'0222-2 \cdot x} = 23'9 \rightarrow$$

$$\rightarrow x^2 = 0'0222 \cdot 23'9 - 2 \cdot 23'9 \cdot x \rightarrow x^2 + 47'8 \cdot x - 0'531 = 0 \rightarrow$$

$$\rightarrow x = \frac{-47'8 \pm \sqrt{47'8^2 + 4 \cdot 1 \cdot 0'531}}{2 \cdot 1} = 0'0111 \text{ mol}$$

* Moles de benzaldehido en el equilibrio: n = x = 0'0111 mol

* Presión parcial del benzaldehido en el equilibrio:

$$p = \frac{n \cdot R \cdot T}{V} = \frac{0'0111 \cdot 0'082 \cdot 523}{2} = \boxed{0'238 \text{ atm}}$$

b) * Constante de concentraciones:

$$K_c = K_p \cdot (R \cdot T)^{-\Delta n} = 0'558 \cdot (0'082 \cdot 523)^{1+1-1} = 0'558 \cdot 0'082 \cdot 523 = \boxed{23'9}$$

---

21) Indique verdadero o falso para las siguientes afirmaciones, justificando la respuesta: a) En una reacción del tipo: A + B $\rightarrow$ C, el orden total es siempre 2. b) Al aumentar la temperatura a la que se realiza una reacción aumenta siempre la velocidad. c) En un equilibrio la presencia de un catalizador aumenta únicamente la velocidad de la reacción directa.

a) Falso. El orden total no tiene por qué coincidir con la suma de los coeficientes estequiométricos de los reactivos. Usualmente es así, pero no siempre.

b) Falso. La relación entre la constante de velocidad y la temperatura viene dada por la ecuación de Arrhenius: $k = A \cdot e^{-\Delta H / R \cdot T}$. Si k aumenta, la velocidad aumenta; si k disminuye, la velocidad disminuye. Para que k aumente cuando la temperatura aumente, el ΔH debe ser positivo, es decir, la reacción debe ser endotérmica.

c) Falso. Un catalizador aumenta tanto la velocidad de la reacción directa como la inversa. Es decir, un catalizador hace que se llegue antes al equilibrio.

---

22) A 200ºC y presión de 1 atm, el PCl_5 se disocia en PCl_3 y Cl_2, en un 48,5%. Calcule: a) Las fracciones molares de todas las especies en el equilibrio. b) K_c y K_p. Dato: R = 0'082 atm·L·mol^{-1}·K^{-1}

a) * Balance de materia:

	PCl_5	⇌	PCl_3	+	Cl_2
Moles iniciales	n_0		-		-
Moles reaccionados	$0'485 \cdot n_0$		-		-
Moles formados	-		$0'485 \cdot n_0$		$0'485 \cdot n_0$
Moles en el equilibrio	$(1 - 0'485) \cdot n_0 =$ $= 0'515 \cdot n_0$		$0'485 \cdot n_0$		$0'485 \cdot n_0$
Concentraciones de equilibrio	$\frac{0'515 \cdot n_0}{V}$		$\frac{0'485 \cdot n_0}{V}$		$\frac{0'485 \cdot n_0}{V}$

* Moles totales en el equilibrio: $n_T = 0'515 \cdot n_0 + 0'485 \cdot n_0 + 0'485 \cdot n_0 = 1'485 \cdot n_0$

* Fracciones molares en el equilibrio:

PCl_5 : $x_i = \frac{n_i}{n_T} = \frac{0'515 \cdot n_0}{1'485 \cdot n_0} = \boxed{0'347}$; PCl_3 : $x_i = \frac{n_i}{n_T} = \frac{0'485 \cdot n_0}{1'485 \cdot n_0} = \boxed{0'327}$

Cl_2 : $x_i = \frac{n_i}{n_T} = \frac{0'485 \cdot n_0}{1'485 \cdot n_0} = \boxed{0'327}$

b) * Cálculo de $\frac{n_0}{V}$:

$$P \cdot V = n_T \cdot R \cdot T \rightarrow 1 \cdot V = 1'485 \cdot n_0 \cdot 0'082 \cdot 473 \rightarrow \frac{n_0}{V} = \frac{1}{1'485 \cdot 0'082 \cdot 473} = 0'0174 \text{ M}$$

* Concentraciones de equilibrio:

PCl_5 : $\frac{0'515\cdot n_0}{V}$ = 0'515·0'0174 = 8'96·10^{-3} M ; PCl_3 : $\frac{0'485\cdot n_0}{V}$ = 0'485·0'0174 = 8'44·10^{-3} M

Cl_2 : $\frac{0'485\cdot n_0}{V}$ = 0'485·0'0174 = 8'44·10^{-3} M

* Constante de concentraciones: $K_c = \frac{[PCl_3]\cdot[Cl_2]}{[PCl_5]} = \frac{8'44\cdot10^{-3}\cdot8'44\cdot10^{-3}}{8'96\cdot10^{-3}} = \boxed{7'95\cdot10^{-3}}$

* Constante de presiones parciales:

$K_p = K_c\cdot(R\cdot T)^{\Delta n}$ = 7'95·10^{-3}·$(0'082\cdot473)^{1+1-1}$ = 7'95·10^{-3}·0'082·473 = $\boxed{0'308}$

---

23) Para el equilibrio: 2 HI(g) ⇌ H_2(g) + I_2(g) , la constante a 425ºC vale 1'82·10^{-2}. Calcule: a) Las concentraciones de todas las especies en equilibrio si se calientan a la citada temperatura 0,60 mol de HI y 0,10 mol de H_2 en un recipiente de 1 L de capacidad. b) El grado de disociación del HI y K_p .

a) * Balance de materia:

	2 HI(g)	⇌ H_2(g)	+ I_2(g)
Moles iniciales	0'60	0'10	-
Moles reaccionados	2·x	-	-
Moles formados	-	x	x
Moles en el equilibrio	0'60 – 2·x	x	x
Concentraciones de equilibrio	$\frac{0'60-2\cdot x}{1}$	$\frac{x}{1}$	$\frac{x}{1}$

* Cálculo de x:

$K_c = \frac{[H_2]\cdot[I_2]}{[HI]^2} = \frac{x^2}{0'60-2\cdot x}$ = 0'0182 → x^2 = 0'0182·0'60 – 0'0182·2·x →

→ x^2 + 0'0364·x – 0'01092 = 0 → x = $\frac{-0'0364\pm\sqrt{0'0364^2+4\cdot1\cdot0'01092}}{2\cdot1}$ = 0'0879 mol

* Concentraciones en el equilibrio.

HI: $\frac{0'60-2\cdot x}{1} = \frac{0'60-2\cdot0'0879}{1} = \boxed{0'424\ M}$; H_2 : $\frac{x}{1} = \boxed{0'0879\ M}$; I_2 : $\frac{x}{1} = \boxed{0'0879\ M}$

b) * Grado de disociación: $\alpha = \frac{moles\,disociados}{moles\,totales} = \frac{2 \cdot x}{0'60} = \frac{2 \cdot 0'0879}{0'60} = \boxed{0'293}$

* Constante de presiones parciales: $K_p = K_c \cdot (R \cdot T)^{\Delta n} = 0'0182 \cdot (0'082 \cdot 698)^{1+1-2} = \boxed{0'0182}$

---

24) La reacción: A + 2 B + C $\rightarrow$ D + E , tiene como ecuación de velocidad: $v = k \cdot [A]^2 \cdot [B]$.
a) ¿Cuáles son los ordenes parciales de la reacción y el orden total? b) Deduzca las unidades de la constante de velocidad. c) Justifique cuál es el reactivo que se consume más rápidamente.

a) Los órdenes parciales son los exponentes de las concentraciones en la ecuación de velocidad:
Orden de A: 2 ; orden de B: 1. El orden total es la suma de todos los órdenes parciales, es decir, 3.

b) $k = \frac{v}{c_A^2 \cdot c_B}$ y en ecuación de dimensiones: $[k] = \frac{[v]}{[c_A]^2 \cdot [c_B]} = \frac{\frac{M}{s}}{M^2 \cdot M} = M^{-2} \cdot s^{-1}$

c) El que se consume más rápidamente es aquel que tenga mayor velocidad, lo cual depende de sus coeficientes estequiométricos:

$$v_A = -\frac{dc_A}{dt} \quad ; \quad v_B = -\frac{1}{2} \cdot \frac{dc_B}{dt} \quad ; \quad v_C = -\frac{dc_C}{dt}$$

Por tanto, el A y el C se consumen más rápidamente.

---

25) El cianuro de amonio se descompone según el equilibrio:

$$NH_4CN(s) \rightleftharpoons NH_3(g) + HCN(g)$$

Cuando se introduce una cantidad de cianuro de amonio en un recipiente de 2 L en el que previamente se ha hecho el vacío, se descompone en parte y cuando se alcanza el equilibrio a la temperatura de 11 ºC, la presión es de 0'3 atm. Calcule: a) Los valores de K_c y K_p para dicho equilibrio. b) La cantidad máxima de NH_4CN (en gramos) que puede descomponerse a 11 ºC en un recipiente de 2 L.
Datos: Masas atómicas: H = 1 ; C = 12 ; N = 14. R = 0'082 atm·L·mol^{-1}·K^{-1}

a) * Balance de materia:

	$NH_4CN(s)$	$\rightleftharpoons$ $NH_3(g)$	+ $HCN(g)$
Moles iniciales	n_0	-	-
Moles reaccionados	x	-	-
Moles formados	-	x	x
Moles en el equilibrio	$n_0 - x$	x	x
Concentraciones de equilibrio	$\frac{n_0 - x}{2}$	$\frac{x}{2}$	$\frac{x}{2}$

* Presión total: $P_T = p_{NH3} + p_{HCN} = 0'3$

* Presiones parciales: $p_{NH3} = p_{HCN}$, pues tienen el mismo coeficiente estequiométrico. Luego:

$$p_{NH3} = p_{HCN} = \frac{P_T}{2} = \frac{0'3}{2} = 0'15 \text{ atm}$$

* Constante de presiones parciales: $K_p = p_{NH3} \cdot p_{HCN} = 0'15 \cdot 0'15 = \boxed{0'0225}$

* Constante de concentraciones: $K_c = K_p \cdot (R \cdot T)^{-\Delta n} = 0'0225 \cdot (0'082 \cdot 284)^{-(1+1-1)} =$

$= 0'0225 \cdot (0'082 \cdot 284)^{-1} = \boxed{9'66 \cdot 10^{-4}}$

b) La cantidad pedida es el número de moles de NH_4CN que han reaccionado, es decir, x.

* Número de moles gaseosos totales en el equilibrio: $n_T = x + x = 2 \cdot x$

* Cálculo de x:

$$P \cdot V = n_T \cdot R \cdot T \quad \rightarrow \quad n_T = \frac{P \cdot V}{R \cdot T} = \frac{0'3 \cdot 2}{0'082 \cdot 284} = 0'0258 = 2 \cdot x \quad \rightarrow \quad x = \frac{0'0258}{2} = 0'0129 \text{ mol}$$

* Masa de NH_4CN: $m = n \cdot M = 0'0129 \cdot 44 = \boxed{0'568 \text{ g } NH_4CN}$

2016

26) En un recipiente de 14 litros se introducen 3'2 moles de $N_2(g)$ y 3 moles de $H_2(g)$. Cuando se alcanza el equilibrio: $N_2(g) + 3\ H_2(g) \rightleftharpoons 2\ NH_3(g)$ a 200ºC se obtienen 1'6 moles de amoniaco. Calcule: a) El número de moles de $N_2(g)$ y de $H_2(g)$ en el equilibrio y el valor de la presión total. b) Los valores de las constantes K_c y K_p a 200ºC. Dato: $R = 0'082$ atm·L·mol^{-1}·K^{-1}

a) * Balance de materia:

	$N_2(g)$	+	$3\ H_2(g)$	$\rightleftharpoons$	$2\ NH_3(g)$
Moles iniciales	3'2		3		-
Moles reaccionados	x		3·x		-
Moles formados	-		-		2·x
Moles en el equilibrio	3'2 – x		3 – 3·x		2·x
Concentraciones de equilibrio	$\frac{3'2-x}{14}$		$\frac{3-3\cdot x}{14}$		$\frac{2\cdot x}{14}$

* Cálculo de x: $2 \cdot x = 1'6 \quad \rightarrow \quad x = \frac{1'6}{2} = 0'8$ mol

* Moles en el equilibrio: $N_2 : 3'2 - x = 3'2 - 0'8 = \boxed{2'4 \text{ mol}}$; $H_2 : 3 - 3 \cdot x = 3 - 3 \cdot 0'8 = \boxed{0'6 \text{ mol}}$

* Moles totales en el equilibrio: $n_T = 3'2 - x + 3 - 3 \cdot x + 2 \cdot x = 6'2 - 2 \cdot x = 6'2 - 2 \cdot 0'8 = 4'6$ mol

* Presión total: $P \cdot V = n_T \cdot R \cdot T \rightarrow P = \dfrac{n_T \cdot R \cdot T}{V} = \dfrac{4'6 \cdot 0'082 \cdot 473}{14} = \boxed{12'7 \text{ atm}}$

b) * Concentraciones de equilibrio:

$N_2 : \dfrac{3'2 - x}{14} = \dfrac{3'2 - 0'8}{14} = 0'171$ M ; $H_2 : \dfrac{3 - 3 \cdot x}{14} = \dfrac{3 - 3 \cdot 0'8}{14} = 0'0429$ M

$NH_3 : \dfrac{2 \cdot x}{14} = \dfrac{2 \cdot 0'8}{14} = 0'114$ M

* Constante de concentraciones: $K_c = \dfrac{[NH_3]^2}{[N_2] \cdot [H_2]^3} = \dfrac{0'114^2}{0'171 \cdot 0'0429^3} = \boxed{963}$

* Constante de presiones parciales:

$K_p = K_c \cdot (R \cdot T)^{\Delta n} = 963 \cdot (0'082 \cdot 473)^{2-1-3} = 963 \cdot (0'082 \cdot 473)^{-2} = \boxed{0'640}$

---

27) En un recipiente de 5 L se introducen 3,2 g de $COCl_2$. A 300 K se establece el equilibrio:

$$COCl_2 (g) \rightleftharpoons CO (g) + Cl_2 (g)$$

siendo el valor de la presión total del equilibrio de 180 mmHg. Calcule, en las condiciones del equilibrio: a) Las presiones parciales de los componentes del equilibrio. b) Las constantes de equilibrio K_c y K_p. Datos: Masas atómicas: C = 12; O = 16; Cl = 35'5. R = 0'082 $atm \cdot L \cdot mol^{-1} \cdot K^{-1}$

* Balance de materia:

$n = \dfrac{m}{M} = \dfrac{3'2}{99} = 0'0323$ mol

	$COCl_2(g)$	$\rightleftharpoons$	$CO(g)$	+	$Cl_2(g)$
Moles iniciales	0'0323		-		-
Moles reaccionados	x		-		-
Moles formados	-		x		x
Moles en el equilibrio	0'0323 – x		x		x
Concentraciones de equilibrio	$\dfrac{0'0323 - x}{5}$		$\dfrac{x}{5}$		$\dfrac{x}{5}$

* Moles totales en el equilibrio: $n_T = 0'0323 - x + x + x = 0'0323 + x$

* Presión total en atmósferas: $P = \frac{180}{760} = 0'237$ atm

* Cálculo de x: $P \cdot V = n_T \cdot R \cdot T \rightarrow n_T = \frac{P \cdot V}{R \cdot T} = \frac{0'237 \cdot 5}{0'082 \cdot 300} = 0'0482 = 0'0323 + x \rightarrow$

$\rightarrow x = 0'0482 - 0'0323 = 0'0159$ mol

* Moles en el equilibrio: $COCl_2$: $0'0323 - x = 0'0323 - 0'0159 = 0'0164$ mol

CO: x = 0'0159 mol ; Cl_2 : x = 0'0159 mol

* Presiones parciales de equilibrio:

$COCl_2$: $p = \frac{n_i \cdot R \cdot T}{V} = \frac{0'0164 \cdot 0'082 \cdot 300}{5} = \boxed{0'0807 \text{ atm}}$

CO: $p = \frac{n_i \cdot R \cdot T}{V} = \frac{0'0159 \cdot 0'082 \cdot 300}{5} = \boxed{0'0782 \text{ atm}}$

Cl_2: $p = \frac{n_i \cdot R \cdot T}{V} = \frac{0'0159 \cdot 0'082 \cdot 300}{5} = \boxed{0'0782 \text{ atm}}$

b) * Constante de presiones parciales: $K_p = \frac{p_{CO} \cdot p_{Cl2}}{p_{COCl2}} = \frac{0'0782 \cdot 0'0782}{0'0807} = \boxed{0'0758}$

* Constante de concentraciones:

$K_c = K_p \cdot (R \cdot T)^{-\Delta n} = 0'0758 \cdot (0'082 \cdot 300)^{-(1+1-1)} = 0'0758 \cdot (0'082 \cdot 300)^{-1} = \boxed{3'08 \cdot 10^{-3}}$

---

28) Dado el siguiente equilibrio para la obtención de hidrógeno:

$$CH_4(g) \rightleftharpoons C(s) + 2\, H_2(g) \qquad \Delta H > 0$$

a) Escriba la expresión de la constante de equilibrio K_p. b) Justifique cómo afecta una disminución del volumen de reacción a la cantidad de $H_2(g)$ obtenida. c) Justifique cómo afecta un aumento de la temperatura a la cantidad de $H_2(g)$ obtenida.

a) $K_p = \frac{p_{H2}^2}{p_{CH4}}$

b) Según el principio de Le Chatelier, la alteración de las condiciones de un equilibrio mediante un factor externo provoca que el equilibrio se desplace en el sentido en el que se compense al factor exterior. Esto ocurre porque la constante de equilibrio tiene que ser constante a una temperatura dada; si se modifica una concentración o una presión parcial de la constante de equilibrio, se modifican las demás.

Un disminución de volumen supone un aumento de presión y el equilibrio tenderá a disminuir la presión desplazándose hacia el lado con menor número de moles gaseosos, es decir, hacia la izquierda.

c) La reacción es endotérmica, es decir, de izquierda a derecha se enfría. Un aumento de la temperatura provocará que la reacción se desplace en el sentido en el que disminuya la temperatura, es decir, hacia la derecha.

---

29) Para la reacción en equilibrio: $SnO_2(s) + 2\ H_2(g) \rightleftharpoons Sn(s) + 2\ H_2O(g)$
a 750ºC, la presión total del sistema es 32,0 mmHg y la presión parcial del agua 23,7 mmHg. Calcule: a) El valor de la constante K_p para dicha reacción, a 750ºC. b) Los moles de $H_2O(g)$ y de $H_2(g)$ presentes en el equilibrio, sabiendo que el volumen del reactor es de 2 L.
Dato: $R = 0'082\ atm \cdot L \cdot mol^{-1} \cdot K^{-1}$

a) * Presiones: $P_T = \frac{32}{760} = 0'0421$ atm ; $p_{H2O} = \frac{23'7}{760} = 0'0312$ atm ;

$p_{H2} = P_T - p_{H2O} = 0'0421 - 0'0312 = 0'0109$ atm

* Constante de presiones parciales: $K_p = \frac{p_{H2O}^2}{p_{H2}^2} = \frac{0'0312^2}{0'0109^2} = \boxed{8'19}$

b) * Moles de sustancias gaseosas:

$H_2O : n_i = \frac{p_i \cdot V}{R \cdot T} = \frac{0'0312 \cdot 2}{0'082 \cdot 1023} = \boxed{7'44 \cdot 10^{-4}\ mol}$

$H_2 : n_i = \frac{p_i \cdot V}{R \cdot T} = \frac{0'0109 \cdot 2}{0'082 \cdot 1023} = \boxed{2'60 \cdot 10^{-4}\ mol}$

---

30) La síntesis industrial del metanol se rige por el siguiente equilibrio homogéneo:

$$CO(g) + 2\ H_2(g) \rightleftharpoons CH_3OH(g) \quad \Delta H = -\ 112'86\ kJ$$

A 300ºC, $K_p = 9'28 \cdot 10^{-3}$. Responda verdadero o falso, de forma razonada: a) El valor de K_c será mayor que el de K_p. b) Aumentando la presión se obtendrá mayor rendimiento en el proceso de síntesis. c) Una disminución de la temperatura supondrá un aumento de las constantes de equilibrio.

a) Verdadero. La relación entre K_c y K_p es: $K_c = K_p \cdot (R \cdot T)^{-\Delta n}$. Al ser: $-\Delta n = -(1 - 2 - 1) = +2$, esto significa que, al elevar R·T a un exponente positivo y mayor que 1, K_c será mayor que K_p. Comprobación:

$K_c = K_p \cdot (R \cdot T)^{-\Delta n} = 9'28 \cdot 10^{-3} \cdot (0'082 \cdot 573)^2 = 9'28 \cdot 10^{-3} \cdot 2208 = 20'5 > K_p = 9'28 \cdot 10^{-3}$

b) Verdadero. Según el principio de Le Chatelier, la alteración de las condiciones de un equilibrio mediante un factor externo provoca que el equilibrio se desplace en el sentido en el que se compense al factor exterior. Esto ocurre porque la constante de equilibrio tiene que ser constante a una temperatura dada; si se modifica una concentración o una presión parcial de la constante de equilibrio, se modifican las demás.

Si se aumenta la presión, el sistema tiende a disminuir la presión desplazándose en el sentido de disminuir la presión total, es decir, en el sentido de disminuir el número de moles gaseosos. Eso es hacia la derecha, que es el sentido de sintetizar metanol.

c) Verdadero. Como la reacción es exotérmica, la reacción se calienta cuando transcurre hacia la derecha. Si disminuye la temperatura, el equilibrio tiende a desplazarse en el sentido de aumentar la temperatura, es decir, hacia la derecha. Al hacer esto, aumenta la concentración de los productos y disminuye la de los reactivos, con lo que las constantes de equilibrio aumentan.

2015

31) Dada una disolución saturada de $Mg(OH)_2$ cuya $K_{ps} = 1{,}2 \cdot 10^{-11}$: a) Expresa el valor de K_{ps} en función de la solubilidad. b) Razona como afectará a la solubilidad la adición de NaOH. c) Razona como afectará a la solubilidad una disminución del pH.

a) * Equilibrio de solubilidad:

	$Mg(OH)_2(s)$	$\rightleftharpoons Mg^{2+}(ac)$	$+\ 2\ OH^-(ac)$
Solubilidad	s	s	$2 \cdot s$

* Relación entre K_{ps} y la solubilidad: $K_{ps} = [Mg^{2+}] \cdot [OH^-]^2 = s \cdot (2 \cdot s)^2 = 4 \cdot s^3$

b) Según el efecto del ion común, al añadir a una disolución de una sal poco soluble una sal soluble que tenga un ion común (el OH^-) con la anterior, la solubilidad de la sal poco soluble disminuye. Esto es debido al principio de Le Chatelier: al aumentar la concentración de una especie, el equilibrio se desplaza en el sentido de consumirla. Al desplazarse hacia la izquierda, la solubilidad disminuye.

* Disolución del NaOH: $NaOH \rightarrow Na^+ + OH^-$: de esta forma aumenta la concentración de iones OH^- en disolución.

c) Al disminuir el pH, aumenta la concentración de iones H_3O^+ y disminuye la de iones OH^-. Al disminuir la concentración de iones hidroxilo (OH^-), el equilibrio de solubilidad se desplaza hacia la derecha y aumenta así la solubilidad.

---

32) Para la reacción en equilibrio a 25 ºC: $2\ ICl(s) \rightleftharpoons I_2(s) + Cl_2(g)$
$K_p = 0{,}24$. En un recipiente de 2 L en el que se ha hecho el vacío se introducen 2 moles de ICl(s). a) ¿Cuál será la concentración de $Cl_2(g)$ cuando se alcance el equilibrio? b) ¿Cuántos gramos de ICl(s) quedarán en el equilibrio. Masas atómicas: I: 126'9; Cl: 35'5

a) * Balance de materia:

	$2\,ICl(s)$	$\rightleftharpoons$	$I_2(s)$	+	$Cl_2(g)$
Moles iniciales	2		-		-
Moles reaccionados	$2\cdot x$		-		-
Moles formados	-		x		x
Moles en el equilibrio	$2-2\cdot x$		x		x
Concentraciones de equilibrio	$\frac{2-2\cdot x}{2}$		$\frac{x}{2}$		$\frac{x}{2}$

* Constante de presiones parciales: $K_p = p_{Cl2} = 0'24$

* Moles de Cl_2 en el equilibrio: $n_i = \frac{p_i \cdot V}{R\cdot T} = \frac{0'24\cdot 2}{0'082\cdot 298} = 0'0196 \text{ mol} = x$

* Concentración de Cl_2 en el equilibrio: $c_i = \frac{n_i}{V} = \frac{0'0196}{2} = \boxed{9'8\cdot 10^{-3}\text{ M}}$

b) * Moles de ICl en el equilibrio: $n = 2 - 2\cdot x = 2 - 2\cdot 0'0196 = 1'96$ mol

* Masa de ICl en el equilibrio: $m = n\cdot M = 1'96\cdot 162'4 = \boxed{318\text{ g}}$

---

33) a) Sabiendo que el producto de solubilidad del $Pb(OH)_2$, a una temperatura dada es $K_{ps} = 4\cdot 10^{-15}$, calcula la concentración del catión Pb^{2+} disuelto. b) Justifica mediante el calculo apropiado, si se formará un precipitado de PbI_2, cuando a 100 mL de una disolución 0,01 M de $Pb(NO_3)_2$ se le añaden 100 mL de una disolución de KI 0,02 M. DATOS: $K_{ps}(PbI_2) = 7{,}1\cdot 10^{-9}$.

a) * Equilibrio de solubilidad:

	$Pb(OH)_2(s)$	$\rightleftharpoons$	$Pb^{2+}(ac)$	+	$2\,OH^-(ac)$
Solubilidad	s		s		$2\cdot s$

* Relación entre K_{ps} y la solubilidad: $K_{ps} = [Pb^{2+}]\cdot[OH^-]^2 = s\cdot(2\cdot s)^2 = 4\cdot s^3$

* Concentración de ion Pb^{2+} disuelto: $[Pb^{2+}] = \sqrt[3]{\frac{K_{ps}}{4}} = \sqrt[3]{\frac{4\cdot 10^{-15}}{4}} = \boxed{10^{-5}\text{ M}}$

b) * Número de moles de $Pb(NO_3)_2$: $n = c\cdot V = 0'01\cdot 0'1 = 10^{-3}$ mol

* Número de moles de KI: $n = c\cdot V = 0'02\cdot 0'1 = 2\cdot 10^{-3}$ mol

* Disolución del $Pb(NO_3)_2$:

	$Pb(NO_3)_2(s)$	$\rightarrow$	$Pb^{2+}(ac)$	+	$2\ NO_3^-(ac)$
Solubilidad	10^{-3} mol		10^{-3} mol		$2\cdot10^{-3}$ mol

* Disolución del KI :

	KI (s)	$\rightarrow$	$K^+(ac)$	+	$I^-(ac)$
Solubilidad	$2\cdot10^{-3}$ mol		$2\cdot10^{-3}$ mol		$2\cdot10^{-3}$ mol

* Concentración de iones:

$$[Pb^{2+}] = \frac{n}{V_1+V_2} = \frac{10^{-3}}{0'1+0'1} = 5\cdot10^{-3}\ M \quad ; \quad [I^-] = \frac{n}{V_1+V_2} = \frac{2\cdot10^{-3}}{0'1+0'1} = 0'01\ M$$

* Producto de concentraciones: $Q = [Pb^{2+}]\cdot[I^-]^2 = 5\cdot10^{-3}\cdot0'01^2 = 5\cdot10^{-7}$

Al ser $Q = 5\cdot10^{-7} > K_{ps} = 7'1\cdot10^{-9}$. **Precipitará PbI_2**

---

34) Dado el siguiente equilibrio: SO_2 (g) + ½ O_2 (g) $\rightleftharpoons SO_3$ (g). Se introducen 128 g de SO_2 y 64 g de O_2 en un recipiente cerrado de 2 L en el que previamente se ha hecho el vacío. Se calienta la mezcla y cuando se ha alcanzado el equilibrio, a 830 ºC, ha reaccionado el 80% del SO_2 inicial. Calcule: a) La composición (en moles) de la mezcla en equilibrio y el valor de K_c. b) La presión parcial de cada componente en la mezcla de equilibrio y, a partir de estas presiones parciales, calcule el valor de K_p.
Datos: Masas atómicas: S = 32; O = 16. R = 0,082 atm·L·mol^{-1}·K^{-1} .

a) * Balance de materia:

$$n = \frac{m}{M} = \frac{128}{64} = 2 \text{ mol } SO_2 \quad ; \quad n = \frac{m}{M} = \frac{64}{32} = 2 \text{ mol } O_2$$

	SO_2 (g)	+	$\frac{1}{2}O_2(g)$	$\rightleftharpoons$	SO_3 (g)
Moles iniciales	2		2		-
Moles reaccionados	x		$\frac{x}{2}$		-
Moles formados	-		-		x
Moles en el equilibrio	2 – x		$2-\frac{x}{2}$		x
Concentraciones de equilibrio	$\frac{2-x}{2}$		$\frac{2-\frac{x}{2}}{2}$		$\frac{x}{2}$

* Cálculo de x: Moles de SO_2 reaccionados: n = 0'8·2 = 1'6 = x

* Moles en el equilibrio:

SO_2 : 2 – x = 2 – 1'6 = **0'4 mol** ; O_2 : $2 - \frac{x}{2} = 2 - \frac{1'6}{2} = 2 - 0'8 =$ **1'2 mol** ;

SO_3 : x = **1'6 mol**

* Concentraciones de equilibrio:

SO_2 : $\frac{0'4}{2}$ = 0'2 M ; O_2 : $\frac{1'2}{2}$ = 0'6 M ; SO_3 : $\frac{1'6}{2}$ = 0'8 M

* Constante de concentraciones: $K_c = \frac{[SO_3]}{[SO_2]\cdot[O_2]^{1/2}} = \frac{0'8}{0'2\cdot(0'6)^{1/2}} = \boxed{5'16}$

b) * Presiones parciales en el equilibrio:

SO_2 : $p_i = \frac{n_i\cdot R\cdot T}{V} = \frac{0'4\cdot 0'082\cdot 1103}{2} = \boxed{18'1 \text{ atm}}$

O_2 : $p_i = \frac{n_i\cdot R\cdot T}{V} = \frac{1'2\cdot 0'082\cdot 1103}{2} = \boxed{54'3 \text{ atm}}$

SO_3 : $p_i = \frac{n_i\cdot R\cdot T}{V} = \frac{1'6\cdot 0'082\cdot 1103}{2} = \boxed{72'4 \text{ atm}}$

* Constante de concentraciones: $K_p = \frac{p_{SO3}}{p_{SO2}\cdot p_{O2}^{1/2}} = \frac{72'4}{18'1\cdot 54'3^{1/2}} = \boxed{0'543}$

---

35) Para la reacción: 2A + B → C, se ha comprobado experimentalmente que es de primer orden respecto al reactivo A y de segundo orden respecto al reactivo B. a) Escriba la ecuación de velocidad. b) ¿Cuál es el orden total de la reacción? c) ¿Influye la temperatura en la velocidad de reacción? Justifique la respuesta.

a) * Ecuación de velocidad: $v = k\cdot[A]\cdot[B]^2$

b) El orden total es la suma de los órdenes parciales, es decir, la suma de los exponentes de las concentraciones de la ecuación de velocidad: Orden total = 1 + 2 = 3

c) Sí, influye. La constante de velocidad viene dada por la ecuación de Arrhenius: $k = A \cdot e^{-\frac{\Delta H}{R \cdot T}}$.
Si aumenta k, la velocidad aumenta: si disminuye k, la velocidad disminuye. En una reacción endotérmica (ΔH > 0), al aumentar la temperatura, aumenta $-\frac{\Delta H}{R \cdot T}$, aumenta k y aumenta la velocidad; si disminuye la temperatura, disminuye la velocidad. En una reacción exotérmica (ΔH < 0), al aumentar la temperatura, disminuye $-\frac{\Delta H}{R \cdot T}$, disminuye k y disminuye la velocidad; al disminuir la temperatura, aumenta k y aumenta la velocidad.

---

36) En el proceso Deacon, el cloro (g) se obtiene según el siguiente equilibrio:

$$4\ HCl(g) + O_2(g) \rightleftharpoons 2\ Cl_2(g) + 2\ H_2O(g)$$

Se introducen 32,85 g de HCl(g) y 38,40 g de O_2(g) en un recipiente cerrado de 10 L en el que previamente se ha hecho el vacío. Se calienta la mezcla a 390 ºC y cuando se ha alcanzado el equilibrio a esta temperatura se observa la formación de 28,40 g de Cl_2(g). a) Calcule el valor de K_c. b) Calcule la presión parcial de cada componente en la mezcla de equilibrio y, a partir de estas presiones parciales, calcule el valor de K_p. Datos: Masas atómicas H = 1; Cl = 35,5; O = 16. R = 0,082 atm·L·mol^{-1}·K^{-1}.

* Balance de materia:

$$n = \frac{m}{M} = \frac{32'85}{36'5} = 0'9 \text{ mol HCl} \quad ; \quad n = \frac{m}{M} = \frac{64}{32} = 1'2 \text{ mol } O_2$$

	$4\ HCl(g)$	+	$O_2(g)$	$\rightleftharpoons$	$2\ Cl_2(g)$	+	$2\ H_2O(g)$
Moles iniciales	0'9		1'2		-		-
Moles reaccionados	4·x		x		-		-
Moles formados	-		-		2·x		2·x
Moles en el equilibrio	0'9 – 4·x		1'2 – x		2·x		2·x
Concentraciones de equilibrio	$\frac{0'9-4\cdot x}{10}$		$\frac{1'2-x}{10}$		$\frac{2\cdot x}{10}$		$\frac{2\cdot x}{10}$

* Cálculo de x: Moles de Cl_2 formados: $n = \frac{m}{M} = \frac{28'40}{71} = 0'4 \text{ mol } Cl_2 = 2\cdot x \rightarrow$

$$\rightarrow \quad x = \frac{0'4}{2} = 0'2 \text{ mol}$$

* Concentraciones de equilibrio:

$$HCl: \frac{0'9-4\cdot x}{10} = \frac{0'9-4\cdot 0'2}{10} = 0'01 \text{ M} \quad ; \quad O_2: \frac{1'2-x}{10} = \frac{1'2-0'2}{10} = 0'1 \text{ M}$$

$$Cl_2: \frac{2\cdot x}{10} = \frac{x}{5} = \frac{0'2}{5} = 0'04 \text{ M} \quad ; \quad H_2O: \frac{2\cdot x}{10} = \frac{x}{5} = \frac{0'2}{5} = 0'04 \text{ M}$$

* Constante de concentraciones: $K_c = \dfrac{[Cl_2]^2 \cdot [H_2O]^2}{[HCl]^4 \cdot [O_2]} = \dfrac{0'04^2 \cdot 0'04^2}{0'01^4 \cdot 0'1} = \boxed{2560}$

b) * Moles en el equilibrio:

HCl: 0'9 – 4·x = 0'9 – 4·0'2 = 0'1 mol ; O_2 : 1'2 – x = 1'2 – 0'2 = 1 mol

Cl_2 : 2·x = 2·0'2 = 0'4 mol ; H_2O: 2·x = 2·0'2 = 0'4 mol

* Presiones parciales en el equilibrio:

HCl: $p_i = \dfrac{n_i \cdot R \cdot T}{V} = \dfrac{0'1 \cdot 0'082 \cdot 663}{10} = \boxed{0'544 \text{ atm}}$

O_2 : $p_i = \dfrac{n_i \cdot R \cdot T}{V} = \dfrac{1 \cdot 0'082 \cdot 663}{10} = \boxed{5'44 \text{ atm}}$

Cl_2 : $p_i = \dfrac{n_i \cdot R \cdot T}{V} = \dfrac{0'4 \cdot 0'082 \cdot 663}{10} = \boxed{2'17 \text{ atm}}$

H_2O: $p_i = \dfrac{n_i \cdot R \cdot T}{V} = \dfrac{0'4 \cdot 0'082 \cdot 663}{10} = \boxed{2'17 \text{ atm}}$

* Constante de presiones parciales: $K_p = \dfrac{p_{Cl2}^2 \cdot p_{H2O}^2}{p_{HCl}^4 \cdot p_{O2}} = \dfrac{2'17^2 \cdot 2'17^2}{0'544^4 \cdot 5'44} = \boxed{46'5}$

---

37) Para el equilibrio: $Ca(HCO_3)_2(s) \rightleftharpoons CaCO_3(s) + CO_2(g) + H_2O(g)$ $\Delta H > 0$
Razone si las siguientes proposiciones son verdaderas o falsas: a) Los valores de las constantes K_c y K_p son iguales. b) Un aumento de la temperatura desplaza el equilibrio hacia la derecha. c) Un aumento de la presión facilita la descomposición del hidrogenocarbonato de sodio.

a) Falso. La relación entre ambas es: $K_p = K_c \cdot (R \cdot T)^{\Delta n}$. Serían iguales si el incremento en el número de moles gaseosos fuera cero, pero no lo es:

$K_p = K_c \cdot (R \cdot T)^{\Delta n} = K_c \cdot (R \cdot T)^{1+1} = K_c \cdot (R \cdot T)^2$

b) Verdadero. Según el principio de Le Chatelier, la alteración de las condiciones de un equilibrio mediante un factor externo provoca que el equilibrio se desplace en el sentido en el que se compense al factor exterior. Esto ocurre porque la constante de equilibrio tiene que ser constante a una temperatura dada; si se modifica una concentración o una presión parcial de la constante de equilibrio, se modifican las demás.

Al ser la reacción endotérmica, la reacción se enfría cuando transcurre hacia la derecha. Si se aumenta la temperatura, el equilibrio tiende a desplazarse en el sentido en el que disminuya la temperatura, es decir, hacia la derecha.

c) Falso. Un aumento de presión provoca que el equilibrio se desplace en el sentido en el que disminuya la presión, es decir, hacia el lado en el que haya menos moles gaseosos. Se desplazaría hacia la izquierda.

---

38) En un recipiente de 2,0 L, en el que previamente se ha realizado el vacío, se introducen 0,20 moles de CO_2(g), 0,10 moles de H_2(g) y 0,16 moles de H_2O(g). A continuación se establece el siguiente equilibrio a 500 K: $CO_2(g) + H_2(g) \rightleftharpoons CO(g) + H_2O(g)$.
a) Si en el equilibrio la presión parcial del agua es 3,51 atm, calcule las presiones parciales en el equilibrio de CO_2 , H_2 y CO. b) Calcule K_p y K_c para el equilibrio a 500 K.
Dato: R = 0,082 atm·L·mol^{-1}·K^{-1} .

* Balance de materia:

	$CO_2(g)$	+	$H_2(g)$	$\rightleftharpoons$	CO(g)	+	$H_2O(g)$
Moles iniciales	0'20		0'10		-		0'16
Moles reaccionados	x		x		-		-
Moles formados	-		-		x		x
Moles en el equilibrio	0'2 – x		0'10 – x		x		0'16 + x
Concentraciones de equilibrio	$\frac{0'2-x}{2}$		$\frac{0'10-x}{2}$		$\frac{x}{2}$		$\frac{0'16+x}{2}$

* Número de moles de agua en el equilibrio: $n = \frac{p_i \cdot V}{R \cdot T} = \frac{3'51 \cdot 2}{0'082 \cdot 500} = 0'171$ mol

* Cálculo de x: 0'16 + x = 0'171 $\rightarrow$ x = 0'171 – 0'16 = 0'011 mol

* Moles en el equilibrio:

CO_2 : 0'2 – x = 0'2 – 0'011 = 0'189 mol ; H_2 : 0'10 – x = 0'10 – 0'011 = 0'089 mol

CO: x = 0'011 mol

* Presiones parciales en el equilibrio:

$$CO_2 : \ p_i = \frac{n_i \cdot R \cdot T}{V} = \frac{0'189 \cdot 0'082 \cdot 500}{2} = \boxed{3'87 \text{ atm}}$$

$$H_2 : \ p_i = \frac{n_i \cdot R \cdot T}{V} = \frac{0'089 \cdot 0'082 \cdot 500}{2} = \boxed{1'82 \text{ atm}}$$

$$CO : \ p_i = \frac{n_i \cdot R \cdot T}{V} = \frac{0'011 \cdot 0'082 \cdot 500}{2} = \boxed{0'226 \text{ atm}}$$

b) * Constante de presiones parciales: $K_p = \frac{p_{CO} \cdot p_{H2O}}{p_{CO2} \cdot p_{H2}} = \frac{0'226 \cdot 3'51}{3'87 \cdot 1'82} = \boxed{0'113}$

* Constante de concentraciones: $K_c = K_p \cdot (R \cdot T)^{-\Delta n} = 0'113 \cdot (0'082 \cdot 500)^{-(1+1-1-1)} = \boxed{0'113}$

---

39) Razone el efecto que tendrán sobre el siguiente equilibrio cada uno de los cambios:

$$4\ HCl(g) + O_2(g) \rightleftharpoons 2\ H_2O(g) + 2\ Cl_2(g) \qquad \Delta H^o = -\ 115\ kJ$$

a) Aumentar la temperatura. b) Eliminar parcialmente HCl(g). c) Añadir un catalizador.

Según el principio de Le Chatelier, la alteración de las condiciones de un equilibrio mediante un factor exterior provoca que el equilibrio se desplace en el sentido en el que se compense al factor exterior. Esto ocurre porque la constante de equilibrio tiene que ser constante a una temperatura dada; si se modifica una concentración o una presión parcial de la constante de equilibrio, se modifican las demás.

a) La reacción es exotérmica; eso significa que al transcurrir hacia la derecha, la reacción se calienta. Al aumentar la temperatura, el equilibrio se desplaza en el sentido en el que disminuya la temperatura, es decir, hacia la izquierda.

b) Al eliminar parcialmente HCl, el equilibrio tiende a producirlo más desplazándose hacia la izquierda.

c) Añadir un catalizador no altera el estado de equilibrio, lo que hace es que se alcance antes.

---

40) Sabiendo que el producto de solubilidad, K_s, del hidróxido de calcio, $Ca(OH)_2(s)$, es $5,5 \cdot 10^{-6}$ a 25 ºC, calcule: a) La solubilidad de este hidróxido. b) El pH de una disolución saturada de esta sustancia.

a) * Equilibrio de solubilidad:

	$Ca(OH)_2(s)$	$\rightleftharpoons$	$Ca^{2+}(ac)$	+	$2\ OH^-(ac)$
Solubilidad	s		s		2·s

* Solubilidad: $K_{ps} = [Pb^{2+}] \cdot [OH^-]^2 = s \cdot (2 \cdot s)^2 = 4 \cdot s^3$; $s = \sqrt[3]{\frac{K_{ps}}{4}} = \sqrt[3]{\frac{5'5 \cdot 10^{-6}}{4}} = \boxed{0'0111\ M}$

b) * Cálculo del pH:

$[OH^-] = 2 \cdot s = 2 \cdot 0'0111 = 0'0222\ M \rightarrow pOH = -\log [OH^-] = -\log 0'0222 = 1'65$

$pH = 14 - pOH = 14 - 1'65 = \boxed{12'35}$

2014

41) En el equilibrio: $C(s) + 2\ H_2(g) \leftrightarrows CH_4(g)$ $\Delta H^o = -75$ kJ.
Indica, razonadamente, cómo se modificará el equilibrio cuando se realicen los siguientes cambios: a) Una disminución de la temperatura. b) La adición de C(s). c) Una disminución de la presión de $H_2(g)$, manteniendo la temperatura constante.

Según el principio de Le Chatelier, la alteración de las condiciones de un equilibrio mediante un factor exterior provoca que el equilibrio se desplace en el sentido en el que se compense al factor exterior. Esto ocurre porque la constante de equilibrio tiene que ser constante a una temperatura dada; si se modifica una concentración o una presión parcial de la constante de equilibrio, se modifican las demás.

a) Como la reacción es exotérmica, la reacción se calienta cuando transcurre hacia la izquierda. Si disminuimos la temperatura, el equilibrio se desplaza en el sentido de aumentarla, es decir, desplazándose hacia la derecha.

b) La constante de este equilibrio heterogéneo es: $K_c = \frac{[CH_4]}{[H_2]^2}$. Como la concentración de carbono no forma parte de la constante de equilibrio, la adición de carbono no afecta al equilibrio, no lo desplaza en ningún sentido.

c) Una disminución de la presión provoca que el equilibrio se desplace en el sentido de aumentar la presión, es decir, desplazándose hacia el lado con mayor número de moles gaseosos. Eso es hacia la izquierda.

---

42) Razona si son verdaderas o falsas las siguientes afirmaciones: a) El producto de solubilidad del $FeCO_3$ disminuye si se añade Na_2CO_3 a una disolución acuosa de la sal. b) La solubilidad de $FeCO_3$ en agua pura ($K_{ps} = 3{,}2\cdot10^{-11}$) es aproximadamente la misma que la del CaF_2 ($5{,}3\cdot10^{-9}$). c) La solubilidad de $FeCO_3$ aumenta si se añade Na_2CO_3 a una disolución acuosa de la sal.

a) Falso. El producto de solubilidad de una sustancia es una función exclusiva de la temperatura y no se altera con la adición de ninguna otra sustancia.

b) Falso.

* Equilibrio de solubilidad del $FeCO_3$:

	$FeCO_3(s)$	$\rightleftharpoons$	$Fe^{2+}(ac)$	+	$CO_3^{2-}(ac)$
Solubilidad	s		s		s

* Solubilidad del $FeCO_3$: $K_{ps} = [Fe^{2+}]\cdot[CO_3^{2-}]^2 = s\cdot s = s^2$; $s = \sqrt{K_{ps}} = \sqrt{3'2\cdot10^{-11}} = 5'66\cdot10^{-6}$ M

* Equilibrio de solubilidad del CaF_2:

	$CaF_2(s)$	$\rightleftharpoons$	$Ca^{2+}(ac)$	+	$2\,F^-(ac)$
Solubilidad	s		s		2·s

* Solubilidad del CaF_2: $K_{ps} = [Ca^{2+}]\cdot[F^-]^2 = s\cdot(2\cdot s)^2 = 4\cdot s^3$;

$$s = \sqrt[3]{\frac{K_{ps}}{4}} = \sqrt[3]{\frac{5'3\cdot 10^{-9}}{4}} = 1'10\cdot 10^{-3}\ M$$

Si dividimos una solubilidad entre otra: $\frac{s_{CaF2}}{s_{FeCO3}} = \frac{1'10\cdot 10^{-3}}{5'66\cdot 10^{-6}} = 194$. La solubilidad del CaF_2 es 194 veces mayor que la del $FeCO_3$.

c) Verdadero. Según el efecto del ion común, al añadir a una disolución de una sal poco soluble una sal soluble que tenga un ion común (el CO_3^{2-}) con la anterior, la solubilidad de la sal poco soluble disminuye. Esto es debido al principio de Le Chatelier: al aumentar la concentración de una especie, el equilibrio se desplaza en el sentido de consumirla. Al desplazarse hacia la izquierda, la solubilidad disminuye.

* Equilibrio de solubilidad del $FeCO_3$:

	$FeCO_3(s)$	$\rightleftharpoons$	$Fe^{2+}(ac)$	+	$CO_3^{2-}(ac)$
Solubilidad	s		s		s

* Disolución del Na_2CO_3 : $Na_2CO_3(s) \rightarrow 2\,Na^+(ac) + CO_3^{2-}(ac)$

---

43) El cianuro de amonio, a 11 ºC, se descompone según la reacción:

$$NH_4CN\ (s) \leftrightarrows NH_3\ (g) + HCN\ (g)$$

En un recipiente de 2 L de capacidad, en el que previamente se ha hecho el vacío, se introduce una cierta cantidad de cianuro amónico y se calienta a 11 ºC. Cuando se alcanza el equilibrio, la presión total es de 0,3 atm. Calcula: a) K_c y K_p. b) La masa de cianuro de amonio que se descompondrá en las condiciones anteriores. DATOS: A_r (N) = 14 u; A_r(C) = 12 u; A_r(H) = 1 u; R = 0,082 atm·L·mol^{-1}·K^{-1} .

a) * Balance de materia:

	$NH_4CN(s)$	$\rightleftharpoons$	$NH_3(g)$	+	$HCN(g)$
Moles iniciales	n_0		-		-
Moles reaccionados	x		-		-
Moles formados	-		x		x
Moles en el equilibrio	$n_0 - x$		x		x
Concentraciones de equilibrio	$\frac{n_0 - x}{2}$		$\frac{x}{2}$		$\frac{x}{2}$

* Presiones parciales: $P_T = p_{NH3} + p_{HCN}$; $p_{NH3} = p_{HCN}$ $\rightarrow$ $P_T = 2 \cdot p_{NH3} = 2 \cdot p_{HCN}$ $\rightarrow$

$$\rightarrow \quad p_{NH3} = p_{HCN} = \frac{P_T}{2} = \frac{0'3}{2} = 0'15 \text{ atm}$$

* Constante de presiones parciales: $K_p = p_{NH3} \cdot p_{HCN} = 0'15 \cdot 0'15 = 0'0225$

* Constante de concentraciones: $K_c = K_p \cdot (R \cdot T)^{-\Delta n} = 0'0225 \cdot (0'082 \cdot 284)^{-(1+1)} =$

$= 0'0225 \cdot (0'082 \cdot 284)^{-2} = \boxed{4'15 \cdot 10^{-5}}$

b) * Moles totales gaseosos en el equilibrio: $n = \dfrac{P \cdot V}{R \cdot T} = \dfrac{0'3 \cdot 2}{0'082 \cdot 284} = 0'0258 \text{ mol} = 2 \cdot x$

* Moles de NH_4CN descompuestos: $x = \dfrac{0'0258}{2} = 0'0129 \text{ mol}$

* Masa de NH_4CN descompuesto: $m = n \cdot M = 0'0129 \cdot 44 = \boxed{0'568 \text{ g}}$

---

44) Dada la reacción: $4\ NH_3(g) + 3\ O_2(g) \rightleftharpoons 2\ N_2(g) + 6\ H_2O(l)$ $\Delta H^o = -\ 80,4$ kJ
Razone: a) Cómo tendría que modificarse la temperatura para aumentar la proporción de nitrógeno molecular en la mezcla. b) Cómo influiría en el equilibrio la inyección de oxígeno molecular en el reactor en el que se encuentra la mezcla. c) Cómo tendría que modificarse la presión para aumentar la cantidad de NH_3 en la mezcla.

Según el principio de Le Chatelier, la alteración de las condiciones de un equilibrio mediante un factor externo provoca que el equilibrio se desplace en el sentido en el que se compense al factor exterior. Esto ocurre porque la constante de equilibrio tiene que ser constante a una temperatura dada; si se modifica una concentración o una presión parcial de la constante de equilibrio, se modifican las demás.

a) Como la reacción es exotérmica, la reacción se calienta cuando transcurre hacia la izquierda. Para aumentar la proporción de nitrógeno, la reacción se tiene que desplazar hacia la derecha; para que el equilibrio haga esto, hay que enfriar la reacción

b) La inyección de oxígeno aumenta su concentración, por lo que el equilibrio se desplazaría en el sentido de consumirlo, es decir, hacia la derecha.

c) Para aumentar la cantidad de NH_3, el equilibrio se tiene que desplazar hacia la izquierda. A la izquierda hay mayor número de moles gaseosos que a la derecha. Si disminuimos la presión, el sistema se desplaza hacia el lado de mayor número de moles gaseosos, es decir, hacia la izquierda.

---

45) En una cámara de vacío y a 448 ºC se hacen reaccionar 0,5 moles de $I_2(g)$ y 0,5 moles de $H_2(g)$. Si la capacidad de la cámara es de 10 litros y el valor de K_c a dicha temperatura es de 50, determine para la reacción: $H_2(g) + I_2(g) \rightleftharpoons 2\ HI(g)$. a) El valor de K_p. b) Presión total y presiones parciales de cada gas en el interior de la cámara, una vez alcanzado el equilibrio. Dato: $R = 0,082\ atm \cdot L \cdot mol^{-1} \cdot K^{-1}$.

a) * Constante de presiones parciales: $K_p = K_c \cdot (R \cdot T)^{\Delta n}$ = 50·(0'082·721)$^{2-1-1}$ = $\boxed{50}$

b) * Balance de materia:

	$H_2(g)$	+	$I_2(g)$	⇌	2 HI(g)
Moles iniciales	0'5		0'5		-
Moles reaccionados	x		x		-
Moles formados	-		-		2·x
Moles en el equilibrio	0'5 – x		0'5 – x		2·x
Concentraciones de equilibrio	$\frac{0'5-x}{10}$		$\frac{0'5-x}{10}$		$\frac{2\cdot x}{10}$

* Moles totales en el equilibrio: n_T = 0'5 – x + 0'5 – x + x + x = 1 mol

* Presión total en el equilibrio: $P_T = \frac{n_T \cdot R \cdot T}{V} = \frac{1 \cdot 0'082 \cdot 721}{10} = \boxed{5'91 \text{ atm}}$

* Cálculo de x:

$$K_c = \frac{[HI]^2}{[H_2]\cdot[I_2]} = \frac{\frac{(2\cdot x)^2}{10^2}}{\frac{0'5-x}{10}\cdot\frac{0'5-x}{10}} = \frac{4\cdot x^2}{0'25+x^2-x} = 50 \rightarrow$$

$\rightarrow$ 4·x^2 = 50·0'25 + 50·x^2 – 50·x $\rightarrow$ 46·x^2 – 50·x + 12'5 = 0 $\rightarrow$

$\rightarrow$ x = $\frac{50 \pm \sqrt{50^2 - 4 \cdot 46 \cdot 12'5}}{2 \cdot 46}$ = 0'697 y 0'390 . El correcto es 0'390, porque el número de moles reaccionados no puede superar al que había.

* Moles de cada gas en el equilibrio:

H_2 : 0'5 – x = 0'5 – 0'390 = 0'11 mol ; I_2 : 0'5 – x = 0'5 – 0'390 = 0'11 mol ;

HI: 2·x = 2·0'39 = 0'78 mol

* Presiones parciales de equilibrio:

H_2 : $p_i = \frac{n_i \cdot R \cdot T}{V} = \frac{0'11 \cdot 0'082 \cdot 721}{10} = \boxed{0'650 \text{ atm}}$;

I_2 : $p_i = \frac{n_i \cdot R \cdot T}{V} = \frac{0'11 \cdot 0'082 \cdot 721}{10} = \boxed{0'650 \text{ atm}}$

$$H_2 : p_i = \frac{n_i \cdot R \cdot T}{V} = \frac{0'78 \cdot 0'082 \cdot 721}{10} = \boxed{4'61 \text{ atm}}$$

---

46) a) Escriba la ecuación de equilibrio de solubilidad en agua del $Al(OH)_3$. b) Escriba la relación entre solubilidad y K_s para el $Al(OH)_3$. c) Razone cómo afecta a la solubilidad del $Al(OH)_3$ un aumento del pH.

a) * Equilibrio de solubilidad del $Al(OH)_3$:

	$Al(OH)_3$	$\rightleftharpoons$	$Al^{3+}(ac)$	+	$3\ OH^-(ac)$
Solubilidad	s		s		3·s

b) * Relación entre la solubilidad y el K_s: $K_s = [Al^{3+}]\cdot[OH^-]^3 = s\cdot(3\cdot s)^3 = 27\cdot s^4$;

c) Según el principio de Le Chatelier, la alteración de las condiciones de un equilibrio mediante un factor externo provoca que el equilibrio se desplace en el sentido en el que se compense al factor exterior. Esto ocurre porque la constante de equilibrio tiene que ser constante a una temperatura dada; si se modifica una concentración o una presión parcial de la constante de equilibrio, se modifican las demás.

Un aumento del pH supone un aumento de la concentración de iones hidroxilo, OH^-. Al aumentar la concentración de OH^-, el equilibrio se desplaza hacia la izquierda precipitando más $Al(OH)_3$ y disminuyendo la solubilidad.

---

47) El fosgeno es un gas venenoso que se descompone según la reacción:

$$COCl_2(g) \rightleftharpoons CO(g) + Cl_2(g)$$

A la temperatura de 900 ºC el valor de la constante K_c para el proceso anterior de 0,083. Si en un recipiente de 2 L se introducen, a la temperatura indicada, 0,4 mol de $COCl_2$, calcule: a) Las concentraciones de todas las especies en equilibrio. b) El grado de disociación del fosgeno en esas condiciones.

a) * Balance de materia:

	$COCl_2(g)$	$\rightleftharpoons$ $CO(g)$	+ $Cl_2(g)$
Moles iniciales	0'4	-	-
Moles reaccionados	x	-	-
Moles formados	-	x	x
Moles en el equilibrio	0'4 – x	x	x
Concentraciones de equilibrio	$\frac{0'4-x}{2}$	$\frac{x}{2}$	$\frac{x}{2}$

* Cálculo de x: $K_c = \dfrac{[CO]\cdot[Cl_2]}{[COCl_2]} = \dfrac{\dfrac{x}{2}\cdot\dfrac{x}{2}}{\dfrac{0'4-x}{2}} = \dfrac{x^2}{0'4-x} = 0'083 \rightarrow$

$\rightarrow x^2 = 0'083\cdot 0'4 - 0'083\cdot x \rightarrow x^2 + 0'083\cdot x - 0'0332 = 0 \rightarrow$

$\rightarrow x = \dfrac{-0'083 \pm \sqrt{0'083^2 + 4\cdot 1\cdot 0'0332}}{2\cdot 1} = 0'145$

* Concentraciones de equilibrio:

$COCl_2: \dfrac{0'4-x}{2} = \dfrac{0'4-0'145}{2} = \boxed{0'128\ M}$; $CO: \dfrac{x}{2} = \dfrac{0'145}{2} = \boxed{0'0725\ M}$

$Cl_2: \dfrac{x}{2} = \dfrac{0'145}{2} = \boxed{0'0725\ M}$

b) * Grado de disociación: $\alpha = \dfrac{n^o\ moles\ disociados}{n^o\ moles\ iniciales} = \dfrac{x}{0'4} = \dfrac{0'145}{0'4} = 0'363 = \boxed{36'3\ \%}$

---

48) Cuando el óxido de mercurio (sólido) se calienta en un recipiente cerrado en el que se ha hecho el vacío, se disocia reversiblemente en vapor de Hg y O_2 hasta alcanzar una presión total que en el equilibrio a 380 ºC vale 141 mmHg, según: $2\ HgO(s) \rightleftharpoons 2\ Hg(g) + O_2(g)$. Calcule: a) Las presiones parciales de cada componente en el equilibrio. b) El valor de K_p .

a) * Presiones parciales en el equilibrio:

$P_T = \dfrac{141}{760} = 0'186$ atm ; $P_T = p_{Hg} + p_{O2}$; $p_{Hg} = 2\cdot p_{O2}$; $P_T = 2\cdot p_{O2} + p_{O2} = 3\cdot p_{O2} \rightarrow$

$\rightarrow p_{O2} = \dfrac{P_T}{3} = \dfrac{0'186}{3} = \boxed{0'062\ atm}$; $p_{Hg} = 2\cdot p_{O2} = 2\cdot 0'062 = \boxed{0'124\ atm}$

b) * Constante de presiones parciales: $K_p = p_{Hg}^2\cdot p_{O2} = 0'124^2\cdot 0'062 = \boxed{9'53\cdot 10^{-4}}$

---

49) La solubilidad del $Mn(OH)_2$ en agua a cierta temperatura es de 0,0032 g/L. Calcula: a) El valor de K_s. b) A partir de qué pH precipita el hidróxido de manganeso (II) en una disolución que es 0,06 M en Mn^{2+}. Datos: Masas atómicas Mn = 55; O = 16; H = 1.

a) * Solubilidad en mol por litro: $s = 0'0032\ \dfrac{g}{L}\cdot\dfrac{1\,mol}{89\,g} = 3'60\cdot 10^{-5}$ M

* Equilibrio de solubilidad del $Mn(OH)_2$:

	$Mn(OH)_2$	$\rightleftharpoons$	$Mn^{2+}(ac)$	+	$2\ OH^-(ac)$
Solubilidad	s		s		2·s

* Producto de solubilidad: $K_s = [Mn^{2+}]\cdot[OH^-]^2 = s\cdot(2\cdot s)^2 = 4\cdot s^3 = 4\cdot(3'60\cdot 10^{-5})^3 = \boxed{1'87\cdot 10^{-13}}$

b) La sal comenzará a precipitar cuando: Q = K_s, siendo Q la constante de concentraciones de no equilibrio.

* Cálculo del pH para empezar a precipitar: $Q = [Mn^{2+}]\cdot[OH^-]^2 = K_s \rightarrow$

$$\rightarrow\ [OH^-] = \sqrt{\frac{K_s}{[Mn^{2+}]}} = \sqrt{\frac{1'87\cdot 10^{-13}}{0'06}} = 1'77\cdot 10^{-6}\ M \rightarrow$$

$$\rightarrow\ pOH = -\log[OH^-] = -\log(1'77\cdot 10^{-6}) = 5'75 \rightarrow pH = 14 - pOH = 14 - 5'75 = \boxed{8'25}$$

2013

50) A 473 K y 2 atm de presión total, el PCl_5 se disocia en un 50 % en PCl_3 y Cl_2. Calcula: a) La presión parcial de cada gas en el equilibrio. b) Las constantes K_p y K_c.
DATOS: R = 0,082 $atm\cdot L\cdot mol^{-1}\cdot K^{-1}$.

a) * Balance de materia:

	$PCl_5(g)$	$\rightleftharpoons$	$PCl_3(g)$	+	$Cl_2(g)$
Moles iniciales	n_0		-		-
Moles reaccionados	$n_0\cdot\alpha$		-		-
Moles formados	-		$n_0\cdot\alpha$		$n_0\cdot\alpha$
Moles en el equilibrio	$n_0\cdot(1-\alpha)$		$n_0\cdot\alpha$		$n_0\cdot\alpha$
Concentraciones de equilibrio	$\frac{n_0\cdot(1-\alpha)}{V}$		$\frac{n_0\cdot\alpha}{V}$		$\frac{n_0\cdot\alpha}{V}$

* Moles totales en el equilibrio: $n_T = n_0 - n_0\cdot\alpha + n_0\cdot\alpha + n_0\cdot\alpha = n_0\cdot(1+\alpha) = 1'5\cdot n_0$

* Cálculo de $\frac{n_o}{V}$: $P_T\cdot V = n_T\cdot R\cdot T \rightarrow 2\cdot V = 1'5\cdot n_0\cdot 0'082\cdot 473 \rightarrow$

$$\rightarrow\ \frac{n_o}{V} = \frac{2}{1'5\cdot 0'082\cdot 473} = 0'0344\ M$$

* Moles en el equilibrio:

PCl_5 : $n_0 \cdot (1 - \alpha) = n_0 \cdot (1 - 0'5) = 0'5 \cdot n_0 = 0'5 \cdot 0'0344 \cdot V = 0'0172 \cdot V$

PCl_3 : $n_0 \cdot \alpha = 0'0344 \cdot V \cdot 0'5 = 0'0172 \cdot V$; Cl_2 : $n_0 \cdot \alpha = 0'0344 \cdot V \cdot 0'5 = 0'0172 \cdot V$

* Presiones parciales en el equilibrio:

$$PCl_5 : p_i = \frac{n_i \cdot R \cdot T}{V} = \frac{0'0172 \cdot V \cdot 0'082 \cdot 473}{V} = \boxed{0'667 \text{ atm}}$$

$$PCl_3 : p_i = \frac{n_i \cdot R \cdot T}{V} = \frac{0'0172 \cdot V \cdot 0'082 \cdot 473}{V} = \boxed{0'667 \text{ atm}}$$

$$Cl_2 : p_i = \frac{n_i \cdot R \cdot T}{V} = \frac{0'0172 \cdot V \cdot 0'082 \cdot 473}{V} = \boxed{0'667 \text{ atm}}$$

b) * Constante de presiones parciales: $K_p = \dfrac{p_{PCl3} \cdot p_{Cl2}}{p_{PCl5}} = \dfrac{0'667 \cdot 0'667}{0'667} = \boxed{0'667}$

* Constante de concentraciones: $K_c = K_p \cdot (R \cdot T)^{-\Delta n} = 0'667 \cdot (0'082 \cdot 473)^{-(1+1-1)} =$

$= 0'667 \cdot (0'082 \cdot 473)^{-1} = \boxed{0'0172}$

---

51) Una mezcla gaseosa de 1 L, constituida inicialmente por 7,94 mol de gas dihidrógeno (H_2) y 5,30 mol de gas diyodo (I_2), se calienta a 445 ºC, formándose en el equilibrio 9,52 mol de yoduro de hidrógeno gaseoso. a) Calcule el valor de la constante de equilibrio K_c,a dicha temperatura. b) Si hubiésemos partido de 4 mol de gas dihidrógeno y 2 mol de gas diyodo, ¿cuántos moles de yoduro de hidrógeno gaseoso habría en el equilibrio?

a) * Balance de materia:

	$H_2(g)$	+	$I_2(g)$	$\rightleftharpoons$	$2\ HI(g)$
Moles iniciales	7'94		5'30		-
Moles reaccionados	x		x		-
Moles formados	-		-		2·x
Moles en el equilibrio	7'94 – x		5'30 – x		2·x
Concentraciones de equilibrio	$\frac{7'94-x}{1}$		$\frac{5'30-x}{1}$		$\frac{2 \cdot x}{1}$

* Cálculo de x: Moles de HI formados: $9'52 = 2 \cdot x \rightarrow x = \dfrac{9'52}{2} = 4'76$ mol

* Concentraciones en el equilibrio:

H_2 : $\frac{7'94-x}{1} = \frac{7'94-4'76}{1}$ = 3'18 M ; I_2 : $\frac{5'30-x}{1} = \frac{5'30-4'76}{1}$ = 0'54 M

HI: $\frac{2\cdot x}{1} = \frac{2\cdot 4'76}{1}$ = 9'52 M

* Constante de concentraciones: $K_c = \frac{[HI]^2}{[H_2]\cdot[I_2]} = \frac{9'52^2}{3'18\cdot 0'54} = \boxed{52'8}$

b) * Balance de materia:

	$H_2(g)$	+	$I_2(g)$	⇌	2 HI(g)
Moles iniciales	4		2		-
Moles reaccionados	x		x		-
Moles formados	-		-		2·x
Moles en el equilibrio	4 – x		2 – x		2·x
Concentraciones de equilibrio	$\frac{4-x}{1}$		$\frac{2-x}{1}$		$\frac{2\cdot x}{1}$

* Cálculo de x: $K_c = \frac{[HI]^2}{[H_2]\cdot[I_2]} = \frac{\frac{(2\cdot x)^2}{1^2}}{\frac{4-x}{1}\cdot\frac{2-x}{1}} = \frac{4\cdot x^2}{8-4\cdot x-2\cdot x+x^2} = 52'8 \rightarrow$

$\rightarrow\ 4\cdot x^2 = 52'8\cdot 8 - 52'8\cdot 4\cdot x - 52'8\cdot 2\cdot x + 52'8\cdot x^2 \rightarrow 48'8\cdot x^2 - 316'8\cdot x + 422'4 = 0 \rightarrow$

$\rightarrow\ x = \frac{316'8 \pm\sqrt{316'8^2-4\cdot 48'8\cdot 422'4}}{2\cdot 48'8}$ = 4'62 y 1'87 . El valor correcto es 1'87, pues no pueden desaparecer más moles que los iniciales, que eran 4.

* Moles de HI en el equilibrio: n = 2·x = 2·1'87 = $\boxed{3'74 \text{ mol HI}}$

---

52) Para la siguiente reacción en equilibrio: 2 BaO_2(s) ⇌ 2 BaO(s) + O_2(g) $\Delta H > 0$
a) Escriba la expresión de las constantes de equilibrio K_c y K_p. b) Justifique en qué sentido se desplazará el equilibrio si se eleva la temperatura. c) Justifique cómo evoluciona el equilibrio si se eleva la presión a temperatura constante.

a) * Constante de concentraciones: $K_c = [O_2]$

* Constante de presiones parciales: $K_p = p_{O2}$

b) Según el principio de Le Chatelier, la alteración de las condiciones de un equilibrio mediante un factor externo provoca que el equilibrio se desplace en el sentido en el que se compense al factor exterior. Esto ocurre porque la constante de equilibrio tiene que ser constante a una temperatura dada; si se modifica una concentración o una presión parcial de la constante de equilibrio, se modifican las demás.

Como la reacción es endotérmica, la reacción se enfría cuando transcurre hacia la derecha. Si se eleva la temperatura, el equilibrio tenderá a disminuirla desplazándose hacia la derecha.

c) Al elevar la presión, el sistema se desplazará en el sentido de disminuir la presión, es decir, hacia el sentido de menor número de moles gaseosos. Eso es hacia la izquierda.

---

53) A 25 ºC el producto de solubilidad del MgF_2 es $8\cdot10^{-8}$. a) ¿Cuántos gramos de MgF_2 pueden disolverse en 250 mL de agua? b) ¿Cuántos gramos de MgF_2 se disuelven en 250 mL de disolución 0,1 M de $Mg(NO_3)_2$? Datos: Masas atómicas Mg = 24; F = 19.

a) * Equilibrio de solubilidad del MgF_2:

	MgF_2	$\rightleftharpoons$	Mg^{2+}(ac)	+	$2\ F^-$(ac)
Solubilidad	s		s		$2\cdot s$

* Solubilidad: $K_s = [Mg^{2+}]\cdot[F^-]^2 = s\cdot(2\cdot s)^2 = 4\cdot s^3 \rightarrow s = \sqrt[3]{\dfrac{K_s}{4}} = \sqrt[3]{\dfrac{8\cdot10^{-8}}{4}} = 2'71\cdot10^{-3}$ M

* Masa de MgF_2 que se puede disolver:

$$m = s\cdot V = 2'71\cdot10^{-3}\ \frac{mol}{L}\cdot 0'25\ L\cdot 62\ \frac{g}{mol} = \boxed{0'0420\ g\ MgF_2}$$

b) * Disolución del $Mg(NO_3)_2$:

	$Mg(NO_3)_2$	$\rightarrow$	Mg^{2+}(ac)	+	$2\ NO_3^-$(ac)
Concentración	0'1 M		0'1 M		0'2 M

* Equilibrio de solubilidad del MgF_2:

	MgF_2	$\rightleftharpoons$	Mg^{2+}(ac)	+	$2\ F^-$(ac)
Solubilidad	s		s + 0'1		$2\cdot s$

* Solubilidad: $K_s = [Mg^{2+}]\cdot[F^-]^2 = (s + 0'1)\cdot(2\cdot s)^2 = (s + 0'1)\cdot 4\cdot s^2 \approx 0'1\cdot 4\cdot s^2 = 0'4\cdot s^2$, pues 0'1 >> s

$$\rightarrow\ s = \sqrt{\frac{K_s}{0'4}} = \sqrt{\frac{8\cdot10^{-8}}{0'4}} = 4'47\cdot10^{-4}\ M$$

* Masa de MgF_2 que se puede disolver:

$$m = s \cdot V = 4'47 \cdot 10^{-4}\ \frac{mol}{L} \cdot 0'25\ L \cdot 62\ \frac{g}{mol} = \boxed{6'93 \cdot 10^{-3}\ g\ MgF_2}$$

---

54) A 298 K se establece el siguiente equilibrio químico: $2\ NO(g) + O_2\ (g) \rightleftharpoons 2\ NO_2(g) \quad \Delta H < 0$. Razone la veracidad o falsedad de las siguientes afirmaciones: a) La relación entre K_c y K_p es $K_p = K_c \cdot R \cdot T$. b) Si se aumenta la temperatura, K_c aumenta. c) El equilibrio se puede desplazar en el sentido de los productos con la adición de un catalizador adecuado.

a) Falso. La relación es: $K_p = K_c \cdot (R \cdot T)^{\Delta n} = K_c \cdot (R \cdot T)^{2-2-1} = K_c \cdot (R \cdot T)^{-1} = \dfrac{K_c}{R \cdot T}$

b) Falso. Según el principio de Le Chatelier, la alteración de las condiciones de un equilibrio mediante un factor externo provoca que el equilibrio se desplace en el sentido en el que se compense al factor exterior.

Como la reacción es exotérmica, la reacción se calienta cuando transcurre hacia la derecha. Si se aumenta la temperatura, el equilibrio se desplaza en el sentido en el que se disminuya la temperatura, es decir, hacia la izquierda.

La constante de equilibrio es: $K_c = \dfrac{[NO_2]^2}{[NO]^2 \cdot [O_2]}$. Al desplazarse hacia la izquierda, las concentraciones de NO y de O_2 aumentan y la de NO_2 disminuye, es decir, aumenta el denominador y disminuye el numerador, luego K_c disminuye.

c) Falso. La adición de un catalizador no desplaza el equilibrio en ningún sentido. Lo que hace es acelerar la velocidad de la reacción y hacer que el equilibrio se alcance antes.

---

55) Una disolución saturada de hidróxido de calcio a 25 ºC contiene 0,296 gramos de $Ca(OH)_2$ por cada 200 mL de disolución. Determine: a) El producto de solubilidad del $Ca(OH)_2$ a 25 ºC. b) La concentración del ion Ca^{2+} y el pH de la disolución.
Datos: Masas atómicas Ca = 40; O = 16; H = 1.

a) * Solubilidad del $Ca(OH)_2$: $s = \dfrac{0'296\,g}{0'2\,L} \cdot \dfrac{1\,mol}{74\,g} = 0'02\ M$

* Equilibrio de solubilidad del $Ca(OH)_2$:

	$Ca(OH)_2(s)$	$\rightleftharpoons$	$Ca^{2+}(ac)$	+	$2\ OH^-(ac)$
Solubilidad	s		s		2·s

* Producto de solubilidad: $P_s = [Ca^{2+}] \cdot [OH^-]^2 = s \cdot (2 \cdot s)^2 = 4 \cdot s^3 = 4 \cdot 0'02^3 = \boxed{3'20 \cdot 10^{-5}}$

b) * Concentración del ion Ca^{2+} : $[Ca^{2+}] = s =$ 0'02 M

* pH de la disolución: $[OH^-] = 2 \cdot s = 2 \cdot 0'02 = 0'04$ M $\rightarrow$ pOH = – log $[OH^-]$ = – log 0'04 = 1'40 $\rightarrow$

$\rightarrow$ pH = 14 – pOH = 14 – 1'40 = $\boxed{12'6}$

2012

56) En un vaso de agua se pone cierta cantidad de una sal poco soluble, de fórmula general AB_3, y no se disuelve completamente. El producto de solubilidad de la sal es K_{ps} : a) Deduce la expresión que relaciona la concentración molar de A^{3+}, con el producto de solubilidad de la sal. b) Si se añade una cantidad de sal muy soluble CB_2, indica, razonadamente, la variación que se produce en la solubilidad de la sal AB_3. c) Si B es el ión OH^-, ¿cómo influye la disminución del pH en la solubilidad del compuesto?

a) * Equilibrio de solubilidad del AB_3: $AB_3(s) \rightleftharpoons A^{3+}(ac) + 3\ B^-(ac)$

* Producto de solubilidad: $K_{ps} = [A^{3+}] \cdot [B^-]^3$. Según la estequiometría: $[B^-] = 3 \cdot [A^{3+}]$ $\rightarrow$

$\rightarrow$ $K_{ps} = [A^{3+}] \cdot [B^-]^3 = [A^{3+}] \cdot (3 \cdot [A^{3+}])^3 = 27 \cdot [A^{3+}]^4$

b) * Equilibrio de solubilidad del AB_3: $AB_3(s) \rightleftharpoons A^{3+}(ac) + 3\ B^-(ac)$

* Disolución del CB_2 : $CB_2(s) \rightarrow C^{2+}(ac) + 2\ B^-(ac)$

Según el efecto del ion común, al añadir a una disolución de una sal poco soluble una sal soluble que tenga un ion común (el B^-) con la anterior, la solubilidad de la sal poco soluble disminuye. Esto es debido al principio de Le Chatelier: al aumentar la concentración de una especie, el equilibrio se desplaza en el sentido de consumirla. Al desplazarse hacia la izquierda, la solubilidad disminuye.

c) * Equilibrio de solubilidad del $A(OH)_3$: $AB_3(s) \rightleftharpoons A^{3+}(ac) + 3\ OH^-(ac)$

Según el principio de Le Chatelier, la alteración de las condiciones de un equilibrio mediante un factor externo provoca que el equilibrio se desplace en el sentido en el que se compense al factor exterior. Esto ocurre porque la constante de equilibrio tiene que ser constante a una temperatura dada; si se modifica una concentración de la constante de equilibrio, se modifican las demás.

Al disminuir el pH, aumenta la concentración de H_3O^+ y disminuye la concentración de OH^- . Al disminuir la concentración de hidroxilos, OH^-, el equilibrio se desplaza en el sentido de producir OH^-, es decir, hacia la derecha. Hacia la derecha se disuelve más sólido y aumenta la solubilidad.

---

57) En una vasija de 10 L mantenida a 270 ºC y previamente evacuada se introducen 2,5 moles de pentacloruro de fósforo, PCl_5 , y se cierra herméticamente. La presión en el interior comienza entonces a elevarse debido a la disociación térmica según el equilibrio siguiente: $PCl_5(g) \leftrightarrows PCl_3(g) + Cl_2(g)$. Cuando se alcanza el equilibrio la presión es de 15,6 atm. a) Calcula el número de moles de cada especie en el equilibrio. b) Obtén los valores de K_c y K_p. DATO: $R = 0{,}082\ atm \cdot L \cdot mol^{-1} \cdot K^{-1}$.

a) * Balance de materia:

	$PCl_5(g)$	$\rightleftharpoons$	$PCl_3(g)$	+	$Cl_2(g)$
Moles iniciales	2'5		-		-
Moles reaccionados	x		-		-
Moles formados	-		x		x
Moles en el equilibrio	2'5 – x		x		x
Concentraciones de equilibrio	$\frac{2'5-x}{10}$		$\frac{x}{10}$		$\frac{x}{10}$

* Moles totales en el equilibrio: $n_T = 2'5 - x + x + x = 2'5 + x$

* Cálculo de x: $n_T = \frac{P_T \cdot V}{R \cdot T} = \frac{15'6 \cdot 10}{0'082 \cdot 543} = 3'50 = 2'5 + x \rightarrow x = 3'50 - 2'5 = 1$ mol

* Moles de cada especie en el equilibrio:

PCl_5 : 2'5 – x = 2'5 – 1 = **1'5 mol** ; PCl_3 : x = **1 mol** ; Cl_2 : x = **1 mol**

b) * Concentraciones de equilibrio:

PCl_5 : $\frac{1'5}{10} = 0'15$ M ; PCl_3: $\frac{1}{10} = 0'1$ M ; Cl_2 : $\frac{1}{10} = 0'1$ M

* Constante de concentraciones: $K_c = \frac{[PCl_3]\cdot[Cl_2]}{[PCl_5]} = \frac{0'1 \cdot 0'1}{0'15} = \boxed{0'0667}$

* Constante de presiones parciales:

$K_p = K_c \cdot (R \cdot T)^{\Delta n} = 0'0667 \cdot (0'082 \cdot 543)^{1+1-1} = 0'0667 \cdot (0'082 \cdot 543)^1 = \boxed{2'97}$

---

58) A 25 ºC la constante del equilibrio de solubilidad del $Mg(OH)_2$ sólido es $K_{ps} = 3{,}4 \cdot 10^{-11}$. a) Establece la relación que existe entre la constante K_{ps} y solubilidad (s) de $Mg(OH)_2$. b) Explica, razonadamente, como se podría disolver, a 25 ºC y mediante procedimientos químicos un precipitado de $Mg(OH)_2$. c) ¿Qué efecto tendría sobre la solubilidad del $Mg(OH)_2$ a 25 ºC la adición de cloruro de magnesio, $MgCl_2$? Razona la respuesta.

a) * Equilibrio de solubilidad del $Mg(OH)_2$:

	$Mg(OH)_2(s)$	$\rightleftharpoons$	$Mg^{2+}(ac)$	+	$2\,OH^-(ac)$
Solubilidad	s		s		2·s

* Relación entre K_{ps} y la solubilidad: $K_{ps} = [Mg^{2+}]\cdot[OH^-]^2 = s \cdot (2 \cdot s)^2 = 4 \cdot s^3$

b) Según el principio de Le Chatelier, la alteración de las condiciones de un equilibrio mediante un factor externo provoca que el equilibrio se desplace en el sentido en el que se compense al factor exterior. Esto ocurre porque la constante de equilibrio tiene que ser constante a una temperatura dada; si se modifica una concentración de la constante de equilibrio, se modifican las demás.

Una forma de desplazar el equilibrio a la derecha y provocar la disolución del precipitado sería añadir un ácido que reaccione con el ion OH^- y lo vaya consumiendo. Ejemplo: añadiendo HCl:
Reacciones: $HCl + H_2O \rightarrow Cl^- + H_3O^+$; $H_3O^+ + OH^- \rightarrow 2\,H_2O$

c) Según el efecto del ion común, al añadir a una disolución de una sal poco soluble una sal soluble que tenga un ion común (el Mg^{2+}) con la anterior, la solubilidad de la sal poco soluble disminuye. Esto es debido al principio de Le Chatelier: al aumentar la concentración de una especie, el equilibrio se desplaza en el sentido de consumirla. Al desplazarse hacia la izquierda, la solubilidad disminuye.
* Disolución del $MgCl_2$: $MgCl_2(s) \rightarrow Mg^{2+}(ac) + 2\,Cl^-(ac)$

---

59) En un recipiente que tiene una capacidad de 4 L, se introducen 5 moles de $COBr_2(g)$ y se calienta hasta una temperatura de 350 K. Si la constante de disociación del $COBr_2(g)$ para dar CO(g) y $Br_2(g)$ es $K_c = 0{,}190$. Determina: a) El grado de disociación y la concentración de las especies en el equilibrio. b) A continuación, a la misma temperatura, se añaden 4 moles de CO al sistema. Determina la nueva concentración de todas las especies una vez alcanzado el equilibrio.

a) * Balance de materia:

	$COBr_2(g)$	$\rightleftharpoons$	CO(g)	+	$Br_2(g)$
Moles iniciales	5		-		-
Moles reaccionados	x		-		-
Moles formados	-		x		x
Moles en el equilibrio	5 – x		x		x
Concentraciones de equilibrio	$\frac{5-x}{4}$		$\frac{x}{4}$		$\frac{x}{4}$

* Cálculo de x:

$$K_c = \frac{[CO]\cdot[Br_2]}{[COBr_2]} = \frac{\frac{x}{4}\cdot\frac{x}{4}}{\frac{5-x}{4}} = \frac{\frac{x}{4}\cdot x}{5-x} = \frac{x^2}{20-4\cdot x} = 0'190 \rightarrow x^2 = 20\cdot 0'190 - 4\cdot 0'190\cdot x \rightarrow$$

$$\rightarrow x^2 + 0'76\cdot x - 3'8 = 0 \rightarrow x = \frac{-0'76 \pm \sqrt{0'76^2 + 4\cdot 1\cdot 3'8}}{2\cdot 1} = 1'61 \text{ mol}$$

$$\text{* Grado de disociación: } \alpha = \frac{n^o\,moles\,reaccionados}{n^o\,moles\,iniciales} = \frac{x}{5} = \frac{1'61}{5} = 0'322 = \boxed{32'2\ \%}$$

* Concentraciones de equilibrio:

$COBr_2 : \frac{5-x}{4} = \frac{5-1'61}{4} = \boxed{0'848\ M}$; $CO: \frac{x}{4} = \frac{1'61}{4} = \boxed{0'403\ M}$;

$Br_2 : \frac{x}{4} = \frac{1'61}{4} = \boxed{0'403\ M}$

b) * Moles de equilibrio en el equilibrio anterior:

$COBr_2$: 5 – x = 5 – 1'61 = 3'39 mol ; CO: x = 1'61 mol ; Br_2 : x = 1'61 mol

* Moles iniciales en el nuevo equilibrio:

$COBr_2$: 3'39 mol ; CO: 1'61 + 4 = 5'61 mol ; Br_2 : 1'61 mol

* Nuevo balance de materia:

	$COBr_2(g)$	⇌	$CO(g)$	+	$Br_2(g)$
Moles iniciales	3'39		5'61		1'61
Moles reaccionados	-		x		x
Moles formados	x		-		-
Moles en el equilibrio	3'39 + x		5'61 – x		1'61 – x
Concentraciones de equilibrio	$\frac{3'39+x}{4}$		$\frac{5'61-x}{4}$		$\frac{1'61-x}{4}$

* Cálculo de x: $K_c = \frac{[CO]\cdot[Br_2]}{[COBr_2]} = \frac{\frac{5'61-x}{4}\cdot\frac{1'61-x}{4}}{\frac{3'39+x}{4}} = \frac{\frac{5'61-x}{4}\cdot(1'61-x)}{3'39+x} =$

$= \frac{5'61\cdot 1'61-5'61\cdot x-1'61\cdot x+x^2}{4\cdot 3'39+4\cdot x} = 0'190 \rightarrow$

$\rightarrow\ 5'61\cdot 1'61 - 5'61\cdot x - 1'61\cdot x + x^2 = 0'190\cdot 4\cdot 3'39 + 0'190\cdot 4\cdot x \rightarrow$

$\rightarrow\ x^2 - 7'98\cdot x + 6'46 = 0 \rightarrow\ x = \frac{7'98\pm\sqrt{7'98^2-4\cdot 1\cdot 6'46}}{2\cdot 1} = 7'07$ y $0'914$

El valor correcto es 0'914 pues los moles reaccionados no pueden superar a los moles iniciales.

* Concentraciones de equilibrio:

$$COBr_2: \ \frac{3'39+x}{4} = \frac{3'39+0'914}{4} = \boxed{1'08 \text{ M}}$$

$$CO: \ \frac{5'61-x}{4} = \frac{5'61-0'914}{4} = \boxed{1'17 \text{ M}}$$

$$Br_2: \ \frac{1'61-x}{4} = \frac{1'61-0'914}{4} = \boxed{0'174 \text{ M}}$$

---

60) Dado el sistema de equilibrio representado por la siguiente ecuación:

$$NH_4HS(s) \rightleftharpoons NH_3(g) + H_2S(g)$$

Indique, razonadamente, cómo varían las concentraciones de las especies participantes en la reacción en cada uno de los siguientes casos, manteniendo la temperatura y el volumen del reactor constante: a) Se añade una cantidad de $NH_4HS(s)$. b) Se añade una cantidad de $NH_3(g)$. c) Se elimina una cantidad de $H_2S(g)$.

Según el principio de Le Chatelier, la alteración de las condiciones de un equilibrio mediante un factor exterior provoca que el equilibrio se desplace en el sentido en el que se compense al factor exterior. Esto ocurre porque la constante de equilibrio tiene que ser constante a una temperatura dada; si se modifica una concentración de la constante de equilibrio, se modifican las demás.

a) La constante de este equilibrio heterogéneo es: $K_c = [NH_3]\cdot[H_2S]$. El NH_4HS no forma parte de la constante de equilibrio, luego su adición no provoca cambios en el equilibrio, no cambian las concentraciones de equilibrio.

b) Al aumentar la cantidad de NH_3, aumenta su concentración. El equilibrio se desplaza en el sentido de consumirlo, desplazándose hacia la izquierda.

c) Si se elimina una cantidad de H_2S, disminuye su concentración. El equilibrio se desplaza en el sentido de aumentarla, es decir, hacia la derecha.

ÁCIDOS Y BASES

2018

1) Se preparan 187 mL de una disolución de ácido clorhídrico (HCl) a partir de 3 mL de un ácido clorhídrico comercial del 37% de riqueza en masa y densidad 1'184 g/mL. Basándose en las reacciones químicas correspondientes, calcule: a) La concentración de la disolución preparada y su pH. b) El volumen (mL) de disolución de $Ca(OH)_2$ 0'1 M necesario para neutralizar 10 mL de la disolución final preparada de HCl. Datos: Masas atómicas relativas: H:1 ; Cl: 35'5.

a) * Molaridad de la disolución inicial:

$$c_{M1} = \frac{37\,g\,HCl}{100\,g\,disolución} \cdot \frac{1'184\,g\,disolución}{1\,ml\,disolución} \cdot \frac{1\,mol\,HCl}{36'5\,g\,HCl} \cdot \frac{1000\,ml\,disolución}{1\,L\,disolución} = 12\text{ M}$$

* Molaridad de la disolución diluida:

$$c_{M1} \cdot V_1 = c_{M2} \cdot V_2 \quad \rightarrow \quad c_{M2} = \frac{c_{M1} \cdot V_1}{V_2} = \frac{12 \cdot 3}{187} = \boxed{0'193\text{ M}}$$

* Disociación del HCl:

	HCl	+	H_2O	→	H_3O^+	+	Cl^-
Concentración	0'193 M				0'193 M		0'193 M

* Cálculo del pH: $pH = -\log[H_3O^+] = -\log 0'193 = \boxed{0'714}$

b) * Reacción de neutralización: $HCl + Ca(OH)_2 \rightarrow CaCl_2 + H_2O$

* Volumen de $Ca(OH)_2$ necesario:

$$v_a \cdot c_{Ma} \cdot V_a = v_b \cdot c_{Mb} \cdot V_b \quad \rightarrow \quad V_b = \frac{v_a \cdot c_{Ma} \cdot V_a}{v_b \cdot c_{Mb}} = \frac{1 \cdot 0'193 \cdot 10}{2 \cdot 0'1} = \boxed{9'65\text{ ml}}$$

---

2) a) Según la teoría de Brönsted y Lowry justifique mediante las correspondientes reacciones químicas el carácter ácido, básico o neutro de disoluciones acuosas de HCl y de NH_3. b) Según la teoría de Brönsted y Lowry escriba la reacción que se produciría al disolver etanoato de sodio ($CH_3 - COONa$) en agua, así como el carácter ácido, básico o neutro de dicha disolución. c) Se tienen tres disoluciones acuosas de las que se conocen: de la primera la $[OH^-] = 10^{-4}$ M, de la segunda $[H_3O^+] = 10^{-4}$ M y de la tercera $[OH^-] = 10^{-7}$ M. Ordénelas justificadamente en función de su acidez

a) Según la teoría de Brönsted-Lowry, un ácido es una sustancia que tiende a ceder protones y una base es una sustancia que tiende a aceptar protones. A cada ácido le corresponde una base conjugada al perder un protón o al ganar un OH^-; a cada base le corresponde un ácido conjugado al ganar un protón o al perder un OH^-. La reacción entre un ácido y una base es: $ácido_1 + base_2 \rightleftharpoons base_1 + ácido_2$

El HCl es un ácido porque cede protones y el NH_3 es una base porque acepta protones:

* Reacciones: $HCl + H_2O \rightarrow H_3O^+ + Cl^-$; $NH_3 + H_2O \rightleftharpoons NH_4^+ + OH^-$

El HCl le da un protón al agua y el NH_3 acepta un protón del agua.

b) Según la teoría de Brönsted-Lowry, a un ácido fuerte le corresponde una base conjugada débil y a un ácido débil le corresponde una base conjugada fuerte. Los ácidos fuertes y las bases fuertes tienden a hidrolizarse.

* Disolución del $CH_3 - COONa$: $CH_3 - COONa \rightarrow \underset{\text{base fuerte}}{CH_3 - COO^-} + Na^+$

* Reacción ácido-base de Brönsted-Lowry: ácido$_1$ + base$_2$ $\rightleftharpoons$ base$_1$ + ácido$_2$

* Hidrólisis del $CH_3 - COO^-$: $CH_3 - COO^- + H_2O \rightleftharpoons CH_3 - COOH + H_3O^+$

La disolución obtenida tiene iones H_3O^+, luego es ácida.

c) Una disolución es tanto más ácida cuanto más bajo es el valor de su pH.

* Primera disolución: $[OH^-] = 10^{-4}$ M $\rightarrow$ pOH = – log $[OH^-]$ = – log 10^{-4} = 4 $\rightarrow$
$\rightarrow$ pH = 14 – pOH = 14 – 4 = 10

* Segunda disolución: $[H_3O^+] = 10^{-4}$ M $\rightarrow$ pH = – log $[H_3O^+]$ = – log 10^{-4} = 4

* Tercera disolución: $[OH^-] = 10^{-7}$ M $\rightarrow$ pOH = – log $[OH^-]$ = – log 10^{-7} = 7 $\rightarrow$
$\rightarrow$ pH = 14 – 7 = 14 – 7 = 7

* Orden de mayor a menor acidez: Segunda > Tercera > Primera

---

3) Se tienen dos disoluciones acuosas de dos ácidos monopróticos orgánicos del tipo R–COOH, una de ácido etanoico ($K_a = 1{,}8 \cdot 10^{-5}$) y otra de ácido benzoico ($K_a = 6{,}5 \cdot 10^{-5}$). Si la concentración molar de los dos ácidos es la misma, conteste razonadamente: a) ¿Cuál de los dos ácidos es más débil? b) ¿Cuál de los dos ácidos tiene un grado de disociación mayor? c) ¿Cuál de las dos bases conjugadas es más débil?

a) El más débil es el de menor valor de K_a, es decir, el ácido etanoico, porque está menos disociado y cede menos protones.

* Concentraciones de equilibrio de un ácido HA:

	HA	+	H_2O	$\rightleftharpoons$	H_3O^+	+	A^-
Concentración	$c_0 \cdot (1 - \alpha)$				$c_0 \cdot \alpha$		$c_0 \cdot \alpha$

* Constante de disociación: $K_a = \dfrac{[H_3O^+] \cdot [A^-]}{[HA]} = \dfrac{c_0 \cdot \alpha \cdot c_0 \cdot \alpha}{c_0 \cdot (1-\alpha)} = \dfrac{c_0 \cdot \alpha^2}{1-\alpha} \approx c_0 \cdot \alpha^2$

b) El benzoico. El de mayor grado de disociación es el de mayor valor de la constante de disociación, pues ambas magnitudes son directamente proporcionales: $\alpha = \sqrt{\dfrac{K_a}{c_0}}$.

c) La más débil es la del benzoico. Según la teoría de Brönsted-Lowry, a un ácido fuerte le corresponde una base conjugada débil y a un ácido débil le corresponde una base conjugada fuerte. Como el ácido más fuerte es el benzoico, su base conjugada será más débil que la del etanoico.

---

4) El hidróxido de sodio (NaOH), comúnmente conocido como sosa cáustica, se emplea en disoluciones acuosas a altas concentraciones para desatascar tuberías. Se tiene una disolución comercial de este compuesto con una densidad a 20ºC de 1,52 g/mL y una riqueza en masa del 50%. Determine, basándose en las reacciones químicas correspondientes: a) El volumen necesario de esta disolución comercial para preparar 20 L de una disolución de pH = 12. b) El volumen de una disolución de ácido sulfúrico (H_2SO_4) de concentración 0,25 M necesario para neutralizar 5 mL de la disolución comercial de hidróxido de sodio. Datos: Masas atómicas relativas: Na: 23; O:16; H: 1.

a) * Molaridad de la disolución concentrada:

$$c_{M1} = \frac{50\,g\,NaOH}{100\,g\,disolución} \cdot \frac{1\,mol\,NaOH}{40\,g\,NaOH} \cdot \frac{1'52\,g\,disolución}{1\,ml\,disolución} \cdot \frac{1000\,ml\,disolución}{1\,L\,disolución} = 19\text{ M}$$

* Disociación del NaOH: $NaOH \rightarrow Na^+ + OH^-$

* Concentración de disolución diluida: $pOH = 14 - pH = 14 - 12 = 2 \rightarrow$

$\rightarrow [OH^-] = 10^{-pOH} = 10^{-2}\,M = [NaOH]_f = c_{M2}$

* Volumen de disolución concentrada: $c_{M1} \cdot V_1 = c_{M2} \cdot V_2 \rightarrow$

$$\rightarrow V_1 = \frac{c_{M2} \cdot V_2}{c_{M1}} = \frac{0'01 \cdot 20}{19} = 0'0105\text{ L} = \boxed{10'5\text{ ml}}$$

b) * Reacción de neutralización: $H_2SO_4 + 2\,NaOH \rightarrow Na_2SO_4 + 2\,H_2O$

* Volumen de ácido necesario:

$$V = 5\text{ ml disolución NaOH} \cdot \frac{1\,L\,disolución\,NaOH}{1000\,ml\,disolución\,NaOH} \cdot \frac{19\,mol\,NaOH}{1\,L\,disolución\,NaOH} \cdot$$

$$\cdot \frac{1\,mol\,H_2SO_4}{2\,mol\,NaOH} \cdot \frac{1\,L\,disolución\,H_2SO_4}{0'25\,mol\,H_2SO_4} \cdot \frac{1000\,ml\,disolución\,H_2SO_4}{1\,L\,disolución\,H_2SO_4} = \boxed{190\text{ ml}}$$

---

5) La aspirina es un medicamento cuyo principio activo es el ácido acetilsalicílico ($C_9H_8O_4$), que es un ácido débil monoprótico del tipo R–COOH. Basándose en la reacción química correspondiente, calcule: a) La concentración molar de la disolución obtenida al disolver un comprimido de aspirina que contiene 500 mg del ácido en 200 mL de agua y su grado de disociación. b) El pH y la concentración de todas las especies en el equilibrio.
Datos: $K_a = 3{,}27\cdot10^{-4}$. Masas atómicas relativas H: 1; C: 12; O: 16.

a) * Concentraciones de equilibrio:

	R–COOH	+	H_2O	⇌	$R{-}COO^-$	+	H_3O^+
Concentración	$c_0\cdot(1-\alpha)$				$c_0\cdot\alpha$		$c_0\cdot\alpha$

* Molaridad de la disolución:

$$c_M = \frac{500\,mg\,ácido}{200\,ml\,agua}\cdot\frac{1\,g\,ácido}{1000\,mg\,ácido}\cdot\frac{1\,mol\,ácido}{180\,g\,ácido}\cdot\frac{1\,ml\,agua}{1\,ml\,disolución}\cdot\frac{1000\,ml\,disolución}{1\,L\,disolución} =$$

$$= \boxed{0'0139\ M}$$

* Grado de disociación: $K_a = \frac{[H_3O^+]\cdot[A^-]}{[HA]} = \frac{c_0\cdot\alpha\cdot c_0\cdot\alpha}{c_0\cdot(1-\alpha)} = \frac{c_0\cdot\alpha^2}{1-\alpha} \approx c_0\cdot\alpha^2 \rightarrow$

$$\rightarrow\quad \alpha \approx \sqrt{\frac{K_a}{c_0}} = \sqrt{\frac{3'27\cdot10^{-4}}{0'0139}} = \boxed{0'153}$$

b) * Concentración de las especies en el equilibrio:

$[R{-}COOH] = c_0\cdot(1-\alpha) = 0'0139\cdot(1-0'153) = \boxed{0'0118\ M}$

$[R{-}COO^-] = [H_3O^+] = c_0\cdot\alpha = 0'0139\cdot0'153 = \boxed{2'13\cdot10^{-3}\ M}$

* pH: $pH = -\log[H_3O^+] = -\log(2'13\cdot10^{-3}) = \boxed{2'67}$

---

6) Aplicando la teoría de Brönsted-Lowry para ácidos y bases, y teniendo en cuenta que el ácido cloroso ($HClO_2$) es un ácido débil ($K_a = 1'1\cdot10^{-2}$): a) Escriba la reacción química del agua con el ácido cloroso y la expresión de su constante de acidez. b) Escriba la reacción química del agua con la base conjugada del ácido y la expresión de su constante de basicidad. c) Obtenga el valor de la constante de basicidad de su base conjugada.

Según la teoría de Brönsted-Lowry, un ácido es una sustancia que tiende a ceder protones y una base es una sustancia que tiende a aceptar protones. La reacción entre un ácido y una base sería:

$$ácido_1 + base_2 \rightleftharpoons base_1 + ácido_2$$

Las parejas $ácido_1/base_1$ y $ácido_2/base_2$ son lo que se llaman parejas ácido-base conjugadas. Se diferencian en un protón o en un OH^-.

a) * Reacción del agua con el ácido cloroso: $HClO_2 + H_2O \rightleftharpoons ClO_2^- + H_3O^+$

* Expresión de su constante de acidez: $K_a = \dfrac{[ClO_2^-]\cdot[H_3O^+]}{[HClO_2]}$

b) * Reacción del agua con la base conjugada del ácido: $H_2O + ClO_2^- \rightleftharpoons OH^- + HClO_2$

* Expresión de la constante de basicidad: $K_b = \dfrac{[OH^-]\cdot[HClO_2]}{[ClO_2^-]}$

c) * Cálculo de la constante de basicidad:

$$K_b = \frac{[OH^-]\cdot[HClO_2]}{[ClO_2^-]} \cdot \frac{K_w}{[H_3O^+]\cdot[OH^-]} = \frac{[HClO_2]\cdot K_w}{[ClO_2^-]\cdot[H_3O^+]} = \frac{K_w}{K_a} = \frac{10^{-14}}{1'1\cdot 10^{-2}} = 9'09\cdot 10^{-13}$$

---

7) El ácido salicílico (HOC_6H_4COOH) se emplea en productos farmacológicos para el tratamiento y cuidado de la piel (acné, verrugas, etc.). A 25°C, una disolución acuosa de 2,24 mg/mL de este ácido monoprótico alcanza un pH de 2,4 en el equilibrio. Basándose en la reacción química correspondiente, calcule: a) La concentración molar de la especie $HOC_6H_4COO^-$ y el grado de disociación del ácido salicílico. b) El valor de la constante K_a del ácido salicílico y el valor de la constante K_b de su base conjugada. Datos: Masas atómicas relativas: O: 16; C: 12; H: 1.

a) * Concentraciones de equilibrio:

	HA	+	H_2O	$\rightleftharpoons$	H_3O^+	+	A^-
Concentración	$c_0\cdot(1-\alpha)$				$c_0\cdot\alpha$		$c_0\cdot\alpha$

* Concentración inicial del ácido:

$$c_0 = \frac{2'24\,mg\,ácido}{1\,ml\,disolución} \cdot \frac{1\,g\,ácido}{1000\,mg\,ácido} \cdot \frac{1\,mol\,ácido}{138\,g\,ácido} \cdot \frac{1000\,ml\,disolución}{1\,L\,disolución} = \boxed{0'0162\text{ M}}$$

* Grado de disociación: $[H_3O^+] = 10^{-pH} = 10^{-2'4} = 3'98\cdot 10^{-3} = c_0\cdot\alpha \rightarrow$

$$\rightarrow \alpha = \frac{[H_3O^+]}{c_0} = \frac{3'98\cdot 10^{-3}}{0'0162} = \boxed{0'246}$$

* Molaridad de la especie $HOC_6H_4COO^-$: $[HOC_6H_4COO^-] = [A^-] = [H_3O^+] = 3'98\cdot 10^{-3}$ M

b) * Constante de acidez:

$$K_a = \frac{[H_3O^+]\cdot[A^-]}{[HA]} = \frac{c_0\cdot\alpha\cdot c_0\cdot\alpha}{c_0\cdot(1-\alpha)} = \frac{c_0\cdot\alpha^2}{1-\alpha} = \frac{0'0162\cdot 0'246^2}{1-0'246} = \boxed{1'30\cdot 10^{-3}}$$

* Disociación de la base conjugada: $H_2O + A^- \rightleftharpoons OH^- + HA$

* Constante de la base conjugada:

$$K_b = \frac{[OH^-]\cdot[HA]}{[A^-]} \cdot \frac{K_w}{[H_3O^+]\cdot[OH^-]} = \frac{[HA]\cdot K_w}{[A^-]\cdot[H_3O^+]} = \frac{K_w}{K_a} = \frac{10^{-14}}{1'30\cdot 10^{-3}} = \boxed{7'69\cdot 10^{-12}}$$

---

8) La constante de acidez del ácido láctico, ácido orgánico monoprótico, es $1,38\cdot 10^{-4}$. Justifique la veracidad o falsedad de las siguientes afirmaciones: a) El ácido láctico es un ácido fuerte. b) La constante K_b de la base conjugada es $7,2\cdot 10^{-11}$. c) En una disolución acuosa del ácido, el pOH es mayor que el pH.

a) Falso. Un ácido fuerte es aquel que está total o casi totalmente disociado en disolución acuosa y que, por consiguiente, su constante de disociación es muy grande o infinita. Como su constante de disociación no es muy grande, se trata de un ácido débil.

* Disociación del ácido:

	HA	+	H_2O	$\rightleftharpoons$	H_3O^+	+	A^-
Concentración	$c_0\cdot(1-\alpha)$				$c_0\cdot\alpha$		$c_0\cdot\alpha$

b) Verdadero.

* Disociación de la base conjugada: $H_2O + A^- \rightleftharpoons OH^- + HA$

* Constante de la base conjugada:

$$K_b = \frac{[OH^-]\cdot[HA]}{[A^-]} \cdot \frac{K_w}{[H_3O^+]\cdot[OH^-]} = \frac{[HA]\cdot K_w}{[A^-]\cdot[H_3O^+]} = \frac{K_w}{K_a} = \frac{10^{-14}}{1'38\cdot 10^{-4}} = 7'2\cdot 10^{-11}$$

c) Verdadero. La disolución de un ácido (aunque sea débil) tiene siempre un pH ácido (entre 0 y menor que 7). La relación entre pH y pOH es: pH + pOH = 14. Luego si el pH de un ácido es menor que 7, el pOH es mayor que 7 y el pOH es mayor que el pH.

---

9) Una mezcla de 2 g de hidróxido de sodio (NaOH) y 2,8 g de hidróxido de potasio (KOH) se disuelve completamente en agua hasta alcanzar un volumen de 500 mL. Determine, basándose en las reacciones químicas correspondientes: a) El pH y la concentración de todas las especies en disolución. b) El volumen en mL de una disolución 0,5 M de ácido clorhídrico (HCl) necesario para neutralizar 50 mL de la disolución anterior. Datos: Masas atómicas relativas: Na: 23; K: 39,1; O: 16; H: 1.

a) * Moles iniciales:

NaOH: $n = \frac{m}{M} = \frac{2}{40} = 0'05$ mol ; KOH: $n = \frac{m}{M} = \frac{2'8}{56'1} = 0'05$ mol

* Concentraciones iniciales:

NaOH: $c = \frac{n}{V} = \frac{0'05}{0'5} = 0'10$ M ; KOH: $c = \frac{n}{V} = \frac{0'05}{0'5} = 0'10$ M

* Disociación del NaOH:

	NaOH	+	H_2O	→	Na^+	+	OH^-
Concentración	0'10 M				0'10 M		0'10 M

* Disociación del KOH:

	KOH	+	H_2O	→	K^+	+	OH^-
Concentración	0'10 M				0'10 M		0'10 M

* Concentraciones en disolución:

$[K^+] = \boxed{0'10\ M}$; $[Na^+] = \boxed{0'10\ M}$; $[OH^-] = 0'10 + 0'10 = \boxed{0'20\ M}$

* Cálculo del pH: pOH = – log [OH^-] = – log 0'20 = 0'7 → pH = 14 – pOH = 14 – 0'7 = $\boxed{13'3}$

b) * Reacciones de neutralización:

NaOH + HCl → NaCl + H_2O ; KOH + HCl → KCl + H_2O

* Volumen de HCl necesario:

$$V = \frac{0'20\,mol\,OH^-}{1\,L\,disolución} \cdot \frac{1\,L\,disolución}{1000\,ml\,disolución} \cdot 50\text{ ml disolución} \cdot \frac{1\,mol\,H^+}{1\,mol\,OH^-} \cdot \frac{1\,mol\,HCl}{1\,mol\,H^+} \cdot$$

$$\cdot \frac{1\,L\,disolución\,HCl}{0'5\,mol\,HCl} \cdot \frac{1000\,ml\,disolución\,HCl}{1\,L\,disolución\,HCl} = \boxed{20\text{ ml disolución HCl}}$$

---

10) Una disolución acuosa de hidróxido de potasio (KOH) de uso industrial tiene una composición del 40% de riqueza en masa y una densidad de 1,515 g/mL. Determine, basándose en las reacciones químicas correspondientes: a) La molaridad de esta disolución y el volumen necesario para preparar 10 L de disolución acuosa de pH = 13. b) El volumen de una disolución acuosa de ácido perclórico ($HClO_4$) 2 M necesario para neutralizar 50 mL de la disolución de KOH de uso industrial.
Datos: Masas atómicas relativas H: 1; O: 16; K: 39.

a) * Molaridad de la disolución concentrada:

$$c_{M1} = \frac{40\,g\,KOH}{100\,g\,disolución} \cdot \frac{1\,mol\,KOH}{56\,g\,KOH} \cdot \frac{1'515\,g\,disolución}{1\,ml\,disolución} \cdot \frac{1000\,ml\,disolución}{1\,L\,disolución} = \boxed{10'8\ M}$$

* Disociación del KOH: $KOH \rightarrow K^+ + OH^-$

* Molaridad de la disolución diluida: pOH = 14 – pH = 14 – 13 = 1 →

→ $[KOH] = [OH^-] = 10^{-pOH} = 10^{-1} = 0'1\ M = c_{M2}$

* Volumen necesario de disolución concentrada:

$$c_{M1} \cdot V_1 = c_{M2} \cdot V_2 \rightarrow V_1 = \frac{c_{M2} \cdot V_2}{c_{M1}} = \frac{0'1 \cdot 10}{10'8} = 0'0926\ L = \boxed{92'6\ ml}$$

b) * Reacción de neutralización: $HClO_4 + KOH \rightarrow KClO_4 + H_2O$

* Volumen de ácido necesario:

$$V = \frac{10'8\ mol\ KOH}{1\ L\ disolución} \cdot 0'050\ L\ disolución \cdot \frac{1\ mol\ HClO_4}{1\ mol\ KOH} \cdot \frac{1\ L\ disolución}{2\ mol\ HClO_4} \cdot$$

$$\cdot \frac{1000\ ml\ disolución}{1\ L\ disolución} = \boxed{270\ ml\ disolución\ HClO_4}$$

2017

11) a) El grado de disociación de una disolución 0'03 M de hidróxido de amonio (NH_4OH) es 0'024. Calcule la constante de disociación (K_b) del hidróxido de amonio y el pH de la disolución. b) Calcule el volumen de agua que hay que añadir a 100 mL de una disolución de NaOH 0'03 M para que el pH sea 11'5.

a) * Disociación del NH_4OH:

	NH_4OH	⇌	NH_4^+	+	OH^-
Concentración	$c_0 \cdot (1 - \alpha)$		$c_0 \cdot \alpha$		$c_0 \cdot \alpha$

* Constante de disociación:

$$K_b = \frac{[NH_4^+] \cdot [OH^-]}{[NH_4OH]} = \frac{c_0 \cdot \alpha \cdot c_0 \cdot \alpha}{c_0 \cdot (1-\alpha)} = \frac{c_0 \cdot \alpha^2}{1-\alpha} = \frac{0'03 \cdot 0'024^2}{1-0'024} = \boxed{1'77 \cdot 10^{-5}}$$

* pH de la disolución:

$[OH^-] = c_0 \cdot \alpha = 0'03 \cdot 0'024 = 7'2 \cdot 10^{-4}\ M \rightarrow pOH = -\log [OH^-] = -\log (7'2 \cdot 10^{-4}) = 3'14 \rightarrow$

$\rightarrow pH = 14 - pOH = 14 - 3'14 = \boxed{10'9}$

b) * Disociación del NaOH: $NaOH \rightarrow Na^+ + OH^-$

* Concentración de la disolución: $pOH = 14 - pH = 14 - 11'5 = 2'5$;

$[NaOH] = [OH^-] = 10^{-pOH} = 10^{-2'5} = 3'16\cdot 10^{-3}$ M

* Volumen de agua necesario:

$$[NaOH] = \frac{n^o\, moles\, NaOH}{volumen\, total} = \frac{c\cdot V}{V + V_{agua}} \rightarrow 3'16\cdot 10^{-3} = \frac{0'03\cdot 0'1}{0'1 + V_{agua}} \rightarrow$$

$$\rightarrow 3'16\cdot 10^{-3}\cdot 0'1 + 3'16\cdot 10^{-3}\cdot V_{agua} = 0'03\cdot 0'1 \rightarrow V_{agua} = \frac{0'03\cdot 0'1 - 3'16\cdot 10^{-3}\cdot 0'1}{3'16\cdot 10^{-3}} = \boxed{0'849\ L}$$

---

12) Aplicando la teoría de Brönsted y Lowry, en disolución acuosa: a) Razone si las especies NH_4^+ y S^{2-} son ácidos o bases. b) Justifique cuáles son las bases conjugadas de los ácidos HCN y C_6H_5COOH. c) Sabiendo que a 25ºC, las K_a del C_6H_5COOH y del HCN tienen un valor de $6'4\cdot 10^{-5}$ y $4'9\cdot 10^{-10}$, respectivamente, ¿ qué base conjugada será más fuerte? Justifique la respuesta.

a) Según la teoría de Brönsted-Lowry, un ácido es una sustancia que tiende a ceder protones y una base es una sustancia que tiende a aceptar protones. La reacción entre un ácido y una base sería:

$$ácido_1 + base_2 \rightleftharpoons base_1 + ácido_2$$

Las parejas $ácido_1/base_1$ y $ácido_2/base_2$ son lo que se llaman parejas ácido-base conjugadas. Se diferencian en un protón o en un OH^-.

* Hidrólisis del NH_4^+ y del S^{2-} : $NH_4^+ + H_2O \rightleftharpoons NH_3 + H_3O^+$; $H_2O + S^{2-} \rightleftharpoons OH^- + HS^-$

El NH_4^+ le cede un protón al agua, luego es un ácido. El S^{2-} acepta un protón del agua, luego es una base.

b) * Disociación del HCN y del C_6H_5COOH:

$HCN + H_2O \rightleftharpoons CN^- + H_3O^+$; $C_6H_5COOH + H_2O \rightleftharpoons C_6H_5COO^- + H_3O^+$

Las parejas conjugadas se diferencian en un protón o en un OH^-. La del HCN es el CN^- y la del C_6H_5COOH es el $C_6H_5COO^-$.

c) Según Brönsted-Lowry, a un ácido fuerte le corresponde una base conjugada débil y al contrario. A una base fuerte le corresponde un ácido conjugado débil y al contrario. El C_6H_5COOH tiene una mayor constante de disociación, luego es más fuerte que el HCN. Esto significa que su base conjugada (el $C_6H_5COO^-$) es más débil que la del HCN (es decir, el CN^-). Luego la base conjugada más fuerte es el CN^-.

---

13) El ácido láctico ($CH_3CHOHCOOH$) tiene un valor de K_a = 1'38·10^{-4}, a 25ºC. Calcule: a) Los gramos de dicho ácido necesarios para preparar 500 mL de disolución de pH = 3. b) El grado de disociación del ácido láctico y las concentraciones de todas las especies en el equilibrio de la disolución anterior. Datos: Masas atómicas: O: 16, C: 12, H: 1.

a) * Disociación del $CH_3CHOHCOOH$:

	$CH_3CHOHCOOH$	+	H_2O	$\rightleftharpoons$	$CH_3CHOHCOO^-$	+	H_3O^+
Concentración	$c_0\cdot(1-\alpha)$				$c_0\cdot\alpha$		$c_0\cdot\alpha$

* Grado de disociación:

$[H_3O^+] = 10^{-pH} = 10^{-3}$ M

$$K_a = \frac{[A^-]\cdot[H_3O^+]}{[HA]} = \frac{c_0\cdot\alpha\cdot c_0\cdot\alpha}{c_0\cdot(1-\alpha)} = \frac{c_0\cdot\alpha^2}{1-\alpha} \approx c_0\cdot\alpha^2$$, pues K_a es muy pequeño.

$$[H_3O^+] = c_0\cdot\alpha \quad ; \quad K_a = c_0\cdot\alpha^2 \;\rightarrow\; \frac{K_a}{[H_3O^+]} = \frac{c_0\cdot\alpha^2}{c_0\cdot\alpha} = \alpha \;\rightarrow\; \alpha = \frac{1'38\cdot10^{-4}}{10^{-3}} = 0'138$$

* Concentración inicial: $[H_3O^+] = c_0\cdot\alpha \;\rightarrow\; c_0 = \frac{[H_3O^+]}{\alpha} = \frac{10^{-3}}{0'138} = 7'25\cdot10^{-3}$ M

* Gramos de ácido necesarios: $m = 7'25\cdot10^{-3}\ \frac{mol\ ácido}{L}\cdot 0'5\ L\cdot\frac{90\ g\ ácido}{1\ mol\ ácido} = \boxed{0'326\ g\ ácido}$

b) * Grado de disociación:

$$\frac{K_a}{[H_3O^+]} = \frac{c_0\cdot\alpha^2}{c_0\cdot\alpha} = \alpha \;\rightarrow\; \alpha = \frac{1'38\cdot10^{-4}}{10^{-3}} = \boxed{0'138}$$

* Concentraciones en el equilibrio:

$CH_3CHOHCOOH$: $c_0\cdot(1-\alpha) = 7'25\cdot10^{-3}\cdot(1-0'138) = \boxed{6'25\cdot10^{-3}\ M}$

$CH_3CHOHCOO^-$: $c_0\cdot\alpha = 7'25\cdot10^{-3}\cdot0'138 = \boxed{10^{-3}\ M}$

H_3O^+ : $c_0\cdot\alpha = 7'25\cdot10^{-3}\cdot0'138 = \boxed{10^{-3}\ M}$

---

14) Razone la veracidad o falsedad de las siguientes afirmaciones: a) A igual molaridad, cuanto menor es la K_a de un ácido menor es el pH de sus disoluciones. b) Al añadir agua a una disolución de un ácido fuerte su pH disminuye. c) En las disoluciones básicas el pOH es menor que el pH .

a) Falso. Cuanto menor es la K_a de un ácido, más débil es, menos disociado está. El pH ácido está comprendido entre 0 y 7, sin llegar a 7. Si el ácido es más débil, su pH estará más cercano a 7 que a 0. Luego cuanto menor es la K_a de un ácido, mayor es el pH de sus disoluciones, sin llegar a 7.

b) Falso. Al añadir agua a una disolución de un ácido fuerte, su concentración de H_3O^+ se hace más pequeña, sin llegar a bajar de 10^{-7} M, que es la concentración de H_3O^+ en el agua pura. Luego su pH aumenta sin llegar a 7.

c) Verdadero. Las disoluciones básicas cumplen que: $7 < pH < 14$. Al ser pH + pOH = 14, el pOH tiene que estar comprendido entre 0 y 7.

---

15) El amoniaco comercial es un producto de limpieza que contiene un 28% en masa de amoniaco y una densidad de 0,90 $g \cdot mL^{-1}$. Calcule: a) El pH de la disolución de amoniaco comercial y las concentraciones de todas las especies en el equilibrio. b) El volumen de amoniaco comercial necesario para preparar 100 mL de una disolución acuosa cuyo pH sea 11,5.
Datos: $K_b = 1'77 \cdot 10^{-5}$ a 25ºC. Masas atómicas N = 14 ; H = 1

a) * Disociación del NH_3:

	NH_3	+	H_2O	$\rightleftharpoons$	NH_4^+	+	OH^-
Concentración	$c_0 - x$				x		x

* Concentración inicial:

$$c_0 = \frac{28\,g\,NH_3}{100\,g\,disolución} \cdot \frac{0'90\,g\,disolución}{1\,ml\,disolución} \cdot \frac{1000\,ml\,disolución}{1\,L\,disolución} \cdot \frac{1\,mol\,NH_3}{17\,g\,NH_3} = 14'8\text{ M}$$

* Cálculo de x:

$$K_b = \frac{[NH_4^+]\cdot[OH^-]}{[NH_4OH]} = \frac{x \cdot x}{c_0 - x} = \frac{x^2}{c_0 - x} \approx \frac{x^2}{c_0} \quad \text{, pues } K_b \text{ es muy pequeño.}$$

$$x = \sqrt{K_b \cdot c_0} = \sqrt{1'77 \cdot 10^{-5} \cdot 14'8} = 0'0162\text{ M}$$

* Concentraciones de equilibrio:

NH_3 : $c_0 - x = 14'8 - 0'0162 \approx$ **14'8 M** ; NH_4^+ : x = **0'0162 M**

OH^- : x = **0'0162 M**

* pH de la disolución:

pOH = – log $[H_3O^+]$ = – log 0'0162 = 1'79 → pH = 14 – pOH = 14 – 1'79 = **12'21**

b) * Concentración de OH^- :

$pOH = 14 - pH = 14 - 11'5 = 2'5 \;\rightarrow\; [OH^-] = 10^{-pOH} = 10^{-2'5} = 3'16\cdot10^{-3}$ M = x

* Concentración de la disolución diluida: $K_b = \dfrac{x^2}{c_0} \;\rightarrow\; c_0 = \dfrac{x^2}{K_b} = \dfrac{(3'16\cdot10^{-3})^2}{1'77\cdot10^{-5}} = 0'564$ M $= c_{M2}$

* Volumen de disolución concentrada:

$c_{M1}\cdot V_1 = c_{M2}\cdot V_2 \;\rightarrow\; V_1 = \dfrac{c_{M2}\cdot V_2}{c_{M1}} = \dfrac{0'564\cdot 100}{14'8} = \boxed{3'81 \text{ ml}}$

---

16) Explique mediante las reacciones correspondientes el pH que tendrán las disoluciones acuosas de las siguientes especies químicas: a) $NaNO_3$. b) CH_3COONa . c) NH_4Cl .

Según la teoría de Brönsted-Lowry, un ácido es una sustancia que tiende a ceder protones y una base es una sustancia que tiende a aceptar protones. La reacción entre un ácido y una base sería:

$$\text{ácido}_1 + \text{base}_2 \rightleftharpoons \text{base}_1 + \text{ácido}_2$$

Las parejas ácido$_1$/base$_1$ y ácido$_2$/base$_2$ son lo que se llaman parejas ácido-base conjugadas. Se diferencian en un protón o en un OH^-. Las sales solubles son electrólitos fuertes y se disocian completamente. Los iones resultantes se hidrolizan o no dependiendo de si son fuertes o débiles. Según Brönsted-Lowry, a un ácido fuerte le corresponde una base conjugada débil y al contrario. A una base fuerte le corresponde un ácido conjugado débil y al contrario.

a)

	$NaNO_3$	$\rightarrow$	Na^+	+	NO_3^-
Tipo de sustancia			Ácido débil		Base débil

Como las dos especies son débiles, no se hidrolizan y la disolución resultante es neutra.

b)

	CH_3COONa	$\rightarrow$	CH_3COO^-	+	Na^+
Tipo de sustancia			Base fuerte		Ácido débil

$H_2O + CH_3COO^- \rightleftharpoons CH_3COOH + OH^-$: como se obtienen iones hidroxilo, la disolución es básica.

c)

	NH_4Cl	$\rightarrow$	NH_4^+	+	Cl^-
Tipo de sustancia			Ácido fuerte		Base débil

$NH_4^+ + H_2O \rightleftharpoons NH_3 + H_3O^+$: como se obtienen iones H_3O^+, la disolución es ácida.

---

17) El ácido benzoico (C_6H_5COOH) se utiliza como conservante de alimentos ya que inhibe el desarrollo microbiano cuando el pH de la disolución empleada tenga un pH inferior a 5. a) Determine si una disolución acuosa de ácido benzoico de concentración 6,1 $g \cdot L^{-1}$ se podría usar como conservante líquido. b) Calcule los gramos de ácido benzoico necesarios para preparar 5 L de disolución acuosa de pH = 5. Datos: $K_a = 6'4 \cdot 10^{-5}$, a 25ºC. Masas atómicas: O = 16 ; C = 12 ; H = 1

a) * Disociación del C_6H_5COOH :

	C_6H_5COOH	+	H_2O	$\rightleftharpoons$	$C_6H_5COO^-$	+	H_3O^+
Concentración	$c_0 - x$				x		x

* Concentración inicial: $c_0 = \dfrac{6'1\, g\, ácido}{L} \cdot \dfrac{1\, mol}{122\, g\, ácido} = 0'05$ M

* Cálculo de x:

$$K_a = \frac{[C_6H_5COO^-]\cdot[H_3O^+]}{[C_6H_5COOH]} = \frac{x \cdot x}{c_0 - x} = \frac{x^2}{c_0 - x} \approx \frac{x^2}{c_0}$$, pues K_a es muy pequeño.

$$x = \sqrt{K_a \cdot c_0} = \sqrt{6'4 \cdot 10^{-5} \cdot 0'05} = 1'79 \cdot 10^{-3}$$

* Cálculo del pH: $[H_3O^+] = x = 1'79 \cdot 10^{-3}$ M $\rightarrow$ pH = – log $[H_3O^+]$ = – log $(1'79 \cdot 10^{-3}) = 2'75$

* Conclusión: como el pH = 2'75, que es menor que 5, la disolución se puede usar como conservante líquido.

b) * Concentración de H_3O^+ : $[H_3O^+] = 10^{-pH} = 10^{-5}$ M = x

* Disociación del C_6H_5COOH :

	C_6H_5COOH	+	H_2O	$\rightleftharpoons$	$C_6H_5COO^-$	+	H_3O^+
Concentración	$c_0 - x$				x		x

$$K_a = \frac{[C_6H_5COO^-]\cdot[H_3O^+]}{[C_6H_5COOH]} = \frac{x^2}{c_0 - x} \approx \frac{x^2}{c_0} \rightarrow c_0 = \frac{x^2}{K_a} = \frac{(10^{-5})^2}{6'4 \cdot 10^{-5}} = 1'56 \cdot 10^{-6}\ \text{M}$$

* Masa de ácido necesaria:

$$m = 1'56 \cdot 10^{-6}\ \frac{mol\, ácido}{L} \cdot \frac{122\, g\, ácido}{1\, mol\, ácido} \cdot 5\ \text{L} = \boxed{9'52 \cdot 10^{-4}\ \text{g ácido}}$$

---

18) Justifique si las siguientes afirmaciones son verdaderas o falsas aplicadas a una disolución acuosa 1 M de un ácido débil monoprótico ($K_a = 1'0 \cdot 10^{-5}$, a 25°C): a) Su pOH será menor que 7. b) El grado de disociación aumenta si se diluye la disolución. c) El pH disminuye si se diluye la disolución.

a) Falso.

* Disociación del ácido HA : $HA + H_2O \rightleftharpoons H_3O^+ + A^-$

La disolución de cualquier ácido (débil o fuerte) da siempre lugar a una disolución de pH ácido, es decir, entre 0 y 7, menor que 7.Al ser: pH + pOH = 14, el pOH de una disolución ácida es mayor que 7.

b) Falso.

* Disociación del ácido HA :

	HA	+	H_2O	$\rightleftharpoons$	H_3O^+	+	A^-
Concentración	$c_0\cdot(1-\alpha)$				$c_0\cdot\alpha$		$c_0\cdot\alpha$

* Grado de disociación:

$$K_a = \frac{[A^-]\cdot[H_3O^+]}{[HA]} = \frac{c_0\cdot\alpha\cdot c_0\cdot\alpha}{c_0\cdot(1-\alpha)} = \frac{c_0\cdot\alpha^2}{1-\alpha} \approx c_0\cdot\alpha^2$$, suponiendo K_a muy pequeño.

Es decir: $\alpha = \sqrt{\frac{K_a}{c_0}}$: el grado de disociación es inversamente proporcional a la concentración inicial. Luego si se diluye la disolución, la concentración inicial disminuye y el grado de disociación aumenta.

c) Falso. Si se diluye una disolución ácida (de pH entre 0 y 7), su pH aumenta hasta aproximarse a 7.

$[H_3O^+] = \frac{n_{H3O+}}{V}$. El número de moles de H_3O^+ es constante; al diluir añadimos más cantidad de disolvente, aumenta el denominador y disminuye la concentración de H_3O^+, por lo que aumenta el pH.

---

19) 250 mL de una disolución acuosa contiene 3 g de ácido acético (CH_3COOH). Calcule: a) La concentración molar y el pH de la disolución a 25ºC. b) El grado de disociación del ácido acético y el pH si se diluye la disolución anterior con agua hasta un volumen de 1 L.
Datos: $K_a = 1'8\cdot10^{-5}$, a 25ºC. Masas atómicas O = 16 ; C = 12 ; H = 1 .

a) * Disociación del ácido acético :

	CH_3COOH	+	H_2O	$\rightleftharpoons$	CH_3COO^-	+	H_3O^+
Concentración	$c_0\cdot(1-\alpha)$				$c_0\cdot\alpha$		$c_0\cdot\alpha$

* Concentración inicial:

$$c_0 = \frac{3\,g\,ácido}{250\,ml\,disolución}\cdot\frac{1000\,ml\,disolución}{1\,L\,disolución}\cdot\frac{1\,mol\,ácido}{60\,g\,ácido} = \boxed{0'2\ M}$$

* Grado de disociación:

$$K_a = \frac{[CH_3-COO^-]\cdot[H_3O^+]}{[CH_3-COOH]} = \frac{c_0\cdot\alpha\cdot c_0\cdot\alpha}{c_0\cdot(1-\alpha)} = \frac{c_0\cdot\alpha^2}{1-\alpha} \approx c_0\cdot\alpha^2$$, pues K_a es muy pequeño.

$$\alpha = \sqrt{\frac{K_a}{c_0}} = \sqrt{\frac{1'8\cdot10^{-5}}{0'2}} = 9'49\cdot10^{-3}$$

* pH de la disolución:

$[H_3O^+] = c_0\cdot\alpha = 0'2\cdot9'49\cdot10^{-3} = 1'90\cdot10^{-3}$ M $\rightarrow$ pH = – log $[H_3O^+]$ = – log $(1'90\cdot10^{-3})$ = **2'72**

b) * Concentración de la disolución diluida:

$$c_{M1}\cdot V_1 = c_{M2}\cdot V_2 \rightarrow c_{M2} = \frac{c_{M1}\cdot V_1}{V_2} = \frac{0'2\cdot250}{1000} = 0'05 \text{ M}$$

* Nuevo grado de disociación: $\alpha = \sqrt{\frac{K_a}{c_0}} = \sqrt{\frac{1'8\cdot10^{-5}}{0'05}} =$ **0'019**

* Nuevo pH:

$[H_3O^+] = c_0\cdot\alpha = 0'05\cdot0'019 = 9'5\cdot10^{-4}$ M $\rightarrow$ pH = – log $[H_3O^+]$ = – log $(9'5\cdot10^{-4})$ = **3'02**

---

20) El agua fuerte es una disolución acuosa que contiene un 25% en masa de HCl y tiene una densidad de 1'09 $g\cdot mL^{-1}$. Se diluyen 25 mL de agua fuerte añadiendo agua hasta un volumen final de 250 mL. a) Calcule el pH de la disolución diluida. b) ¿Qué volumen de una disolución que contiene 37 $g\cdot L^{-1}$ de $Ca(OH)_2$ será necesario para neutralizar 20 mL de la disolución diluida de HCl?
Datos: Masas atómicas: H: 1, Cl: 35'5, O: 16, Ca: 40.

a) * Molaridad de la disolución concentrada:

$$c_{M1} = \frac{25\,g\,HCl}{100\,g\,disolución}\cdot\frac{1\,mol\,HCl}{36'5\,g\,HCl}\cdot\frac{1'09\,g\,disolución}{1\,ml\,disolución}\cdot\frac{1000\,ml\,disolución}{1\,L\,disolución} = 7'47 \text{ M}$$

* Molaridad de la disolución diluida:

$$c_{M1}\cdot V_1 = c_{M2}\cdot V_2 \rightarrow c_{M2} = \frac{c_{M1}\cdot V_1}{V_2} = \frac{7'47\cdot25}{250} = 0'747 \text{ M}$$

* Disociación del HCl:

	HCl	+	H_2O	$\rightarrow$	H_3O^+	+	Cl^-
Concentración	0'747 M				0'747 M		0'747 M

* pH de la disolución: pH = – log $[H_3O^+]$ = – log 0'747 = **0'127**

b) * Reacción de neutralización: $2\ HCl + Ca(OH)_2 \rightarrow CaCl_2 + 2\ H_2O$

* Concentración de la disolución de $Ca(OH)_2$:

$$c_{Mb} = \frac{37\,g\,Ca(OH)_2}{L} \cdot \frac{1\,mol\,Ca(OH)_2}{74\,g\,Ca(OH)_2} = 0'5\text{ M}$$

* Volumen de la disolución de $Ca(OH)_2$:

$$v_a \cdot c_{Ma} \cdot V_a = v_b \cdot c_{Mb} \cdot V_b \rightarrow V_b = \frac{v_a \cdot c_{Ma} \cdot V_a}{v_b \cdot c_{Mb}} = \frac{1 \cdot 0'747 \cdot 20}{2 \cdot 0'5} = \boxed{14'9\text{ ml}}$$

2016

21) Complete las siguientes reacciones ácido-base e identifique los correspondientes pares ácido-base conjugados:
a) $HSO_4^-(aq) + CO_3^{2-}(aq) \rightarrow$ ...... + ...
b) $CO_3^{2-}(aq) + H_2O(l) \rightarrow$ ...... + ...
c) ...... + ... $\rightarrow HCN(aq) + OH^-(aq)$

Según la teoría de Brönsted-Lowry, un ácido es una sustancia que tiende a ceder protones y una base es una sustancia que tiende a aceptar protones. La reacción entre un ácido y una base sería:

$$\text{ácido}_1 + \text{base}_2 \rightleftharpoons \text{base}_1 + \text{ácido}_2$$

Las parejas $\text{ácido}_1/\text{base}_1$ y $\text{ácido}_2/\text{base}_2$ son lo que se llaman parejas ácido-base conjugadas. Se diferencian en un protón o en un OH^-.

a) $HSO_4^-(aq) + CO_3^{2-}(aq) \rightarrow SO_4^{2-}(aq) + HCO_3^-(aq)$
Parejas ácido base: HSO_4^-/SO_4^{2-} y HCO_3^-/CO_3^{2-}

b) $CO_3^{2-}(aq) + H_2O(l) \rightarrow HCO_3^-(aq) + OH^-(aq)$
Parejas ácido base: HCO_3^-/CO_3^{2-} y H_2O/OH^-

c) $CN^-(aq) + H_2O(l) \rightarrow HCN(aq) + OH^-(aq)$
Parejas ácido base: CN^-/HCN y H_2O/OH^-

---

22) Justifique el valor del pH de una disolución 0,01 M de: a) Hidróxido de sodio. b) Ácido sulfúrico. c) Nitrato de sodio.

Según la teoría de Brönsted-Lowry, un ácido es una sustancia que tiende a ceder protones y una base es una sustancia que tiende a aceptar protones. La reacción entre un ácido y una base sería:

$$\text{ácido}_1 + \text{base}_2 \rightleftharpoons \text{base}_1 + \text{ácido}_2$$

Las parejas $\text{ácido}_1/\text{base}_1$ y $\text{ácido}_2/\text{base}_2$ son lo que se llaman parejas ácido-base conjugadas. Se diferencian en un protón o en un OH^-. Las sales solubles son electrólitos fuertes y se disocian completamente.

Los iones resultantes se hidrolizan o no dependiendo de si son fuertes o débiles. Según Brönsted-Lowry, a un ácido fuerte le corresponde una base conjugada débil y al contrario. A una base fuerte le corresponde un ácido conjugado débil y al contrario.

a) Básico ($7 < pH \leq 14$). El NaOH es un electrólito fuerte que se disocia así: $NaOH \rightarrow Na^+ + OH^-$. El OH^- da carácter básico a la disolución.

b) Ácido ($0 \leq pH < 7$). El H_2SO_4 es un ácido diprótico (con dos protones), que se disocia completamente en su primera disociación y parcialmente en la segunda:

$$H_2SO_4 + H_2O \rightarrow HSO_4^- + H_3O^+ \quad ; \quad HSO_4^- + H_2O \rightleftharpoons SO_4^{2-} + H_3O^+$$

En las dos reacciones se da lugar a iones H_3O^+, que dan carácter ácido a la disolución.

c) Neutro.

	$NaNO_3$	$\rightarrow$	Na^+	+	NO_3^-
Tipo de sustancia			Ácido débil		Base débil

Como los dos iones son débiles, ninguno se hidroliza significativamente, luego la disolución es neutra.

---

23) El HF en disolución acuosa 0,1 M se disocia en un 10 %. Calcule: a) El pH de esta disolución. b) El valor de la constante de disociación, K_b, de la base conjugada de ese ácido.

a) * Disociación del ácido :

	HF	+	H_2O	$\rightleftharpoons$	F^-	+	H_3O^+
Concentración	$c_0 \cdot (1-\alpha)$				$c_0 \cdot \alpha$		$c_0 \cdot \alpha$

* Cálculo del pH: $[H_3O^+] = c_0 \cdot \alpha = 0'1 \cdot 0'1 = 0'01$ M $\rightarrow$ $pH = -\log [H_3O^+] = -\log 0'01 = \boxed{2}$

b) * Constante de disociación del ácido:

$$K_a = \frac{[F^-] \cdot [H_3O^+]}{[HF]} = \frac{c_0 \cdot \alpha \cdot c_0 \cdot \alpha}{c_0 \cdot (1-\alpha)} = \frac{c_0 \cdot \alpha^2}{1-\alpha} = \frac{0'1 \cdot 0'1^2}{1-0'1} = 1'11 \cdot 10^{-3}$$

* Equilibrio de la base conjugada: $F^- + H_2O \rightleftharpoons HF + OH^-$

* Constante de disociación de la base:

$$K_b = \frac{[HF] \cdot [OH^-]}{[F^-]} \cdot \frac{K_w}{[H_3O^+] \cdot [OH^-]} = \frac{[HF]}{[F^-] \cdot [H_3O^+]} \cdot K_w = \frac{K_w}{K_a} = \frac{10^{-14}}{1'11 \cdot 10^{-3}} = \boxed{9'01 \cdot 10^{-12}}$$

---

24) El ácido metanoico, HCOOH, es un ácido débil. a) Escriba su equilibrio de disociación acuosa. b) Escriba la expresión de su constante de acidez K_a. c) ¿Podría una disolución acuosa de ácido metanoico tener un pH de 8? Justifique la respuesta.

a) * Equilibrio de disociación acuosa: $HCOOH + H_2O \rightleftharpoons HCOO^- + H_3O^+$

b) * Constante de acidez: $K_a = \dfrac{[HCOO^-]\cdot[H_3O^+]}{[HCOOH]}$

c) No, nunca. En el agua pura, el pH es neutro y $[H_3O^+] = [OH^-] = 10^{-7}$ M. Por muy débil que sea un ácido, su disociación va a dar lugar siempre a H_3O^+, con lo que:

$[H_3O^+] > [OH^-] \rightarrow [H_3O^+] > 10^{-7} \rightarrow \log [H_3O^+] > \log 10^{-7} = -7 \rightarrow -\log [H_3O^+] < 7 \rightarrow$

$\rightarrow$ pH < 7

---

25) Se dispone de una disolución acuosa de NaOH 0,8 M. Calcule: a) La concentración y el pH de la disolución resultante de mezclar 20 mL de esta disolución con 80 mL de otra disolución 0,5 M de la misma sustancia, suponiendo que los volúmenes son aditivos. b) El volumen de la disolución de NaOH 0,8 M necesario para neutralizar 100 mL de HNO_3 0,25 M.

a) * Concentración de la mezcla:

$$c_M = \frac{c_{M1}\cdot V_1 + c_{M2}\cdot V_2}{V_1+V_2} = \frac{0'8\cdot 0'020 + 0'5\cdot 0'080}{0'020+0'080} = \boxed{0'56\ M}$$

* Disociación del NaOH:

	NaOH	→	Na^+	+	OH^-
Tipo de sustancia	0'56 M		0'56 M		0'56 M

* pH de la mezcla:

$pOH = -\log [OH^-] = -\log 0'56 = 0'252 \rightarrow pH = 14 - pOH = 14 - 0'252 = \boxed{13'75}$

b) * Reacción de neutralización: $NaOH + HNO_3 \rightarrow NaNO_3 + H_2O$

* Volumen de disolución de NaOH necesario:

$$v_a\cdot c_{Ma}\cdot V_a = v_b\cdot c_{Mb}\cdot V_b \rightarrow V_b = \frac{v_a\cdot c_{Ma}\cdot V_a}{v_b\cdot c_{Mb}} = \frac{1\cdot 0'25\cdot 100}{1\cdot 0'8} = \boxed{31'25\ ml}$$

---

26) Explique, mediante las reacciones correspondientes, el pH que tendrán las disoluciones acuosas de las siguientes especies químicas: a) NH_3. b) Na_2CO_3. c) NH_4Cl.

Según la teoría de Brönsted-Lowry, un ácido es una sustancia que tiende a ceder protones y una base es una sustancia que tiende a aceptar protones. La reacción entre un ácido y una base sería:

$$\text{ácido}_1 + \text{base}_2 \rightleftharpoons \text{base}_1 + \text{ácido}_2$$

Las parejas ácido$_1$/base$_1$ y ácido$_2$/base$_2$ son lo que se llaman parejas ácido-base conjugadas. Se diferencian en un protón o en un OH^-. Las sales solubles son electrólitos fuertes y se disocian completamente. Los iones resultantes se hidrolizan o no dependiendo de si son fuertes o débiles. Según Brönsted-Lowry, a un ácido fuerte le corresponde una base conjugada débil y al contrario. A una base fuerte le corresponde un ácido conjugado débil y al contrario.

a) Básico. $NH_3 + H_2O \rightleftharpoons NH_4^+ + OH^-$: el OH^- le da carácter básico a la disolución.

b) Básico. Por ser una sal soluble, el Na_2CO_3 se disocia totalmente:

	Na_2CO_3	$\rightarrow$	$2\ Na^+$	+	CO_3^{2-}
Tipo de sustancia			Ácido débil		Base fuerte

$CO_3^{2-} + H_2O \rightleftharpoons HCO_3^- + OH^-$: el ion OH^- le da carácter básico a la disolución.

c) Ácido. Por ser una sal soluble, el NH_4Cl se disocia totalmente:

	NH_4Cl	$\rightarrow$	NH_4^+	+	Cl^-
Tipo de sustancia			Ácido fuerte		Base débil

$NH_4^+ + H_2O \rightleftharpoons NH_3 + H_3O^+$: el ion H_3O^+ le da carácter ácido a la disolución.

---

27) a) Calcula los gramos de ácido cloroso $HClO_2$ ($K_a = 0'011$) que se necesitan para preparar 100 mL de disolución de pH = 2. b) Calcule el grado de disociación del ácido cloroso en dicha disolución. Datos: Masas atómicas: H = 1 ; Cl = 35'5 ; O = 16 .

a) * Disociación del ácido :

	$HClO_2$	+	H_2O	$\rightleftharpoons$	$HClO_2^-$	+	H_3O^+
Concentración	$c_0 - x$				x		x

* Cálculo de x: $x = [H_3O^+] = 10^{-pH} = 10^{-2} = 0'01$ M

* Cálculo de c_0 : $K_a = \dfrac{x^2}{c_0 - x} \rightarrow 0'011 = \dfrac{0'01^2}{c_0 - 0'01} \rightarrow 0'011 \cdot c_0 - 0'011 \cdot 0'01 = 10^{-4} \rightarrow$

$$\rightarrow c_0 = \frac{10^{-4} + 0'011 \cdot 0'01}{0'011} = 0'0191 \text{ M}$$

* Masa de ácido cloroso: $m = 0'0191 \dfrac{mol}{L} \cdot 0'1\ L \cdot \dfrac{68'5\ g}{1\ mol} = \boxed{0'131\ g\ HClO_2}$

b) * Disociación del ácido :

	$HClO_2$	+	H_2O	$\rightleftharpoons$	$HClO_2^-$	+	H_3O^+
Concentración	$c_0 \cdot (1-\alpha)$				$c_0 \cdot \alpha$		$c_0 \cdot \alpha$

* Grado de disociación: $x = c_0 \cdot \alpha \;\rightarrow\; \alpha = \dfrac{x}{c_0} = \dfrac{0'01}{0'0191} = \boxed{0'524}$

---

28) La constante de acidez del ácido hipocloroso (HClO) es $K_a = 3'0 \cdot 10^{-8}$. a) Escriba la reacción química del agua con el ácido hipocloroso (HClO) y la expresión de su constante de acidez. b) Escriba la reacción química del agua con la base conjugada del ácido HClO y la expresión de su constante de basicidad. c) Calcule la constante de basicidad de la base anterior.

a) * Reacción con el agua: $HClO + H_2O \rightleftharpoons ClO^- + H_3O^+$

* Constante de acidez: $K_a = \dfrac{[ClO^-] \cdot [H_3O^+]}{[HClO]}$

b) * Reacción con la base conjugada: $ClO^- + H_2O \rightleftharpoons HClO + OH^-$

* Constante de basicidad: $K_b = \dfrac{[HClO] \cdot [OH^-]}{[ClO^-]}$

c) * Cálculo de la constante de basicidad:

$$K_b = \frac{[HClO] \cdot [OH^-]}{[ClO^-]} = \frac{[HClO] \cdot [OH^-]}{[ClO^-]} \cdot \frac{K_w}{[H_3O^+] \cdot [OH^-]} = \frac{[HClO]}{[ClO^-] \cdot [H_3O^+]} \cdot K_w =$$

$$= \frac{K_w}{K_a} = \frac{10^{-14}}{3'0 \cdot 10^{-8}} = \boxed{3'33 \cdot 10^{-7}}$$

2015

29) a) A 25 ºC la constante de basicidad del NH_3 es $1,8 \cdot 10^{-5}$. Si se tiene una disolución 0,1 M, calcula el grado de disociación. b) Calcula la concentración de iones Ba^{2+} de una disolución de $Ba(OH)_2$ que tenga un pH = 10.

a) * Disociación de la base:

	NH_3	+	H_2O	$\rightleftharpoons$	NH_4^+	+	OH^-
Concentración	$c_0 \cdot (1-\alpha)$				$c_0 \cdot \alpha$		$c_0 \cdot \alpha$

* Grado de disociación:

$$K_b = \frac{[NH_4^+]\cdot[OH^-]}{[NH_3]} = \frac{c_0\cdot\alpha\cdot c_0\cdot\alpha}{c_0\cdot(1-\alpha)} = \frac{c_0\cdot\alpha^2}{1-\alpha} \approx c_0\cdot\alpha^2$$, puesto que K_b es muy pequeño.

$$\alpha = \sqrt{\frac{K_b}{c_0}} = \sqrt{\frac{1'8\cdot10^{-5}}{0'1}} = \boxed{0'0134}$$

b) * Concentración de OH^- : $pOH = 14 - pH = 14 - 10 = 4 \rightarrow [OH^-] = 10^{-pOH} = 10^{-4}$ M

* Disociación del $Ba(OH)_2$:

	$Ba(OH)_2$	$\rightarrow$	Ba^{2+}	+	$2\ OH^-$
Concentración	c		c		$2\cdot c$

* Concentración del ion Ba^{2+} : $[Ba^{2+}] = \frac{[OH^-]}{2} = \frac{10^{-4}}{2} = \boxed{5\cdot10^{-5}\ M}$

---

30) a) La lejía es una disolución acuosa de hipoclorito sódico. Explica mediante la correspondiente reacción, el carácter ácido, básico o neutro de la lejía. b) Calcula las concentraciones de H_3O^+ y OH^- , sabiendo que el pH de la sangre es 7,4. c) Razona, mediante la correspondiente reacción, cuál es el ácido conjugado del ión HPO_4^{2-} en disolución acuosa.

a) Las sales solubles como el NaClO son electrólitos fuertes, luego se disocian totalmente en disolución. Si los iones obtenidos son ácidos o bases relativamente fuertes, se hidrolizan.

* Disolución del NaClO:

	NaClO	$\rightarrow$	Na^+	+	ClO^-
Tipo de sustancia			Ácido débil		Base fuerte

* Hidrólisis del ClO^-: $ClO^- + H_2O \rightleftharpoons HClO + OH^-$

El ion OH^- le da carácter básico a la disolución.

b) $[H_3O^+] = 10^{-pH} = 10^{-7'4} = \boxed{3'98\cdot10^{-8}\ M}$; $[OH^-] = \frac{K_w}{[H_3O^+]} = \frac{10^{-14}}{3'98\cdot10^{-8}} = \boxed{2'51\cdot10^{-7}\ M}$

c) Según la teoría de Brönsted-Lowry, un ácido es una sustancia que tiende a ceder protones y una base es una sustancia que tiende a aceptar protones. La reacción entre un ácido y una base sería:

$$ácido_1 + base_2 \rightleftharpoons base_1 + ácido_2$$

Las parejas $ácido_1/base_1$ y $ácido_2/base_2$ son lo que se llaman parejas ácido-base conjugadas. Se diferencian en un protón o en un OH^-.

El HPO_4^{2-} es una sustancia anfótera, es decir, se puede comportar como ácido o como base. Si nos piden su ácido conjugado, es que el HPO_4^{2-} se comporta como base; si se comporta como base, el HPO_4^{2-} tiene un protón más que su ácido, luego su ácido conjugado es el $H_2PO_4^-$.

$$HPO_4^{2-} + H_2O \rightleftharpoons H_2PO_4^- + OH^-$$

---

31) a) Escriba la reacción de neutralización entre el hidróxido de calcio y el ácido clorhídrico. b) ¿Qué volumen de una disolución 0,2 M de hidróxido de calcio se necesitará para neutralizar 50 mL de una disolución 0,1 M de ácido clorhídrico?

a) * Reacción de neutralización: $\boxed{2\ HCl + Ca(OH)_2 \rightarrow CaCl_2 + 2\ H_2O}$

b) * Volumen de disolución de base:

$$v_a \cdot c_{Ma} \cdot V_a = v_b \cdot c_{Mb} \cdot V_b \rightarrow V_b = \frac{v_a \cdot c_{Ma} \cdot V_a}{v_b \cdot c_{Mb}} = \frac{1 \cdot 0'1 \cdot 50}{2 \cdot 0'2} = \boxed{12'5\ ml}$$

---

32) Se disuelven 2,3 g de KOH en agua hasta alcanzar un volumen de 400 mL. Calcule: a) La molaridad y el pH de la disolución resultante. b) ¿Qué volumen de HNO_3 0,15 M será necesario para neutralizar completamente 20 mL de la disolución inicial de KOH?
Datos: Masas atómicas: K = 39; O = 16; H = 1.

a) * Concentración de KOH: $c = \frac{n_s}{V_D} = \frac{m_s}{M_s \cdot V_D} = \frac{2'3}{56 \cdot 0'4} = \boxed{0'103\ M}$

* Disociación del KOH:

	KOH	→	K^+	+	OH^-
Concentración			0'103 M		0'103 M

* Cálculo del pH: pOH = – log [OH^-] = – log 0'103 = 0'987 → pH = 14 – pOH = 14 – 0'987 = $\boxed{13'0}$

b) * Reacción de neutralización: $HNO_3 + KOH \rightarrow KNO_3 + H_2O$

* Volumen de disolución de ácido:

$$v_a \cdot c_{Ma} \cdot V_a = v_b \cdot c_{Mb} \cdot V_b \rightarrow V_a = \frac{v_b \cdot c_{Mb} \cdot V_b}{v_a \cdot c_{Ma}} = \frac{1 \cdot 0'103 \cdot 20}{2 \cdot 0'15} = \boxed{6'87\ ml}$$

---

33) Una disolución acuosa de fenol (C_6H_5OH, ácido débil monoprótico) contiene 3,76 g de este compuesto por litro y su grado de disociación es $5 \cdot 10^{-5}$. Calcule: a) El pH de la disolución y la concentración en equilibrio de su base conjugada presente en la disolución. b) El valor de la constante K_a del fenol. Datos: Masas atómicas: C = 12; O = 16; H = 1.

a) * Concentración inicial: $c_0 = \frac{3'76\,g\,ácido}{1\,L} \cdot \frac{1\,mol\,ácido}{94\,g\,ácido} = 0'04$ M

* Disociación del ácido:

	C_6H_5OH	+	H_2O	$\rightleftharpoons$	$C_6H_5O^-$	+	H_3O^+
Concentración	$c_0\cdot(1-\alpha)$				$c_0\cdot\alpha$		$c_0\cdot\alpha$

* Concentración de la base conjugada: $[C_6H_5O^-] = c_0\cdot\alpha = 0'04\cdot 5\cdot10^{-5} = \boxed{2\cdot10^{-6}\text{ M}}$

* Cálculo del pH: $pH = -\log[H_3O^+] = -\log 2\cdot10^{-6} = \boxed{5'70}$

b) * Constante de acidez:

$$K_a = \frac{[C_6H_5O^-]\cdot[H_3O^+]}{[C_6H_5OH]} = \frac{c_0\cdot\alpha\cdot c_0\cdot\alpha}{c_0\cdot(1-\alpha)} = \frac{c_0\cdot\alpha^2}{1-\alpha} = \frac{0'04\cdot(5\cdot10^{-5})^2}{1-5\cdot10^{-5}} = \boxed{10^{-10}}$$

---

34) Se tienen dos disoluciones acuosas de la misma concentración, una de un ácido monoprótico A ($K_a = 1\cdot10^{-3}$) y otra de un ácido monoprótico B ($K_a = 2\cdot10^{-5}$). Razone la veracidad o falsedad de las siguientes afirmaciones: a) El ácido A es más débil que el ácido B. b) El grado de disociación del ácido A es mayor que el del ácido B. c) El pH de la disolución del ácido B es mayor que el del ácido A.

a) Falso. La constante de acidez es una medida de la disociación de un ácido y, por consiguiente, de su acidez. Para una disociación estándar del tipo: $HA + H_2O \rightleftharpoons A^- + H_3O^+$, la constante de disociación es: $K_a = \frac{[A^-]\cdot[H_3O^+]}{[HA]}$. A mayor valor de K_a, más fuerte es el ácido. A es más fuerte por tener mayor valor de K_a.

b) Verdadero.

* Disociación del ácido:

	HA	+	H_2O	$\rightleftharpoons$	A^-	+	H_3O^+
Concentración	$c_0\cdot(1-\alpha)$				$c_0\cdot\alpha$		$c_0\cdot\alpha$

* Grado de disociación:

$$K_a = \frac{[A^-]\cdot[H_3O^+]}{[HA]} = \frac{c_0\cdot\alpha\cdot c_0\cdot\alpha}{c_0\cdot(1-\alpha)} = \frac{c_0\cdot\alpha^2}{1-\alpha} \approx c_0\cdot\alpha^2$$, por ser K_a pequeño.

Luego: $\alpha = \sqrt{\frac{K_a}{c_0}}$: para la misma concentración inicial, a mayor valor de K_a mayor valor del grado de disociación.

c) Verdadero. Tendrá un pH más alto el ácido que tenga una menor concentración de H_3O^+, es decir, el ácido más débil, el de menor K_a, el B.

2014

35) Calcula: a) El pH de la disolución que resulta de mezclar 250 mL de HCl 0,1 M con 150 mL de NaOH 0,2 M. Se supone que los volúmenes son aditivos. b) La riqueza de un NaOH comercial, si 30 g necesitan 50 mL de H_2SO_4 3 M, para su neutralización.
DATOS: A_r (Na) = 23 u; A_r (H) = 1 u; A_r (O) = 16 u.

a) * Reacción de neutralización: $HCl + NaOH \rightarrow NaCl + H_2O$

* Moles de reactivos:

HCl : $n = c_M \cdot V = 0'1 \cdot 0'25 = 0'025$ mol ; NaOH: $n = c_M \cdot V = 0'2 \cdot 0'15 = 0'03$ mol

* Determinación del limitante: al reaccionar en la proporción 1:1, el NaOH está en exceso y el HCl en defecto. El HCl es el limitante.

* Concentración de NaOH en exceso: $c = \dfrac{moles\, en\, exceso}{volumen\ total} = \dfrac{0'03 - 0'025}{0'25 + 0'15} = 0'0125$ M

* Disociación del NaOH:

	NaOH	→	Na^+	+	OH^-
Concentración	0'0125 M		0'0125 M		0'0125 M

* Cálculo del pH:

$pOH = -\log [OH^-] = -\log 0'0125 = 1'90 \rightarrow pH = 14 - pOH = 14 - 1'90 = \boxed{12'1}$

b) * Reacción de neutralización: $2\ NaOH + H_2SO_4 \rightarrow Na_2SO_4 + 2\ H_2O$

* Masa de NaOH en la muestra:

$$m = \frac{3\, mol\, H_2SO_4}{1\, L} \cdot 0'050\ L \cdot \frac{2\, mol\, NaOH}{1\, mol\, H_2SO_4} \cdot \frac{40\, g\, NaOH}{1\, mol\, NaOH} = 12 \text{ g NaOH}$$

* Riqueza del NaOH comercial: $\text{Riqueza} = \dfrac{m_{NaOH} \cdot 100}{m_{muestra}} = \dfrac{12 \cdot 100}{30} = \boxed{40\ \%}$

---

36) Una disolución acuosa 0,03 M de un ácido monoprótico, HA, tiene un pH de 3,98. Calcula: a) La concentración molar de A^- en disolución y el grado de disociación del ácido. b) El valor de la constante K_a del ácido y el valor de la constante K_b de su base conjugada.

a) * Disociación del ácido:

	HA	+	H_2O	$\rightleftharpoons$	A^-	+	H_3O^+
Concentración	$c_0\cdot(1-\alpha)$				$c_0\cdot\alpha$		$c_0\cdot\alpha$

* Concentración molar del A^-: $[A^-] = [H_3O^+] = 10^{-pH} = 10^{-3'98} = \boxed{1'05\cdot10^{-4}\ M}$

* Grado de disociación del ácido: $[H_3O^+] = c_0\cdot\alpha \;\rightarrow\; \alpha = \dfrac{[H_3O^+]}{c_0} = \dfrac{1'05\cdot10^{-4}}{0'03} = \boxed{3'5\cdot10^{-3}}$

b) * Constante de disociación del ácido:

$$K_a = \frac{[A^-]\cdot[H_3O^+]}{[HA]} = \frac{c_0\cdot\alpha\cdot c_0\cdot\alpha}{c_0\cdot(1-\alpha)} = \frac{c_0\cdot\alpha^2}{1-\alpha} = \frac{0'03\cdot(3'5\cdot10^{-3})^2}{1-3'5\cdot10^{-3}} = \boxed{3'69\cdot10^{-7}}$$

* Hidrólisis de su base conjugada: $H_2O + A^- \rightleftharpoons HA + OH^-$

* Constante de disociación de la base conjugada:

$$K_b = \frac{[HA]\cdot[OH^-]}{[A^-]} = \frac{[HA]\cdot[OH^-]}{[A^-]}\cdot\frac{K_w}{[H_3O^+]\cdot[OH^-]} = \frac{[HA]}{[A^-]\cdot[H_3O^+]}\cdot K_w =$$

$$= \frac{K_w}{K_a} = \frac{10^{-14}}{3'69\cdot10^{-7}} = \boxed{2'71\cdot10^{-8}}$$

---

37) a) Si el valor de la constante K_b del amoniaco es $1{,}8\cdot10^{-5}$, ¿cuál debería ser la molaridad de una disolución de amoniaco para que su pH = 11? b) El valor de la constante K_a del HNO_2 es $4{,}5\cdot10^{-4}$. Calcule los gramos de este ácido que se necesitan para preparar 100 mL de una disolución acuosa cuyo pH = 2,5. Datos: Masas atómicas O = 16; N = 14; H = 1.

a) * Disociación del NH_3 :

	NH_3	+	H_2O	$\rightleftharpoons$	NH_4^+	+	OH^-
Concentración	$c_0 - x$				x		x

* Cálculo de x: $pOH = 14 - pH = 14 - 11 = 3 \;\rightarrow\; [OH^-] = 10^{-pOH} = 10^{-3}\ M = x$

* Molaridad de la disolución:

$K_b = \dfrac{[NH_4^+]\cdot[OH^-]}{[NH_3]} = \dfrac{x^2}{c_0-x} \approx \dfrac{x^2}{c_0}$, pues K_b es muy pequeño.

$$c_0 = \frac{x^2}{K_b} = \frac{(10^{-3})^2}{1'8\cdot10^{-5}} = \boxed{0'0556\ M}$$

b) * Disociación del HNO_2 :

$$\begin{array}{llllll} & HNO_2 & + \; H_2O & \rightleftharpoons \; NO_2^- & + & H_3O^+ \\ \text{Concentración} & c_0 - x & & x & & x \end{array}$$

* Cálculo de x: $x = [H_3O^+] = 10^{-pH} = 10^{-2'5} = 3'16 \cdot 10^{-3}$ M

* Concentración inicial: $K_a = \dfrac{[NO_2^-] \cdot [H_3O^+]}{[HNO_2]} = \dfrac{x^2}{c_0 - x} \approx \dfrac{x^2}{c_0}$, pues K_a es muy pequeño.

$$c_0 = \frac{x^2}{K_a} = \frac{(3'16 \cdot 10^{-3})^2}{4'5 \cdot 10^{-4}} = 0'0222 \text{ M}$$

* Masa de ácido: $m = 0'0222 \dfrac{mol\ ácido}{L} \cdot 0'1\ L \cdot \dfrac{47\ g\ ácido}{1\ mol\ ácido} = \boxed{0'104\ g\ ácido}$

---

38) Justifique razonadamente cuáles de las siguientes disoluciones acuosas constituirían una disolución amortiguadora.
a) $CH_3COOH + CH_3COONa$; K_a (CH_3COOH) = $1,75 \cdot 10^{-5}$.
b) $HCN + NaCl$; K_a (HCN) = $6,2 \cdot 10^{-10}$.
c) $NH_3 + NH_4Cl$; K_b (NH_3) = $1,8 \cdot 10^{-5}$.

Una disolución amortiguadora es aquella que tiene una gran resistencia al cambio del pH cuando se le añade un ácido o una base. Está constituida por un ácido débil más una sal de la base conjugada o bien de una base débil más una sal del ácido conjugado.

a) Sí lo es. Porque el ácido es débil (K_a pequeño) y tiene una sal de su base conjugada (el $CH_3 - COO^-$).

b) No lo es. Aunque el HCN es un ácido débil, el NaCl no es una sal de su base conjugada, que es el CN^-.

c) Sí lo es. Porque la base es débil (K_b pequeño) y tiene una sal de su ácido conjugado (el NH_4^+).

---

39) Una disolución acuosa 10^{-2} M de ácido benzoico (C_6H_5COOH) presenta un grado de disociación de $8,15 \cdot 10^{-2}$. Determine: a) La constante de ionización del ácido. b) El pH de la disolución y la concentración de ácido benzoico sin ionizar que está presente en el equilibrio.

a) * Disociación del ácido:

$$\begin{array}{llllll} & C_6H_5COOH & + \; H_2O & \rightleftharpoons \; C_6H_5COO^- & + & H_3O^+ \\ \text{Concentración} & c_0 \cdot (1 - \alpha) & & c_0 \cdot \alpha & & c_0 \cdot \alpha \end{array}$$

* Constante de disociación:

$$K_a = \frac{[C_6H_5COO^-]\cdot[H_3O^+]}{[C_6H_5COOH]} = \frac{c_0\cdot\alpha\cdot c_0\cdot\alpha}{c_0\cdot(1-\alpha)} = \frac{c_0\cdot\alpha^2}{1-\alpha} = \frac{0'01\cdot(8'15\cdot10^{-2})^2}{1-8'15\cdot10^{-2}} = \boxed{7'23\cdot10^{-5}}$$

b) * Cálculo del pH:

$[H_3O^+] = c_0\cdot\alpha = 0'01\cdot8'15\cdot10^{-2} = 8'15\cdot10^{-4}$; $pH = -\log[H_3O^+] = -\log 8'15\cdot10^{-4} = \boxed{3'09}$

* Concentración de ácido sin ionizar:

$[C_6H_5COOH] = c_0\cdot(1-\alpha) = 0'01\cdot(1 - 8'15\cdot10^{-2}) = \boxed{9'18\cdot10^{-3}\ M}$

---

40) Responda razonadamente: a) En una disolución acuosa 0,1 M de ácido sulfúrico. ¿Cuál es la concentración de iones H_3O^+ y de iones OH^- ? b) Sea una disolución acuosa 0,1 M de hidróxido de sodio. ¿Cuál es el pH de la disolución? c) Sea una disolución de ácido clorhídrico y otra de la misma concentración de ácido acético. ¿Cuál de las dos tendrá mayor pH?
Dato: K_a (CH_3COOH) = $1,75\cdot10^{-5}$.

a) Suponemos una disociación total del ácido sulfúrico:

	H_2SO_4	+	H_2O	$\rightarrow$	SO_4^{2-}	+	$2\ H_3O^+$
Concentración	0'1 M				0'1 M		0'2 M

* Concentraciones de hidrogeniones e iones hidroxilo:

$[H_3O^+]$: $\boxed{0'2\ M}$; $[OH^-] = \frac{K_w}{[H_3O^+]} = \frac{10^{-14}}{0'2} = \boxed{5\cdot10^{-14}\ M}$

b) El NaOH es un electrólito fuerte y se disocia totalmente en agua:

	NaOH	$\rightarrow$	Na^+	+	OH^-
Concentración	0'1 M		0'1 M		0'1 M

* Cálculo del pH: $pOH = -\log[OH^-] = -\log 0'1 = 1 \rightarrow pH = 14 - pOH = 14 - 1 = \boxed{13}$

c) La del ácido acético. El pH es una magnitud que mide la acidez de una disolución. Su valor está comprendido entre 0 y 7, sin llegar a 7. Cuanto más fuerte sea un ácido, más cercano estará su pH a cero. Cuanto más débil sea un ácido, más cercano estará su pH a 7, sin igualarlo. El HCl es un ácido fuerte, pues está completamente disociado en agua. El ácido acético es un ácido débil, pues su K_a es pequeña.

---

41) Dadas las constantes de ionización de los siguientes ácidos:

K_a (HF) = $6{,}6\cdot10^{-4}$; K_a (CH_3COOH) = $1{,}75\cdot10^{-5}$; K_a (HCN) = $6{,}2\cdot10^{-10}$.

a) Indique razonadamente qué ácido es más fuerte en disolución acuosa. b) Escriba el equilibrio de disociación del HCN indicando cuál será su base conjugada. c) Deduzca el valor de K_b del CH_3COOH.

a) El HF, por tener mayor valor de la constante de disociación. El equilibrio de disociación de un ácido débil monoprótico es: $HA + H_2O \rightleftharpoons A^- + H_3O^+$ y la constante de disociación es:

$$K_a = \frac{[A^-]\cdot[H_3O^+]}{[HA]}$$

Cuanto más disociado esté un ácido, mayor será la concentración de los productos y menor la de los reactivos, luego su constante será mayor.

b) Según la teoría de Brönsted-Lowry, un ácido es una sustancia que tiende a ceder protones y una base es una sustancia que tiende a aceptar protones. La reacción entre un ácido y una base sería:

$$\text{ácido}_1 + \text{base}_2 \rightleftharpoons \text{base}_1 + \text{ácido}_2$$

Las parejas ácido$_1$/base$_1$ y ácido$_2$/base$_2$ son lo que se llaman parejas ácido-base conjugadas. Se diferencian en un protón o en un OH^-.

* Disociación del HCN: $HCN + H_2O \rightleftharpoons CN^- + H_3O^+$

Su base conjugada es el CN^-.

c) * Disociación del CH_3COOH: $CH_3COOH + H_2O \rightleftharpoons CH_3COO^- + H_3O^+$

* Hidrólisis de su base conjugada: $CH_3COO^- + H_2O \rightleftharpoons CH_3COOH + OH^-$

* Constante de basicidad:

$$K_b = \frac{[CH_3COOH]\cdot[OH^-]}{[CH_3COO^-]} = \frac{[CH_3COOH]\cdot[OH^-]}{[CH_3COO^-]}\cdot\frac{K_w}{[H_3O^+]\cdot[OH^-]} = \frac{[CH_3COOH]}{[CH_3COO^-]\cdot[H_3O^+]}\cdot K_w =$$

$$= \frac{K_w}{K_a} = \frac{10^{-14}}{1'75\cdot10^{-5}} = \boxed{5'71\cdot10^{-10}}$$

---

42) Razone si son verdaderas o falsas las siguientes afirmaciones: a) Cuanto mayor sea la concentración inicial de un ácido débil, mayor será la constante de disociación. b) El grado de disociación de un ácido débil es independiente de la concentración inicial del ácido. c) Una disolución acuosa de cloruro de amonio tiene un pH básico.

a) Falso. La constante de disociación de un ácido débil es independiente de la concentración inicial, sólo depende del ácido y de la temperatura.

* Disociación del ácido: $HA + H_2O \rightleftharpoons A^- + H_3O^+$

* Constante de disociación: $K_a = \frac{[A^-]\cdot[H_3O^+]}{[HA]}$

b) Falso.

* Disociación del ácido:

	HA	+	H_2O	$\rightleftharpoons$	A^-	+	H_3O^+
Concentración	$c_0\cdot(1-\alpha)$				$c_0\cdot\alpha$		$c_0\cdot\alpha$

* Constante de disociación: $K_a = \frac{[A^-]\cdot[H_3O^+]}{[HA]} = \frac{c_0\cdot\alpha\cdot c_0\cdot\alpha}{c_0\cdot(1-\alpha)} = \frac{c_0\cdot\alpha^2}{1-\alpha} \approx c_0\cdot\alpha^2$ si K_a es pequeña

Luego: $\alpha = \sqrt{\frac{K_a}{c_0}}$: el grado de disociación es inversamente proporcional a la concentración inicial de ácido: a mayor concentración inicial, menor grado de disociación.

c) Falso. Las sales solubles son electrólitos fuertes:

NH_4Cl	+	H_2O	$\rightarrow$	NH_4^+	+	Cl^-
				Ácido fuerte		Base débil

Según la teoría de Brönsted-Lowry, un ácido es una sustancia que tiende a ceder protones y una base es una sustancia que tiende a aceptar protones. La reacción entre un ácido y una base sería:

$$\text{ácido}_1 + \text{base}_2 \rightleftharpoons \text{base}_1 + \text{ácido}_2$$

Las parejas ácido$_1$/base$_1$ y ácido$_2$/base$_2$ son lo que se llaman parejas ácido-base conjugadas. Se diferencian en un protón o en un OH^-. Los iones resultantes se hidrolizan o no dependiendo de si son fuertes o débiles. Según Brönsted-Lowry, a un ácido fuerte le corresponde una base conjugada débil y al contrario. A una base fuerte le corresponde un ácido conjugado débil y al contrario.

* Hidrólisis del NH_4^+: $NH_4^+ + H_2O \rightleftharpoons NH_3 + H_3O^+$

El ion H_3O^+ le da carácter ácido a la disolución.

2013

43) Justifica el pH de las disoluciones acuosas de las siguientes sales mediante las ecuaciones de hidrólisis correspondientes: a) $NaNO_2$; b) KCl; c) NH_4NO_3 .

Según la teoría de Brönsted-Lowry, un ácido es una sustancia que tiende a ceder protones y una base es una sustancia que tiende a aceptar protones. La reacción entre un ácido y una base sería:

$$\text{ácido}_1 + \text{base}_2 \rightleftharpoons \text{base}_1 + \text{ácido}_2$$

Las parejas ácido$_1$/base$_1$ y ácido$_2$/base$_2$ son lo que se llaman parejas ácido-base conjugadas. Se diferencian en un protón o en un OH^-. Las sales de los alcalinos y de los alcalinotérreos y del ion amonio son solubles. Las sales solubles son electrólitos fuertes.

Los iones resultantes se hidrolizan o no dependiendo de si son fuertes o débiles. Según Brönsted-Lowry, a un ácido fuerte le corresponde una base conjugada débil y al contrario. A una base fuerte le corresponde un ácido conjugado débil y al contrario.

a) * Disociación de la sal:

$NaNO_2$	+	H_2O	$\rightarrow$	Na^+	+	NO_2^-
				Ácido débil		Base fuerte

* Hidrólisis del NO_2^- : $NO_2^- + H_2O \rightleftharpoons NaNO_2 + OH^-$

El ion OH^- le da carácter básico a la disolución.

b) * Disociación de la sal:

KCl	+	H_2O	$\rightarrow$	K^+	+	Cl^-
				Ácido débil		Base débil

Los dos iones resultantes son débiles, luego no se hidrolizan apenas. Por ello, la disolución resultante es neutra.

c) * Disociación de la sal:

NH_4NO_3	+	H_2O	$\rightarrow$	NH_4^+	+	NO_3^-
				Ácido fuerte		Base débil

* Hidrólisis del NH_4^+: $NH_4^+ + H_2O \rightleftharpoons NH_3 + H_3O^+$

El ion H_3O^+ le da carácter ácido a la disolución.

---

44) Tenemos una disolución 0,05 M de ácido benzoico (C_6H_5COOH): a) Calcule su pH y el grado de disociación del ácido sabiendo que la constante K_a es $6{,}5 \cdot 10^{-5}$. b) ¿Qué molaridad debe tener una disolución de ácido sulfúrico que tuviera el mismo pH que la disolución anterior?

a) * Disociación del ácido:

	C_6H_5COOH	+	H_2O	$\rightleftharpoons$	$C_6H_5COO^-$	+	H_3O^+
Concentración	$c_0 \cdot (1-\alpha)$				$c_0 \cdot \alpha$		$c_0 \cdot \alpha$

* Grado de disociación:

$$K_a = \frac{[C_6H_5COO^-] \cdot [H_3O^+]}{[C_6H_5COOH]} = \frac{c_0 \cdot \alpha \cdot c_0 \cdot \alpha}{c_0 \cdot (1-\alpha)} = \frac{c_0 \cdot \alpha^2}{1-\alpha} \approx c_0 \cdot \alpha^2 \text{ pues } K_a \text{ es pequeña}$$

$$\alpha = \sqrt{\frac{K_a}{c_0}} = \sqrt{\frac{6'5\cdot 10^{-5}}{0'05}} = \boxed{0'0361}$$

* Cálculo del pH: $[H_3O^+] = c_0 \cdot \alpha = 0'05 \cdot 0'0361 = 1'81 \cdot 10^{-3}$ M

pH = – log $[H_3O^+]$ = – log $(1'81 \cdot 10^{-3})$ = $\boxed{2'74}$

b) * Disociación del H_2SO_4:

$$\begin{array}{ccccccc} H_2SO_4 & + & 2\,H_2O & \rightarrow & SO_4^{2-} & + & 2\,H_3O^+ \\ c_0 & & & & c_0 & & 2\cdot c_0 \end{array}$$

* Molaridad de la disolución de H_2SO_4: $c_M = \frac{[H_3O^+]}{2} = \frac{1'81\cdot 10^{-3}}{2} = \boxed{9'05\cdot 10^{-4}\ M}$

---

45) a) Explique por qué una disolución acuosa de $(NH_4)_2SO_4$ genera un pH débilmente ácido. b) Indique cuál es la base conjugada de las siguientes especies, cuando actúan como ácido en medio acuoso, escribiendo las reacciones correspondientes: HCN, HCOOH y $H_2PO_4^-$.

a) Según la teoría de Brönsted-Lowry, un ácido es una sustancia que tiende a ceder protones y una base es una sustancia que tiende a aceptar protones. La reacción entre un ácido y una base sería:

$$ácido_1 + base_2 \rightleftharpoons base_1 + ácido_2$$

Las parejas ácido$_1$/base$_1$ y ácido$_2$/base$_2$ son lo que se llaman parejas ácido-base conjugadas. Se diferencian en un protón o en un OH^-. Las sales de los alcalinos y de los alcalinotérreos y del ion amonio son solubles. Las sales solubles son electrólitos fuertes. Los iones resultantes se hidrolizan o no dependiendo de si son fuertes o débiles. Según Brönsted-Lowry, a un ácido fuerte le corresponde una base conjugada débil y al contrario. A una base fuerte le corresponde un ácido conjugado débil y al contrario.

a) * Disociación de la sal:

$$\begin{array}{ccccccc} (NH_4)_2SO_4 & + & H_2O & \rightarrow & 2\,NH_4^+ & + & SO_4^{2-} \\ & & & & \text{Ácido fuerte} & & \text{Base débil} \end{array}$$

* Hidrólisis del NH_4^+: $NH_4^+ + H_2O \rightleftharpoons NH_3 + H_3O^+$

El ion H_3O^+ le da carácter ácido a la disolución.

b) $HCN + H_2O \rightleftharpoons CN^- + H_3O^+$

La base conjugada es el CN^-, pues tiene un protón menos.

$HCOOH + H_2O \rightleftharpoons HCOO^- + H_3O^+$

La base conjugada es el $HCOO^-$, pues tiene un protón menos.

$H_2PO_4^- + H_2O \rightleftharpoons HPO_4^{2-} + H_3O^+$

La base conjugada es el HPO_4^{2-}, pues tiene un protón menos.

---

46) Se prepara una disolución de ácido benzoico C_6H_5COOH cuyo pH es 3,1 disolviendo 0,61 g del ácido en agua hasta obtener 500 mL de disolución. Calcule: a) La concentración inicial del ácido y el grado de disociación. b) El volumen de hidróxido de sodio 0,1 M necesario para que reaccione completamente con 50 mL de disolución de ácido benzoico.
Datos: Masas atómicas: C = 12; H = 1; O = 16.

a) * Disociación del ácido:

	C_6H_5COOH	+	H_2O	$\rightleftharpoons$	$C_6H_5COO^-$	+	H_3O^+
Concentración	$c_0\cdot(1-\alpha)$				$c_0\cdot\alpha$		$c_0\cdot\alpha$

* Concentración inicial: $c_o = \dfrac{n_0}{V_D} = \dfrac{m_0}{M\cdot V_D} = \dfrac{0'61}{122\cdot 0'5} = \boxed{0'01\ \text{M}}$

* Grado de disociación:

$[H_3O^+] = 10^{-pH} = 10^{-3'1} = 7'94\cdot 10^{-4}\ \text{M} = c_0\cdot\alpha \rightarrow \alpha = \dfrac{[H_3O^+]}{c_0} = \dfrac{7'94\cdot 10^{-4}}{0'01} = \boxed{0'0794}$

b) * Reacción de neutralización: $C_6H_5COOH + NaOH \rightarrow C_6H_5COONa + H_2O$

* Volumen de disolución de NaOH:

$v_a\cdot c_{Ma}\cdot V_a = v_b\cdot c_{Mb}\cdot V_b \rightarrow V_b = \dfrac{v_a\cdot c_{Ma}\cdot V_a}{v_b\cdot c_{Mb}} = \dfrac{1\cdot 0'01\cdot 50}{1\cdot 0'1} = \boxed{5\ \text{ml}}$

---

47) Indique la diferencia entre: a) Un ácido fuerte y un ácido débil. b) Un ácido fuerte y un ácido concentrado. c) Un anfótero y un ácido.

a) Un ácido fuerte es aquel que está total o casi totalmente disociado en sus iones en agua. Un ácido débil es aquel que está parcialmente disociado en agua. La medida del grado de disociación lo da la constante de disociación:

* Disociación del ácido:

	HA	+	H_2O	$\rightleftharpoons$	A^-	+	H_3O^+
Concentración	$c_0\cdot(1-\alpha)$				$c_0\cdot\alpha$		$c_0\cdot\alpha$

* Constante de disociación: $K_a = \dfrac{[A^-]\cdot[H_3O^+]}{[HA]}$

Si el ácido es fuerte, estará muy disociado, las concentraciones de los productos serán grandes y las de los reactivos pequeñas; su constante de disociación será muy elevada. Todo lo contrario para un ácido débil.

b) Un ácido fuerte es aquel que está total o casi totalmente disociado en agua. Un ácido concentrado es aquel que tiene una alta concentración inicial. Son conceptos distintos. Un ácido fuerte puede estar concentrado y un ácido débil puede estar concentrado.

c) Un anfótero es una sustancia que puede comportarse como ácido o como base dependiendo del carácter ácido o básico de la sustancia con la que reaccione. Según la teoría de Brönsted-Lowry, un ácido es una sustancia que tiende a ceder protones y una base es una sustancia que tiende a aceptar protones.
Ejemplo de ácido, el HCl: $HCl + H_2O \rightarrow Cl^- + H_3O^+$
Ejemplo de anfótero, el HPO_4^{2-}:

* Se comporta como ácido: $HPO_4^{2-} + H_2O \rightarrow PO_4^{3-} + H_3O^+$

* Se comporta como base: $HPO_4^{2-} + H_2O \rightarrow H_2PO_4^- + OH^-$

---

48) De acuerdo con la teoría de Brönsted-Lowry, complete las siguientes ecuaciones e indique las especies que actúan como ácidos y las que actúan como base:
a) $H_2CO_3 + NH_3 \rightleftharpoons HCO_3^- + \ldots$
b) $HSO_4^- + HCO_3^- \leftrightarrows H_2CO_3 + \ldots$
c) $NH_4^+ + \ldots \leftrightarrows NH_3 + HCO_3^-$

Según la teoría de Brönsted-Lowry, un ácido es una sustancia que tiende a ceder protones y una base es una sustancia que tiende a aceptar protones. La reacción entre un ácido y una base sería:

$$\text{ácido}_1 + \text{base}_2 \rightleftharpoons \text{base}_1 + \text{ácido}_2$$

Las parejas $\text{ácido}_1/\text{base}_1$ y $\text{ácido}_2/\text{base}_2$ son lo que se llaman parejas ácido-base conjugadas. Se diferencian en un protón o en un OH^-. Según Brönsted-Lowry, a un ácido fuerte le corresponde una base conjugada débil y al contrario. A una base fuerte le corresponde un ácido conjugado débil y al contrario.

a)

$$\underset{\text{ácido}_1}{H_2CO_3} + \underset{\text{base}_2}{NH_3} \rightleftharpoons \underset{\text{base}_1}{HCO_3^-} + \underset{\text{ácido}_2}{NH_4^+}$$

b)

$$\underset{\text{ácido}_1}{HSO_4^-} + \underset{\text{base}_2}{HCO_3^-} \rightleftharpoons \underset{\text{ácido}_2}{H_2CO_3} + \underset{\text{base}_1}{SO_4^{2-}}$$

c)

$$\underset{\text{ácido}_1}{NH_4^+} + \underset{\text{base}_2}{CO_3^{2-}} \rightleftharpoons \underset{\text{base}_1}{NH_3} + \underset{\text{ácido}_2}{HCO_3^-}$$

---

49) a) Ordene de menor a mayor acidez las disoluciones acuosas de igual concentración de HNO_3, NaOH y KNO_3. Razone la respuesta. b) Se tiene un ácido débil HB en disolución acuosa. Justifique qué le sucederá al pH de la disolución cuando se le añade agua.

a) NaOH < KNO_3 < HNO_3 . La disolución de NaOH tiene carácter básico, la de KNO_3 neutro y la de HNO_3 ácido.

$NaOH \rightarrow Na^+ + OH^-$: el ion OH^- da carácter básico a la disolución.

$KNO_3 \rightarrow K^+ + NO_3^-$: las sales de los alcalinos son solubles y las sales solubles son electrólitos fuertes. Ambos iones son débiles y no se hidrolizan, luego su disolución es neutra.

$HNO_3 + H_2O \rightarrow NO_3^- + H_3O^+$: el ion H_3O^+ le da carácter ácido a la disolución.

b) * Disociación del ácido: $HB + H_2O \rightleftharpoons B^- + H_3O^+$

* Concentración de H_3O^+: $[H_3O^+] = \dfrac{n_{H3O+}}{V_D}$

El pH ácido está comprendido entre 0 y 7, sin llegar a 7. Al añadir agua, el número de moles de H_3O^+ permanece constante, V_D aumenta y la concentración de H_3O^+ disminuye. Esto significa que el pH va a subir aproximándose a 7, sin llegar a 7.

2012

50) En una disolución acuosa de HNO_2 0,2 M, calcula: a) El grado de disociación del ácido. b) El pH de la disolución. DATO: $K_a(HNO_2) = 4{,}5\cdot10^{-4}$.

a) * Disociación del ácido:

	HNO_2	+	H_2O	$\rightleftharpoons$	NO_2^-	+	H_3O^+
Concentración	$c_0\cdot(1-\alpha)$				$c_0\cdot\alpha$		$c_0\cdot\alpha$

* Grado de disociación:

$$K_a = \frac{[NO_2^-]\cdot[H_3O^+]}{[HNO_2]} = \frac{c_0\cdot\alpha\cdot c_0\cdot\alpha}{c_0\cdot(1-\alpha)} = \frac{c_0\cdot\alpha^2}{1-\alpha} \approx c_0\cdot\alpha^2 \text{ pues } K_a \text{ es pequeña}$$

$$\alpha = \sqrt{\frac{K_a}{c_0}} = \sqrt{\frac{4'5\cdot10^{-4}}{0'2}} = \boxed{0'0474}$$

* Cálculo del pH: $[H_3O^+] = c_0\cdot\alpha = 0'2\cdot0'0474 = 9'48\cdot10^{-3}$ M

$$pH = -\log[H_3O^+] = -\log(9'48\cdot10^{-3}) = \boxed{2'02}$$

---

51) Indica, razonadamente, si el pH de las disoluciones acuosas de las especies químicas siguientes es mayor, menor o igual a 7: a) NH_3 ; b) NH_4Cl; c) $CaCl_2$.

a) Mayor que 7, pH básico. $NH_3 + H_2O \rightleftharpoons NH_4^+ + OH^-$
El ion OH^- le da carácter básico a la disolución.

b) Menor que 7, pH ácido. El NH_4Cl es un electrólito fuerte, pues es una sal soluble. Se hidrolizan los iones con carácter relativamente fuerte:

* Disociación de la sal:

NH_4Cl	+	H_2O	$\rightarrow$	NH_4^+	+	Cl^-
				Ácido fuerte		Base débil

* Hidrólisis del NH_4^+: $NH_4^+ + H_2O \rightleftharpoons NH_3 + H_3O^+$

El ion H_3O^+ le da carácter ácido a la disolución.

c) Igual a 7, pH neutro. El $CaCl_2$ es un electrólito fuerte, pues es una sal soluble.

* Disociación de la sal:

$CaCl_2$	+	H_2O	$\rightarrow$	Ca^{2+}	+	$2\ Cl^-$
				Ácido débil		Base débil

Como ninguno de los dos iones es relativamente fuerte, ninguno se hidroliza, luego la disolución final es neutra.

---

52) Se dispone de una disolución acuosa de ácido acético (CH_3COOH) de pH = 3. a) Calcula la concentración de ácido acético en la citada disolución. b) ¿Cuántos mililitros de ácido clorhídrico 0,1 M ha de tomarse para preparar 100 mL de disolución con el mismo pH que la disolución anterior de ácido acético? DATOS: K_a (CH_3COOH) = $1{,}8 \cdot 10^{-5}$.

a) * Disociación del ácido:

CH_3COOH	+	H_2O	$\rightleftharpoons$	CH_3COO^-	+	H_3O^+
$c_0 - x$				x		x

* Concentración de los productos: $[CH_3COO^-] = [H_3O^+] = 10^{-pH} = 10^{-3}\ M = x$

* Concentración inicial:

$$K_a = \frac{[CH_3COO^-]\cdot[H_3O^+]}{CH_3COOH} = \frac{x^2}{c_0 - x} \approx \frac{x^2}{c_0}$$ pues K_a es muy pequeña.

$$c_0 = \frac{x^2}{K_a} = \frac{(10^{-3})^2}{1'8\cdot 10^{-5}} = \boxed{0'0556\ M}$$

b) * Disociación del HCl:

HCl	+	H_2O	→	Cl^-	+	H_3O^+
c_0				c_0		c_0

* Volumen de disolución necesario:

$$c_{M1}\cdot V_1 = c_{M2}\cdot V_2 \;\rightarrow\; V_1 = \frac{c_{M2}\cdot V_2}{c_{M1}} = \frac{10^{-3}\cdot 100}{0'1} = \boxed{1\ ml}$$

---

53) Se dispone de ácido perclórico (ácido fuerte) del 65% de riqueza en peso y de densidad 1'6 g·mL^{-1}. Determine: a) El volumen al que hay que diluir 1'5 mL de dicho ácido para que el pH resultante sea igual a 1'0. b) El volumen de hidróxido de potasio (base fuerte) 0'2 M que deberá añadirse para neutralizar 50 mL de la disolución anterior, de pH 1'0.
Datos: Masas atómicas: H: 1; Cl 35'5; O 16.

a) * Molaridad del ácido concentrado:

$$c_{M1} = \frac{65\,g\,HClO_4}{100\,g\,disolución}\cdot\frac{1\,mol\,HClO_4}{100'5\,g\,HClO_4}\cdot\frac{1'6\,g\,disolución}{1\,ml\,disolución}\cdot\frac{1000\,ml\,disolución}{1\,L\,disolución} = 10'3\ M$$

* Disociación del $HClO_4$:

$HClO_4$	+	H_2O	→	ClO_4^-	+	H_3O^+
c_{M2}				c_{M2}		c_{M2}

* Molaridad del ácido diluido: $c_{M2} = [H_3O^+] = 10^{-pH} = 10^{-1} = 0'1\ M$

* Volumen de ácido diluido:

$$c_{M1}\cdot V_1 = c_{M2}\cdot V_2 \;\rightarrow\; V_2 = \frac{c_{M1}\cdot V_1}{c_{M2}} = \frac{10'3\cdot 1'5}{0'1} = \boxed{154'5\ ml}$$

b) * Reacción de neutralización: $HClO_4 + KOH \rightarrow KClO_4 + H_2O$

* Volumen de disolución de KOH:

$$v_a\cdot c_{Ma}\cdot V_a = v_b\cdot c_{Mb}\cdot V_b \;\rightarrow\; V_b = \frac{v_a\cdot c_{Ma}\cdot V_a}{v_b\cdot c_{Mb}} = \frac{1\cdot 0'1\cdot 50}{1\cdot 0'2} = \boxed{25\ ml}$$

---

54) Clasifique según la teoría de Brönsted –Lowry en ácido, base o anfótero, frente al agua, las siguientes especies químicas, escribiendo las reacciones que lo justifiquen:

a) NH_3 b) $H_2PO_4^-$ c) HCN.

Según la teoría de Brönsted-Lowry, un ácido es una sustancia que tiende a ceder protones y una base es una sustancia que tiende a aceptar protones. La reacción entre un ácido y una base sería:

$$\text{ácido}_1 + \text{base}_2 \rightleftharpoons \text{base}_1 + \text{ácido}_2$$

Las parejas ácido$_1$/base$_1$ y ácido$_2$/base$_2$ son lo que se llaman parejas ácido-base conjugadas. Se diferencian en un protón o en un OH^-.

Un anfótero es una sustancia que puede comportarse como ácido o como base, dependiendo del carácter ácido o básico de la sustancia con la que reaccione.

a) Base. $NH_3 + H_2O \rightleftharpoons NH_4^+ + OH^-$

El ion OH^- le da carácter básico a la disolución.

b) Anfótero.

Como ácido: $H_2PO_4^- + H_2O \rightleftharpoons HPO_4^{2-} + H_3O^+$

Como base: $H_2O + H_2PO_4^- \rightleftharpoons OH^- + H_3PO_4$

El ion H_3O^+ le da carácter ácido a la disolución y el ion OH^- le da carácter básico.

c) Ácido. $HCN + H_2O \rightleftharpoons CN^- + H_3O^+$

El ion H_3O^+ le da carácter ácido a la disolución.

---

55) El pH de una disolución saturada de $Mg(OH)_2$ en agua pura, a una cierta temperatura es de 10'38. a) ¿Cuál es la solubilidad molar del hidróxido de magnesio a esa temperatura? Calcule el producto de solubilidad. b) ¿Cuál es la solubilidad del hidróxido de magnesio en una disolución 0'01 M de hidróxido de sodio?

a) * Equilibrio de solubilidad:

$$\begin{array}{ccccc} Mg(OH)_2\,(s) & \rightleftharpoons & Mg^{2+}(ac) & + & 2\,OH^- \\ s & & s & & 2\cdot s \end{array}$$

* Solubilidad: $pOH = 14 - pH = 14 - 10'38 = 3'62 \rightarrow [OH^-] = 10^{-pOH} = 10^{-3'62} = 2'40\cdot10^{-4}$ M

$$2\cdot s = [OH^-] \rightarrow s = \frac{[OH^-]}{2} = \frac{2'40\cdot10^{-4}}{2} = \boxed{1'20\cdot10^{-4}\ M}$$

* Producto de solubilidad:

$$P_s = [Mg^{2+}]\cdot[OH^-]^2 = s\cdot(2\cdot s)^2 = 4\cdot s^3 = 4\cdot(1'20\cdot10^{-4})^3 = \boxed{6'91\cdot10^{-12}}$$

b) * Disociación del NaOH:

NaOH	⇌	Na^+	+	OH^-
0'01 M		0'01 M		0'01 M

* Equilibrio de solubilidad:

$Mg(OH)_2$ (s)	⇌	Mg^{2+}(ac)	+	2 OH^-
s		s		2·s + 0'01

* Solubilidad:

$P_s = [Mg^{2+}]\cdot[OH^-]^2 = s\cdot(2\cdot s + 0'01)^2 \approx s\cdot(0'01)^2 = 6'91\cdot 10^{-12}$, pues: $2\cdot s + 0'01 \approx 0'01$

$$s = \frac{6'91\cdot 10^{-12}}{(0'01)^2} = \boxed{6'91\cdot 10^{-8}\ M}$$

---

56) Las constantes de acidez del CH_3COOH y del HCN en disolución acuosa son $1'8\cdot 10^{-5}$ y $4'93\cdot 10^{-10}$, respectivamente. a) Escribe la reacción de disociación de ambos ácidos en disolución acuosa y las expresiones de la constante de acidez. b) Justifique cuál de ellos es el ácido más débil. c) Escribe la reacción química de acuerdo con la teoría de Brönsted-Lowry y justifica el carácter básico del cianuro de sodio.

a) * Reacciones de disociación:

$CH_3COOH + H_2O \rightleftharpoons CH_3COO^- + H_3O^+$; $HCN + H_2O \rightleftharpoons CN^- + H_3O^+$

* Constantes de acidez: $K_a = \dfrac{[CH_3COO^-]\cdot[H_3O^+]}{[CH_3COOH]}$; $K_a = \dfrac{[CN^-]\cdot[H_3O^+]}{[HCN]}$

b) El HCN. El más débil es el de menor constante de disociación. Cuanto más fuerte es un ácido, más disociado estará en agua; la concentración de los productos será alta y las de los reactivos, baja; esto significa que la constante de disociación será alta. Por consiguiente, un ácido fuerte tiene una alta constante de acidez y un ácido débil tiene una baja constante de acidez.

c) Según la teoría de Brönsted-Lowry, un ácido es una sustancia que tiende a ceder protones y una base es una sustancia que tiende a aceptar protones. La reacción entre un ácido y una base sería:

$$ácido_1 + base_2 \rightleftharpoons base_1 + ácido_2$$

Las parejas $ácido_1/base_1$ y $ácido_2/base_2$ son lo que se llaman parejas ácido-base conjugadas. Se diferencian en un protón o en un OH^-. Según Brönsted-Lowry, a un ácido fuerte le corresponde una base conjugada débil y al contrario. A una base fuerte le corresponde un ácido conjugado débil y al contrario.

Las sales solubles son electrólitos fuertes, es decir, se disocian completamente en disolución.

$$\text{NaCN} \quad \rightarrow \quad \text{Na}^+ \quad + \quad \text{CN}^-$$
$$\text{Ácido débil} \qquad \text{Base fuerte}$$

El CN⁻ se hidroliza por ser una base relativamente fuerte: $CN^- + H_2O \rightarrow HCN + OH^-$

El ion OH⁻ le da carácter básico a la disolución.

---

57) a) Escriba el equilibrio de hidrólisis del ion amonio (NH_4^+), identificando en el mismo las especies que actúan como ácidos o bases de Brönsted–Lowry. b) Razone como varía la concentración de ion amonio al añadir una disolución de hidróxido de sodio. c) Razone como varía la concentración de iones amonio al disminuir el pH.

a) * Hidrólisis del ion amonio:

$$NH_4^+ \;+\; H_2O \;\rightleftharpoons\; NH_3 \;+\; H_3O^+$$
$$\text{ácido}_1 \quad \text{base}_2 \qquad \text{base}_1 \qquad \text{ácido}_2$$

b) Según el principio de Le Chatelier, la alteración de las condiciones de un equilibrio mediante un factor externo provoca que el equilibrio se desplace en el sentido en el que se compense al factor exterior. Esto ocurre porque la constante de equilibrio tiene que ser constante a una temperatura dada; si se modifica una concentración de la constante de equilibrio, se modifican las demás.

Al añadir NaOH: $NaOH \rightarrow Na^+ + OH^-$, el pH aumenta, la concentración de iones H_3O^+ disminuye y el equilibrio se desplaza hacia la derecha. De esta forma, la concentración de iones amonio disminuye.

c) Al disminuir el pH, la concentración de iones H_3O^+ aumenta y el equilibrio de desplaza en el sentido de consumirlo, es decir, hacia la izquierda. De esta forma, aumenta la concentración de ion amonio.

---

58) Se disuelven 5 g de NaOH en agua suficiente para preparar 300 mL de disolución. Calcule: a) La molaridad de la disolución y el valor del pH. b) La molaridad de una disolución de H_2SO_4, de la que 30 mL de la misma son neutralizados con 25 mL de la disolución de la base.
Datos: Masas atómicas: H = 1; O = 16; Na = 23.

a) * Molaridad de la disolución: $c_0 = \dfrac{n_s}{V_D} = \dfrac{m_s}{M \cdot V_D} = \dfrac{5}{40 \cdot 0'3} = \boxed{0'417\ M}$

* Disociación del NaOH:

$$\text{NaOH} \quad \rightarrow \quad \text{Na}^+ \quad + \quad \text{OH}^-$$
$$0'417\ M \qquad 0'417\ M \qquad 0'417\ M$$

* Cálculo del pH:

$pOH = -\log[OH^-] = -\log 0'417 = 0'38 \quad \rightarrow \quad pH = 14 - pOH = 14 - 0'38 = \boxed{13'62}$

b) * Reacción de neutralización: $H_2SO_4 + 2\ NaOH \rightarrow Na_2SO_4 + 2\ H_2O$

* Molaridad de la disolución de H_2SO_4:

$$v_a \cdot c_{Ma} \cdot V_a = v_b \cdot c_{Mb} \cdot V_b \quad \rightarrow \quad c_{Ma} = \frac{v_b \cdot c_{Mb} \cdot V_b}{v_a \cdot V_a} = \frac{1 \cdot 0'417 \cdot 25}{2 \cdot 30} = \boxed{0'174\ M}$$

---

59) Dadas las siguientes especies químicas, en disolución acuosa: HCl, HCO_3^-, NH_3, HNO_3 y CN^- justifique según la teoría de Brösnted –Lowry, cuál o cuales pueden actuar: a) Sólo como ácidos. b) Sólo como bases. c) Como ácidos y como bases.

Según la teoría de Brönsted-Lowry, un ácido es una sustancia que tiende a ceder protones y una base es una sustancia que tiende a aceptar protones. La reacción entre un ácido y una base sería:

$$\text{ácido}_1 + \text{base}_2 \rightleftharpoons \text{base}_1 + \text{ácido}_2$$

Las parejas ácido$_1$/base$_1$ y ácido$_2$/base$_2$ son lo que se llaman parejas ácido-base conjugadas. Se diferencian en un protón o en un OH^-.

a) Sólo como ácidos: HCl y HNO_3.
Reacciones: $HCl + H_2O \rightarrow Cl^- + H_3O^+$; $HNO_3 + H_2O \rightarrow NO_3^- + H_3O^+$

b) Sólo como bases: NH_3 y CN^-.
Reacciones: $NH_3 + H_2O \rightleftharpoons NH_4^+ + OH^-$; $CN^- + H_2O \rightleftharpoons HCN + OH^-$

c) Como ácidos y como bases (anfóteros): HCO_3^-.
Reacciones: * Como ácido: $HCO_3^- + H_2O \rightleftharpoons CO_3^{2-} + H_3O^+$
* Como base: $HCO_3^- + H_2O \rightleftharpoons H_2CO_3 + OH^-$

2011

60) Al disolver en agua las siguientes sales: KCl, NH_4NO_3 y Na_2CO_3, justifica mediante las reacciones correspondientes qué disolución es: a) Ácida; b) Básica; c) Neutra.

a) NH_4NO_3. b) Na_2CO_3. c) KCl.

Según la teoría de Brönsted-Lowry, un ácido es una sustancia que tiende a ceder protones y una base es una sustancia que tiende a aceptar protones. La reacción entre un ácido y una base sería:

$$\text{ácido}_1 + \text{base}_2 \rightleftharpoons \text{base}_1 + \text{ácido}_2$$

Las parejas ácido$_1$/base$_1$ y ácido$_2$/base$_2$ son lo que se llaman parejas ácido-base conjugadas. Se diferencian en un protón o en un OH^-. Las sales de los alcalinos y de los alcalinotérreos y del ion amonio son solubles. Las sales solubles son electrólitos fuertes. Los iones resultantes se hidrolizan o no dependiendo de si son fuertes o débiles. Según Brönsted-Lowry, a un ácido fuerte le corresponde una base conjugada débil y al contrario. A una base fuerte le corresponde un ácido conjugado débil y al contrario.

* Disociación del NH_4NO_3:

NH_4NO_3	$\rightarrow$	NH_4^+	+	NO_3^-
		Ácido fuerte		Base débil

* Hidrólisis del NH_4^+: $NH_4^+ + H_2O \rightleftharpoons NH_3 + H_3O^+$
El ion H_3O^+ le da carácter ácido a la disolución.

* Disociación del Na_2CO_3:

Na_2CO_3	$\rightarrow$	$2\ Na^+$	+	CO_3^{2-}
		Ácido débil		Base fuerte

* Hidrólisis del CO_3^{2-}: $CO_3^{2-} + H_2O \rightleftharpoons HCO_3^- + OH^-$

* Disociación del KCl:

KCl	$\rightarrow$	K^+	+	Cl^-
		Ácido débil		Base débil

Ninguno de los dos iones se hidroliza, luego la disolución resultante es neutra.

REACCIONES RÉDOX

2018

1) Los electrodos de aluminio y cobre de una pila galvánica se encuentran en contacto con una disolución de Al^{3+} y Cu^{2+} en una concentración 1 M. a) Escriba e identifique las semirreacciones que se producen en el ánodo y en el cátodo. b) Calcule la f.e.m. de la pila y escriba su notación simplificada. c) Razone si alguno de los dos metales produciría $H_2(g)$ al ponerlo en contacto con ácido sulfúrico (H_2SO_4). Datos: E^0 (Al^{3+}/ Al) = – 1' 67 V; E^0 (Cu^{2+}/ Cu) = + 0' 34 V; E^0 ($2H^+$/ H_2) = 0'00 V.

a) * Semirreacción del cátodo: $Cu^{2+} + 2\ e^- \rightarrow Cu$

* Semirreacción del ánodo: $Al - 3\ e^- \rightarrow Al^{3+}$

b) * Fuerza electromotriz de la pila:

$$3\cdot(Cu^{2+} + 2\ e^- \rightarrow Cu) \quad + 0'34\ V$$

$$2\cdot(Al - 3\ e^- \rightarrow Al^{3+}) \quad + 1'67\ V$$

$$3\ Cu^{2+} + 2\ Al \rightarrow 3\ Cu + 2\ Al^{3+} \qquad E^0 = 0'34 + 1'67 = \boxed{+2'01\ V}$$

* Notación de la pila: $\boxed{(-)\ Al \mid Al^{3+} \parallel Cu^{2+} \mid Cu\ (+)}$

c) Sólo el Al producirá hidrógeno. Se producirá reacción si el proceso es espontáneo. Un proceso es espontáneo cuando ocurre por sí mismo, sin la intervención de un agente externo. Para que un proceso sea espontáneo, su energía de libre de Gibbs (ΔG) tiene que ser negativa o, lo que es lo mismo, su potencial (E) debe ser positivo, pues: $\Delta G = - n\cdot F\cdot E$

$2\cdot(Al - 3\ e^- \rightarrow Al^{3+})$	$+ 1'67\ V$	$Cu - 2\ e^- \rightarrow Cu^{2+}$	$- 0'34\ V$
$3\cdot(2\ H^+ + 2\ e^- \rightarrow H_2)$	$+ 0'00\ V$	$2\ H^+ + 2\ e^- \rightarrow H_2$	$+ 0'00\ V$
$2\ Al + 6\ H^+ \rightarrow 2\ Al^{3+} + 3\ H_2$	$+ 1'67\ V$	$Cu + 2\ H^+ \rightarrow Cu^{2+} + H_2$	$- 0'34\ V$

---

2) Para obtener el óxido de aluminio a partir de aluminio metálico se utiliza una disolución de dicromato de potasio en medio ácido:

$$Al + K_2Cr_2O_7 + H_2SO_4 \rightarrow Al_2O_3 + Cr_2(SO_4)_3 + K_2SO_4 + H_2O$$

a) Ajuste las reacciones iónica y molecular por el método del ion-electrón. b) Calcule el volumen de disolución de $K_2Cr_2O_7$ de una riqueza del 20% en masa y densidad 1'124 g/mL que sería necesario para obtener 25 g de Al_2O_3. Datos: Masas atómicas relativas: Cr: 52; K: 39; Al: 27; O: 16.

a) * Números de oxidación:

$$\overset{0}{Al} + \overset{+1}{K_2}\overset{+6}{Cr}\overset{-2}{O_7} + \overset{+1}{H_2}\overset{+6}{S}\overset{-2}{O_4} \rightarrow \overset{+3}{Al_2}\overset{-2}{O_3} + \overset{+3}{Cr_2}(\overset{+6}{S}\overset{-2}{O_4})_3 + \overset{+1}{K_2}\overset{+6}{S}\overset{-2}{O_4} + \overset{+1}{H_2}\overset{-1}{O}$$

* Semirreacciones: $2\,Al + 3\,H_2O - 6\,e^- \rightarrow Al_2O_3 + 6\,H^+$

$Cr_2O_7^{2-} + 14\,H^+ + 6\,e^- \rightarrow 2\,Cr^{3+} + 7\,H_2O$

* Ecuación iónica: $\boxed{2\,Al + Cr_2O_7^{2-} + 8\,H^+ \rightarrow 2\,Al^{3+} + 2\,Cr^{3+} + 4\,H_2O}$

* Ecuación molecular: $\boxed{2\,Al + K_2Cr_2O_7 + 4\,H_2SO_4 \rightarrow Al_2O_3 + Cr_2(SO_4)_3 + K_2SO_4 + 4\,H_2O}$

b) * Volumen de disolución de $K_2Cr_2O_7$:

$$V = 25\text{ g }Al_2O_3 \cdot \frac{1\,mol\,Al_2O_3}{102\,g\,Al_2O_3} \cdot \frac{1\,mol\,K_2Cr_2O_7}{1\,mol\,Al_2O_3} \cdot \frac{294\,g\,K_2Cr_2O_7}{1\,mol\,K_2Cr_2O_7} \cdot \frac{100\,g\,disolución}{20\,g\,K_2Cr_2O_7} \cdot$$

$$\cdot \frac{1\,ml\,disolución}{1'124\,g\,disolución} = \boxed{321\text{ ml disolución}}$$

---

3) Una moneda antigua de 25,2 g, que contiene Ag e impurezas inertes, se hace reaccionar con un exceso de HNO_3. Teniendo en cuenta que los productos de reacción son $AgNO_3$, NO y H_2O: a) Ajuste las reacciones iónica y molecular por el método del ion-electrón. b) Calcule el porcentaje en masa de Ag en la moneda si en la reacción se desprenden 0,75 L de gas monóxido de nitrógeno, medido a 20ºC y 750 mmHg. Datos: R = 0'082 atm·L·mol^{-1}·K^{-1}. Masa atómica relativa: Ag: 108.

a) * Números de oxidación: $\overset{0}{Ag} + \overset{+1}{H}\overset{+5}{N}\overset{-2}{O_3} \rightarrow \overset{+1}{Ag}\overset{+5}{N}\overset{-2}{O_3} + \overset{+2}{N}\overset{-2}{O} + \overset{+1}{H_2}\overset{-2}{O}$

* Semirreacciones: $3\cdot(Ag - 1\,e^- \rightarrow Ag^+)$

$NO_3^- + 4\,H^+ + 3\,e^- \rightarrow NO + 2\,H_2O$

* Ecuación iónica: $\boxed{3\,Ag + NO_3^- + 4\,H^+ \rightarrow 3\,Ag^+ + NO + 2\,H_2O}$

* Ecuación molecular: $\boxed{2\,Ag + 4\,HNO_3 \rightarrow 3\,AgNO_3 + NO + 2\,H_2O}$

b) * Moles de NO: $n = \dfrac{P\cdot V}{R\cdot T} = \dfrac{\frac{750}{760}\cdot 0'75}{0'082\cdot 293} = 0'0308\text{ mol NO}$

* Masa de Ag en la moneda:

$$m = 0'0308\text{ mol NO} \cdot \frac{1\,mol\,Ag}{1\,mol\,NO} \cdot \frac{108\,g\,Ag}{1\,mol\,Ag} = 3'33\text{ g Ag}$$

* Porcentaje de plata en la moneda: $\text{Porcentaje} = \dfrac{m_{plata}\cdot 100}{m_{moneda}} = \dfrac{3'33\cdot 100}{25'2} = \boxed{13'2\,\%}$

---

4) En la reacción entre el permanganato de potasio ($KMnO_4$) y el yoduro de potasio (KI) en presencia de hidróxido de potasio (KOH) se obtiene manganato de potasio (K_2MnO_4), yodato de potasio (KIO_3) y agua. a) Ajuste las reacciones iónica y molecular por el método del ion-electrón. b) Calcule los gramos de KI necesarios para la reducción de 50 mL de una disolución 0,025 M de $KMnO_4$.
Datos: Masas atómicas relativas: I: 127; K: 39.

a) * Números de oxidación:

$$\overset{+1}{K}\overset{+7}{Mn}\overset{-2}{O_4}+\overset{+1}{K}\overset{-1}{I}+\overset{+1}{K}\overset{-1}{O}\overset{+1}{H} \rightarrow \overset{+1}{K_2}\overset{+6}{Mn}\overset{-2}{O_4}+\overset{+1}{K}\overset{+5}{I}\overset{-2}{O_3}+\overset{+1}{H_2}\overset{-2}{O}$$

* Semirreacciones: $6\cdot(MnO_4^- + 1\ e^- \rightarrow MnO_4^{2-})$

$I^- + 6\ OH^- + 6\ e^- \rightarrow IO_3^- + 3\ H_2O$

---

* Ecuación iónica: $\boxed{6\ MnO_4^- + I^- + 6\ OH^- \rightarrow 6\ MnO_4^{2-} + IO_3^- + 3\ H_2O}$

* Ecuación molecular: $\boxed{6\ KMnO_4 + KI + 6\ KOH \rightarrow 6\ K_2MnO_4 + KIO_3 + 3\ H_2O}$

b) * Masa de KI:

$$m = \frac{0'025\ mol\ KMnO_4}{1\ L}\cdot 0'050\ L\cdot\frac{1\ mol\ KI}{6\ mol\ KMnO_4}\cdot\frac{166\ g\ KI}{1\ mol\ KI} = \boxed{0'0346\ g\ KI}$$

---

5) a) Determine la intensidad de corriente que hay que aplicar a una muestra de 0,1 kg de bauxita que contiene un 60% de Al_2O_3 para la electrolisis total hasta aluminio en un tiempo de 10 h. b) ¿Cuántos gramos de aluminio se depositan cuando han transcurrido 30 minutos si la intensidad es 10 A?
Datos: F = 96500 C/mol. Masas atómicas relativas: Al: 27; O:16.

a) * Reducción del aluminio: $Al^{3+} + 3\ e^- \rightarrow Al$

* Carga necesaria:

$$Q = 100\ g\ bauxita\cdot\frac{60\ g\ Al_2O_3}{100\ g\ bauxita}\cdot\frac{1\ mol\ Al_2O_3}{102\ g\ Al_2O_3}\cdot\frac{2\ mol\ Al}{1\ mol\ Al_2O_3}\cdot\frac{3\ mol\ e^-}{1\ mol\ Al}\cdot\frac{96500\ C}{1\ mol\ e^-} =$$

$= 3'41\cdot 10^5$ C

* Intensidad de corriente: $I = \frac{Q}{t} = \frac{3'41\cdot 10^5\ C}{10\ h}\cdot\frac{1\ h}{3600\ s} = \boxed{9'47\ A}$

b) * Carga que ha pasado: $I = \frac{Q}{t} \rightarrow Q = I\cdot t = 10\ A\cdot 30\ min\cdot\frac{60\ s}{1\ min} = 1'8\cdot 10^4$ C

* Gramos de aluminio depositados:

$$m = 1'8\cdot10^4\ C \cdot \frac{1\,mol\ e^-}{96500\,C}\cdot\frac{1\,mol\ Al}{3\,mol\ e^-}\cdot\frac{27\,g\ Al}{1\,mol\ Al} = \boxed{1'68\ g\ Al}$$

---

6) 100 gramos de bromuro de sodio (NaBr) se tratan con una disolución de ácido nítrico (HNO_3) concentrado de densidad 1,39 g/mL y 70% de riqueza en masa, dando como productos de la reacción Br_2, NO_2, $NaNO_3$ y H_2O: a) Ajuste las reacciones iónica y molecular por el método del ion-electrón. b) Calcule el volumen de ácido necesario para completar la reacción.
Datos: Masas atómicas relativas: Br: 80, Na: 23, O: 16, N: 14, H: 1.

a) * Números de oxidación:

$$\overset{+1}{Na}\overset{-1}{Br}+\overset{+1}{H}\overset{+5}{N}\overset{-2}{O_3} \rightarrow \overset{0}{Br_2}+\overset{+4}{N}\overset{-2}{O_2}+\overset{+1}{Na}\overset{+5}{N}\overset{-2}{O_3}+\overset{+1}{H_2}\overset{-2}{O}$$

* Semirreacciones: $2\ Br^- - 2\ e^- \rightarrow Br_2$

$2\cdot(NO_3^- + 2\ H^+ + 1\ e^- \rightarrow NO_2 + H_2O)$

* Ecuación iónica: $\boxed{2\ Br^- + 2\ NO_3^- + 4\ H^+ \rightarrow Br_2 + 2\ NO_2 + 2\ H_2O}$

* Ecuación molecular: $\boxed{2\ NaBr + 4\ HNO_3 \rightarrow Br_2 + 2\ NO_2 + 2\ NaNO_3 + 2\ H_2O}$

b) * Volumen de ácido necesario:

$$V = 100\ g\ NaBr \cdot \frac{1\,mol\ NaBr}{103\,g\ NaBr}\cdot\frac{4\,mol\ HNO_3}{2\,mol\ NaBr}\cdot\frac{63\,g\ HNO_3}{1\,mol\ HNO_3}\cdot\frac{100\,g\ disolución}{70\,g\ HNO_3}\cdot$$

$$\cdot\frac{1\,ml\ disolución}{1'39\,g\ disolución} = \boxed{126\ ml\ disolución\ HNO_3}$$

---

7) El principal método de obtención del aluminio comercial es la electrolisis de las sales de Al^{3+} fundidas. a) ¿Cuántos culombios deben pasar a través del fundido para depositar 1 kg de aluminio? b) Si una cuba electrolítica industrial de aluminio opera con una intensidad de corriente de $4\cdot10^4$ A, ¿cuánto tiempo será necesario para producir 1 kg de aluminio?
Datos: F = 96500 C/mol. Masa atómica relativa: Al: 27.

a) * Reducción del aluminio: $Al^{3+} + 3\ e^- \rightarrow Al$

* Cantidad de corriente necesaria: $Q = 1000\ g\ Al\cdot\frac{1\,mol\ Al}{27\,g\ Al}\cdot\frac{3\,mol\ e^-}{1\,mol\ Al}\cdot\frac{96500\,C}{1\,mol\ e^-} = \boxed{1'07\cdot10^7\ C}$

b) * Tiempo necesario: $I = \frac{Q}{t} \rightarrow t = \frac{Q}{I} = \frac{1'07\cdot10^7}{4\cdot10^4} = \boxed{268\ s}$

---

8) Los potenciales normales de reducción de Sn^{2+}/Sn y Cu^{2+}/Cu son – 0,14 V y 0,34 V, respectivamente. Si con ambos electrodos se construye una pila: a) Escriba e identifique las semirreacciones que se producen en el ánodo y en el cátodo. b) Dibuje un esquema de la misma, señalando el sentido en el que se mueven los electrones. c) Calcule la f.e.m. de la pila.

a) * Semirreacción del cátodo: $\boxed{Cu^{2+} + 2\,e^- \rightarrow Cu}$

* Semirreacción del ánodo: $\boxed{Sn - 2\,e^- \rightarrow Sn^{2+}}$

b) Los electrones se dirigen del ánodo al cátodo por el conductor externo.

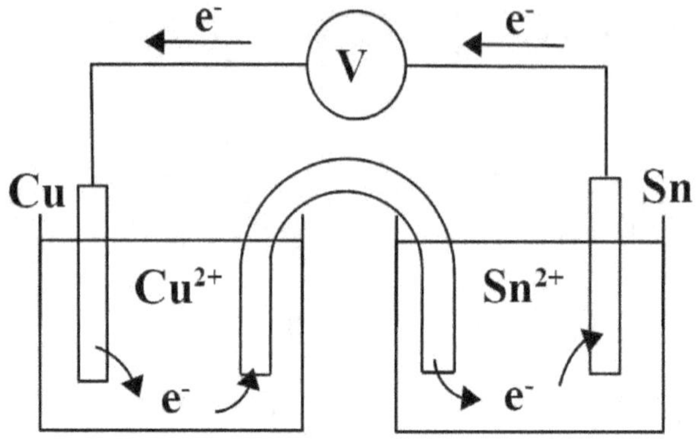

c) * Fuerza electromotriz de la pila:

$$Cu^{2+} + 2\,e^- \rightarrow Cu \qquad +\,0'34\ V$$

$$Sn - 2\,e^- \rightarrow Sn^{2+} \qquad +\,0'14\ V$$

$$Cu^{2+} + Sn \rightarrow Cu + Sn^{2+} \qquad E^0 = 0'34 + 0'14 = \boxed{+\,0'48\ V}$$

---

9) Una muestra que contiene sulfuro de calcio se trata con ácido nítrico concentrado hasta reacción completa, según:

$$CaS + HNO_3 \rightarrow NO + SO_2 + Ca(NO_3)_2 + H_2O$$

a) Ajuste las reacciones iónica y molecular por el método del ion-electrón. b) Calcule la riqueza (%) en sulfuro de calcio de la muestra, sabiendo que al añadir ácido nítrico concentrado a 35 g de muestra se obtienen 18 L de NO, medidos a 20ºC y 700 mmHg.
Datos: R = 0'082 atm·L·mol^{-1}·K^{-1}. Masas atómicas relativas: Ca = 40; S = 32.

a) * Números de oxidación:

$$\overset{+2}{Ca}\overset{-2}{S} + \overset{+1}{H}\overset{+5}{N}\overset{-2}{O_3} \rightarrow \overset{+2}{N}\overset{-2}{O} + \overset{+4}{S}\overset{-2}{O_2} + \overset{+2}{Ca}(\overset{+5}{N}\overset{-2}{O_3})_2 + \overset{+1}{H_2}\overset{-2}{O}$$

* Semirreacciones:

$$S^{2-} + 2\,H_2O - 6\,e^- \rightarrow SO_2 + 4\,H^+$$

$$2\cdot(NO_3^- + 4\,H^+ + 3\,e^- \rightarrow NO + 2\,H_2O)$$

$$S^{2-} + 2\,NO_3^- + 2\,H_2O + 8\,H^+ \rightarrow SO_2 + 2\,NO + 4\,H^+ + 4\,H_2O$$

* Ecuación iónica: $\boxed{S^{2-} + 2\,NO_3^- + 4\,H^+ \rightarrow SO_2 + 2\,NO + 2\,H_2O}$

* Ecuación molecular: $\boxed{CaS + 4\,HNO_3 \rightarrow 2\,NO + SO_2 + Ca(NO_3)_2 + 2\,H_2O}$

b) * Número de moles de NO: $n = \frac{P \cdot V}{R \cdot T} = \frac{\frac{700}{760} \cdot 18}{0'082 \cdot 293} = 0'69$ mol NO

* Masa de CaS: $m = 0'69 \text{ mol NO} \cdot \frac{1\,mol\,CaS}{2\,mol\,NO} \cdot \frac{72\,g\,CaS}{1\,mol\,CaS} = 24'8$ g CaS

* Riqueza de la muestra: $\text{Riqueza} = \frac{m_{CaS} \cdot 100}{m_{muestra}} = \frac{24'8 \cdot 100}{35} = \boxed{70'9\,\%}$

---

10) Se lleva a cabo la electrolisis de $ZnBr_2$ fundido. a) Calcule cuánto tiempo tardará en depositarse 1 g de Zn si la corriente es de 10 A. b) Si se utiliza la misma intensidad de corriente en la electrolisis de una sal fundida de vanadio y se depositan 3,8 g de este metal en 1 h, ¿cuál será la carga del ion vanadio en esta sal? Datos: F = 96500 C/ mol. Masas atómicas relativas: V: 50' 9; Zn: 65'4.

a) * Fusión del $ZnBr_2$: $ZnBr_2(s) \rightarrow Zn^{2+}(l) + 2\,Br^-(l)$

* Reducción del cinc: $Zn^{2+} + 2\,e^- \rightarrow Zn$

* Carga necesaria: $Q = 1\text{ g Zn} \cdot \frac{1\,mol\,Zn}{65'4\,g\,Zn} \cdot \frac{2\,mol\,e^-}{1\,mol\,Zn} \cdot \frac{96500\,C}{1\,mol\,e^-} = 2951$ C

* Tiempo para depositarse: $I = \frac{Q}{t} \rightarrow t = \frac{Q}{I} = \frac{2951}{10} = 295\text{ s} = \boxed{4\text{ min }55\text{ s}}$

b) * Reducción del vanadio: $V^{n+} + n\,e^- \rightarrow V$

* Carga necesaria: $I = \frac{Q}{t} \rightarrow Q = I \cdot t = 10\text{ A} \cdot 1\text{ h} \cdot \frac{3600\,s}{1\,h} = 3'6 \cdot 10^4$ C

* Carga del vanadio: $m = 3'6 \cdot 10^4\text{ C} \cdot \frac{1\,mol\,e^-}{96500\,C} \cdot \frac{1\,mol\,V}{n\,mol\,e^-} \cdot \frac{50'9\,g\,V}{1\,mol\,V} = \frac{19}{n} = 3'8 \rightarrow n = \frac{19}{3'8} = 5$

Carga del vanadio = $\boxed{+5}$

---

11) El permanganato de potasio ($KMnO_4$), en medio ácido sulfúrico (H_2SO_4), reacciona con el peróxido de hidrógeno (H_2O_2) dando lugar a sulfato de manganeso (II) ($MnSO_4$), oxígeno (O_2), sulfato de potasio (K_2SO_4) y agua. a) Ajuste las reacciones iónica y molecular por el método del ion-electrón. b) ¿Qué volumen de O_2 medido a 900 mmHg y 80ºC se obtiene a partir de 100 g de $KMnO_4$?
Datos: $R = 0'082\text{ atm} \cdot L \cdot mol^{-1} \cdot K^{-1}$. Masas atómicas relativas: Mn: 55; K: 39; O: 16.

a) * Números de oxidación:

$$\overset{+1}{K}\,\overset{+7}{Mn}\,\overset{-2}{O_4}+\overset{+1}{H_2}\,\overset{+6}{S}\,\overset{-2}{O_4}+\overset{+1}{H_2}\,\overset{-1}{O_2} \rightarrow \overset{+2}{Mn}\,\overset{+6}{S}\,\overset{-2}{O_4}+\overset{0}{O_2}+\overset{+1}{K_2}\,\overset{+6}{S}\,\overset{-2}{O_4}+\overset{+1}{H_2}\,\overset{-2}{O}$$

* Semirreacciones: $2\cdot(MnO_4^- + 8\,H^+ + 5\,e^- \rightarrow Mn^{2+} + 4\,H_2O)$

$5\cdot(H_2O_2 + 2\,H^+ + 2\,e^- \rightarrow H_2O + H_2O)$

$2\,MnO_4^- + 5\,H_2O_2 + 16\,H^+ + 10\,H^+ \rightarrow 2\,Mn^{2+} + 8\,H_2O + 10\,H_2O$

* Ecuación iónica: $\boxed{2\,MnO_4^- + 5\,H_2O_2 + 26\,H^+ \rightarrow 2\,Mn^{2+} + 18\,H_2O}$

* Ecuación molecular: $\boxed{2\,KMnO_4 + 5\,H_2O_2 + 3\,H_2SO_4 \rightarrow 2\,MnSO_4 + 5\,O_2 + K_2SO_4 + 8\,H_2O}$

Esta ecuación es especialmente complicada, pues la ecuación iónica se parece poco a la molecular. En casos como este, se recomienda ayudarse del método de coeficientes para ajustar la ecuación molecular.

b) * Número de moles de O_2 :

$$n = 100\text{ g }KMnO_4 \cdot \frac{1\,mol\,KMnO_4}{158\,g\,KMnO_4} \cdot \frac{5\,mol\,O_2}{2\,mol\,KMnO_4} = 1'58\text{ mol }O_2$$

* Volumen de O_2 : $$V = \frac{n\cdot R\cdot T}{P} = \frac{1'58\cdot 0'082\cdot(273+80)}{\frac{900}{760}} = \boxed{38'6\text{ L }O_2}$$

2017

12) Utilizando los datos que se facilitan, indique razonadamente si: a) El Mg(s) desplazará al Pb^{2+} en disolución acuosa. b) El Sn(s) reaccionará con una disolución acuosa de HCl 1 M disolviéndose. c) El SO_4^{2-} oxidará al Sn^{2+} en disolución ácida a Sn^{4+}.
Datos: $E^0\,(Mg^{2+}/Mg) = -2'356$ V ; $E^0\,(Pb^{2+}/Pb) = -0'125$ V ; $E^0\,(Sn^{2+}/Sn) = -0'137$ V ; $E^0\,(Sn^{4+}/Sn^{2+}) = +0'154$ V ; $E^0\,(SO_4^{2-}/SO_2) = +0'17$ V ; $E^0\,(H^+/H_2) = 0'00$ V

Se producirá reacción si el proceso es espontáneo. Un proceso es espontáneo cuando ocurre por sí mismo, sin la intervención de un agente externo. Para que un proceso sea espontáneo, su energía de libre de Gibbs (ΔG) tiene que ser negativa o, lo que es lo mismo, su potencial (E) debe ser positivo, pues: $\Delta G = -\,n\cdot F\cdot E$

a) Sí, lo desplazará. $Mg - 2\,e^- \rightarrow Mg^{2+}$ $+\,2'356$ V

$Pb^{2+} + 2\,e^- \rightarrow Pb$ $-\,0'125$ V

$Mg + Pb^{2+} \rightarrow Mg^{2+} + Pb$ $2'356 - 0'125 = +\,2'231$ V

Al ser $E > 0$, el proceso es espontáneo.

b) Sí, reaccionará y se disolverá.

$2\,H^+ + 2\,e^- \rightarrow H_2$	0'00 V
$Sn - 2\,e^- \rightarrow Sn^{2+}$	+ 0'137 V
$2\,H^+ + Sn \rightarrow H_2 + Sn^{2+}$	0'00 + 0'137 = + 0'137 V

Al ser E > 0, el proceso es espontáneo.

c) Sí, lo oxidará.

$SO_4^{2-} + 4\,H^+ + 2\,e^- \rightarrow SO_2 + 2\,H_2O$	+ 0'17 V
$Sn^{2+} - 2\,e^- \rightarrow Sn^{4+}$	– 0'154 V
$SO_4^{2-} + Sn^{2+} + 4\,H^+ \rightarrow SO_2 + Sn^{4+} + 2\,H_2O$	0'17 – 0'154 = + 0'016 V

Al ser E > 0, el proceso es espontáneo.

---

13) Dada la reacción:

$$K_2Cr_2O_7 + FeSO_4 + H_2SO_4 \rightarrow Fe_2(SO_4)_3 + Cr_2(SO_4)_3 + K_2SO_4 + H_2O$$

a) Ajuste las reacciones iónica y molecular por el método del ion-electrón. b) Calcule los gramos de $Fe_2(SO_4)_3$ que se obtendrán a partir de 4 g de $K_2Cr_2O_7$, si el rendimiento es del 75%.
Datos: Masas atómicas: K: 39, Cr: 52, O: 16, Fe: 56, S: 32, H: 1.

a) * Números de oxidación:

$$\overset{+1}{K_2}\overset{+6}{Cr_2}\overset{-2}{O_7} + \overset{+2}{Fe}\overset{+6}{S}\overset{-2}{O_4} + \overset{+1}{H_2}\overset{+6}{S}\overset{-2}{O_4} \rightarrow \overset{+3}{Fe_2}(\overset{+6}{S}\overset{-2}{O_4})_3 + \overset{+3}{Cr_2}(\overset{+6}{S}\overset{-2}{O_4})_3 + \overset{+1}{K_2}\overset{+6}{S}\overset{-2}{O_4} + \overset{+1}{H_2}\overset{-2}{O}$$

* Semirreacciones:

$$Cr_2O_7^{2-} + 14\,H^+ + 6\,e^- \rightarrow 2\,Cr^{3+} + 7\,H_2O$$

$$6\cdot(Fe^{2+} - 1\,e^- \rightarrow Fe^{3+})$$

* Ecuación iónica: $\boxed{Cr_2O_7^{2-} + 6\,Fe^{2+} + 14\,H^+ \rightarrow 2\,Cr^{3+} + 6\,Fe^{3+} + 7\,H_2O}$

* Ecuación molecular: $\boxed{K_2Cr_2O_7 + 6\,FeSO_4 + 7\,H_2SO_4 \rightarrow 3\,Fe_2(SO_4)_3 + Cr_2(SO_4)_3 + K_2SO_4 + 7\,H_2O}$

b) * Masa de $Fe_2(SO_4)_3$ que se obtiene:

$$m = 4\text{ g }K_2Cr_2O_7 \cdot \frac{1\,mol\,K_2Cr_2O_7}{294\,g\,K_2Cr_2O_7} \cdot \frac{3\,mol\,Fe_2(SO_4)_3}{1\,mol\,K_2Cr_2O_7} \cdot \frac{400\,g\,Fe_2(SO_4)_3}{1\,mol\,Fe_2(SO_4)_3} \cdot \frac{75\,g\,reales}{100\,g\,teóricos} =$$

$$= \boxed{12'2\text{ g }Fe_2(SO_4)_3}$$

---

14) El HNO_3 reacciona con el H_2S gaseoso originando azufre (S) y NO. a) Establezca la ecuación química molecular, ajustada por el método del ion-electrón. b) ¿Qué volumen de H_2S, medido a 70ºC y 800 mmHg, será necesario para reaccionar con 300 mL de disolución 0,30 M de HNO_3? ¿Cuál será el volumen de NO producido en las condiciones dadas?
Datos: Masas atómicas: H: 1, N: 14, O: 16, S: 32.

a) * Números de oxidación:

$$\overset{+1}{H}\overset{+5}{N}\overset{-2}{O_3}+\overset{+1}{H_2}\overset{-2}{S} \rightarrow \overset{0}{S}+\overset{+2}{N}\overset{-2}{O}+\overset{+1}{H_2}\overset{-2}{O}$$

* Semirreacciones:

$$2\cdot(HNO_3 + 3\ H^+ + 3\ e^- \rightarrow NO + 2\ H_2O)$$

$$3\cdot(H_2S - 2\ e^- \rightarrow S + 2\ H^{+})$$

$$2\ HNO_3 + 3\ H_2S + 6\ H^+ \rightarrow 2\ NO + 3\ S + 6\ H^+ + 4\ H_2O$$

* Ecuación molecular:

$$\boxed{2\ HNO_3 + 3\ H_2S \rightarrow 2\ NO + 3\ S + 4\ H_2O}$$

b) * Moles de H_2S : $n = \dfrac{0'30\ mol\ HNO_3}{1\ L} \cdot 0'3\ L \cdot \dfrac{3\ mol\ H_2S}{2\ mol\ HNO_3} = 0'135\ mol\ H_2S$

* Volumen de H_2S : $V = \dfrac{n \cdot R \cdot T}{P} = \dfrac{0'135 \cdot 0'082 \cdot 343}{\dfrac{800}{760}} = \boxed{3'61\ L\ H_2S}$

* Volumen de NO: $V = 3'61\ L\ H_2S \cdot \dfrac{2\ L\ NO}{3\ L\ H_2S} = \boxed{2'41\ L\ NO}$

---

15) Calcule la magnitud indicada para cada una de las siguientes electrolisis: a) La masa de Zn depositada en el cátodo al pasar una corriente de 1,87 A durante 42,5 min por una disolución acuosa concentrada de Zn^{2+}. b) El tiempo necesario para producir 2,79 g de I_2 en el ánodo al pasar una corriente de 1,75 A por una disolución acuosa concentrada de KI.
Datos: Masas atómicas: Zn: 65'4; I: 127; F = 96500 C/mol e^-.

a) * Reducción del zinc: $Zn^{2+} + 2\ e^- \rightarrow Zn$

* Carga que ha pasado: $I = \dfrac{Q}{t} \rightarrow Q = I \cdot t = 1'87\ A \cdot 42'5\ min \cdot \dfrac{60\ s}{1\ min} = 4768\ C$

* Masa de cinc: $m = 4768\ C \cdot \dfrac{1\ mol\ e^-}{96500\ C} \cdot \dfrac{1\ mol\ Zn}{2\ mol\ e^-} \cdot \dfrac{65'4\ g\ Zn}{1\ mol\ Zn} = \boxed{1'62\ g\ Zn}$

b) * Disociación del KI : $KI \rightarrow K^+ + I^-$

* Oxidación del I^- : $2\ I^- - 2\ e^- \rightarrow I_2$

* Carga necesaria: $Q = 2'79 \text{ g } I_2 \cdot \dfrac{1\,mol\,I_2}{254\,g\,I_2} \cdot \dfrac{2\,mol\,e^-}{1\,mol\,I_2} \cdot \dfrac{96500\,C}{1\,mol\,e^-} = 2120 \text{ C}$

* Tiempo necesario: $I = \dfrac{Q}{t} \;\rightarrow\; t = \dfrac{Q}{I} = \dfrac{2120}{1'75} = 1211 \text{ s} = \boxed{20 \text{ min } 11 \text{ s}}$

---

16) Cuando el MnO_2 sólido reacciona con HCl se obtiene Cl_2 (g), $MnCl_2$ y agua. a) Ajuste las reacciones iónica y molecular por el método del ion-electrón. b) Calcule el volumen de cloro obtenido, medido a 20ºC y 700 mmHg, cuando se añaden 150 mL de una disolución acuosa de ácido clorhídrico 0,5 M a 2 g de un mineral que contiene un 75% de riqueza de MnO_2.
Datos: Masas atómicas: O: 16, Mn: 55. $R = 0'082 \text{ atm}\cdot\text{l}\cdot\text{mol}^{-1}\cdot\text{K}^{-1}$.

a) * Números de oxidación:

$$\overset{+4}{Mn}\overset{-2}{O_2} + \overset{+1}{H}\overset{-1}{Cl} \;\rightarrow\; \overset{0}{Cl_2} + \overset{+2}{Mn}\overset{-1}{Cl_2} + \overset{+1}{H_2}\overset{-2}{O}$$

* Semirreacciones:

$$MnO_2 + 4\,H^+ + 2\,e^- \rightarrow Mn^{2+} + 2\,H_2O$$

$$2\,HCl - 2\,e^- \rightarrow Cl_2 + 2\,H^+$$

$$MnO_2 + 2\,HCl + 4\,H^+ \rightarrow Mn^{2+} + Cl_2 + 2\,H_2O + 2\,H^+$$

* Ecuación iónica: $\boxed{MnO_2 + 2\,HCl + 2\,H^+ \rightarrow Mn^{2+} + Cl_2 + 2\,H_2O}$

* Ecuación molecular: $\boxed{MnO_2 + 4\,HCl \rightarrow Cl_2 + MnCl_2 + 2\,H_2O}$

b) * Moles de HCl: $n = c_M \cdot V = 0'5 \cdot 0'15 = 0'075 \text{ mol HCl}$

* Moles de MnO_2 : $n = 2 \text{ g mineral} \cdot \dfrac{75\,g\,MnO_2}{100\,g\,mineral} \cdot \dfrac{1\,mol\,MnO_2}{87\,g\,MnO_2} = 0'0172 \text{ mol } MnO_2$

* Determinación del limitante:

$$\frac{1\,mol\,MnO_2}{4\,mol\,HCl} = \frac{0'0172\,mol\,MnO_2}{x} \;\rightarrow\; x = \frac{0'0172 \cdot 4}{1} = 0'0688 \text{ mol HCl}$$

Si tenemos 0'075 mol HCl y reaccionarían 0'0688 mol, tenemos más de lo que reaccionaría, luego el HCl está en exceso. El MnO_2 es el limitante.

* Moles de Cl_2 obtenidos: $n = 0'0172 \text{ mol } MnO_2 \cdot \dfrac{1\,mol\,Cl_2}{1\,mol\,MnO_2} = 0'0172 \text{ mol } Cl_2$

* Volumen de Cl_2 obtenido: $V = \dfrac{n \cdot R \cdot T}{P} = \dfrac{0'0172 \cdot 0'082 \cdot 293}{\frac{700}{760}} = \boxed{0'449 \text{ L } Cl_2}$

---

17) A partir de los siguientes datos:
$E^0 (Cl_2/Cl^-) = +1'36$ V ; $E^0 (Zn^{2+}/Zn) = -0'76$ V ; $E^0 (Fe^{3+}/Fe^{2+}) = +0'77$ V ;
$E^0 (Cu^{2+}/Cu) = +0'34$ V ; $E^0 (H^+/H_2) = 0'00$ V
a) Indique, razonando la respuesta, si el Cl_2 puede o no oxidar el catión Fe(II) a Fe(III). b) Calcule la fuerza electromotriz (ΔE^0) de la siguiente pila: Zn(s) | Zn^{2+} (ac) || H^+ (ac) | H_2 (g) | Pt.
c) Si el voltaje de la siguiente pila: Cd(s) | Cd^{2+} (ac) || Cu^{2+} (ac) | Cu(s), es $\Delta E^0 = 0'743$ V, ¿cuál es el valor del potencial de reducción estándar del electrodo Cd^{2+}/Cd?

a) Sí, puede oxidarlo. Se producirá reacción si el proceso es espontáneo. Un proceso es espontáneo cuando ocurre por sí mismo, sin la intervención de un agente externo. Para que un proceso sea espontáneo, su energía de libre de Gibbs (ΔG) tiene que ser negativa o, lo que es lo mismo, su potencial (E) debe ser positivo, pues: $\Delta G = -n \cdot F \cdot E$

* Semirreacciones:

$$Cl_2 + 2\,e^- \rightarrow 2\,Cl^- \qquad +1'36\text{ V}$$

$$2\cdot(Fe^{2+} - 1\,e^- \rightarrow Fe^{3+}) \qquad -0'77\text{ V}$$

$$Cl_2 + 2\,Fe^{2+} \rightarrow 2\,Cl^- + 2\,Fe^{3+} \qquad 1'36 - 0'77 = +0'59\text{ V}$$

Al ser E > 0, el proceso es espontáneo.

b) * Semirreacciones:

$$Zn - 2\,e^- \rightarrow Zn^{2+} \qquad +0'76\text{ V}$$

$$2\,H^+ + 2\,e^- \rightarrow H_2 \qquad 0'00\text{ V}$$

$$Zn + 2\,H^+ \rightarrow Zn^{2+} + H_2 \qquad 0'76 + 0'00 = +0'76\text{ V}$$

c) * Semirreacciones:

$$Cd - 2\,e^- \rightarrow Cd^{2+} \qquad -E^0 (Cd^{2+}/Cd)$$

$$Cu^{2+} + 2\,e^- \rightarrow Cu \qquad +0'34\text{ V}$$

$$Cd + Cu^{2+} \rightarrow Cd^{2+} + Cu \qquad +0'743\text{ V}$$

* Potencial de reducción del Cd^{2+}/Cd:

$$-E^0 (Cd^{2+}/Cd) + 0'34 = 0'743 \rightarrow E^0 (Cd^{2+}/Cd) = 0'34 - 0'743 = -0'403\text{ V}$$

---

18) El bromuro de sodio reacciona con el ácido nítrico, en caliente, según la siguiente ecuación:

$$NaBr + HNO_3 \rightarrow Br_2 + NO_2 + NaNO_3 + H_2O$$

a) Ajuste esta reacción por el método del ion-electrón. b) Calcule la masa de bromo que se obtiene cuando 100 g de bromuro de sodio se tratan con ácido nítrico en exceso.
Datos: Masas atómicas: Br: 80, Na: 23.

a) * Números de oxidación:

$$\overset{+1}{Na}\,\overset{-1}{Br} + \overset{+1}{H}\,\overset{+5}{N}\,\overset{-2}{O_3} \rightarrow \overset{0}{Br_2} + \overset{+4}{N}\,\overset{-2}{O_2} + \overset{+1}{Na}\,\overset{+5}{N}\,\overset{-2}{O_3} + \overset{+1}{H_2}\,\overset{-2}{O}$$

* Semirreacciones: $2\,Br^- - 2\,e^- \rightarrow Br_2$

$2\cdot(HNO_3 + H^+ + 1\,e^- \rightarrow NO_2 + H_2O)$

* Ecuación iónica: $\boxed{2\,Br^- + 2\,HNO_3 + 2\,H^+ \rightarrow Br_2 + 2\,NO_2 + 2\,H_2O}$

* Ecuación molecular: $\boxed{2\,NaBr + 4\,HNO_3 \rightarrow Br_2 + 2\,NO_2 + 2\,NaNO_3 + 2\,H_2O}$

b) * Masa de bromo que se obtiene:

$$m = 100\text{ g NaBr} \cdot \frac{1\,mol\,NaBr}{103\,g\,NaBr} \cdot \frac{1\,mol\,Br_2}{2\,mol\,NaBr} \cdot \frac{160\,g\,Br_2}{1\,mol\,Br_2} = \boxed{77'7\text{ g }Br_2}$$

---

19) Se construye una celda electrolítica colocando NaCl fundido en un vaso de precipitado con dos electrodos inertes de platino. Dicha celda se une a una fuente externa de energía eléctrica que produce una intensidad de 6 A durante 1 hora. a) Indique los procesos que tienen lugar en la celda y calcule su potencial estándar. b) Calcule la cantidad de producto obtenido en cada electrodo de la celda. Determine la cantidad en gramos si el producto es sólido y el volumen en litros a 0 ºC y 1 atm si es un gas. Datos: Masas atómicas: Na: 23, Cl: 35'5. R = 0'082 $atm\cdot l\cdot mol^{-1}\cdot K^{-1}$.
$E^0\,(Na^+/Na) = -\,2'71$ V ; $E^0\,(Cl_2/Cl^-) = +\,1'36$ V ; F = 96500 C/mol e^- .

a) * Fusión del NaCl: $NaCl(s) \rightarrow Na^+(l) + Cl^-(l)$

* Semirreacciones:

$2\cdot(Na^+ + 1\,e^- \rightarrow Na)$	– 2'71 V
$2\,Cl^- - 2\,e^- \rightarrow Cl_2$	– 1'36 V
$2\,Na^+ + 2\,Cl^- \rightarrow Na + Cl_2$	– 2'71 – 1'36 = $\boxed{-\,4'07\text{ V}}$

b) * Carga que ha pasado: $I = \dfrac{Q}{t} \rightarrow Q = I\cdot t = 6\,A\cdot 1\,h\cdot \dfrac{3600\,s}{1\,h} = 2'16\cdot 10^4\,C$

* Masa de Na obtenido: $m = 2'16\cdot 10^4\,C \cdot \dfrac{1\,mol\,e^-}{96500\,C} \cdot \dfrac{1\,mol\,Na}{1\,mol\,e^-} \cdot \dfrac{23\,g\,Na}{1\,mol\,Na} = \boxed{5'15\text{ g Na}}$

* Volumen de Cl_2 obtenido: $V = 2'16\cdot 10^4\,C \cdot \dfrac{1\,mol\,e^-}{96500\,C} \cdot \dfrac{1\,mol\,Cl_2}{2\,mol\,e^-} \cdot \dfrac{22'4\,L\,Cl_2}{1\,mol\,Cl_2} = \boxed{2'51\text{ L }Cl_2}$

---

20) Una muestra de 2,6 g de un mineral rico en Ag_2S, se trata en exceso con una disolución de HNO_3 concentrado, obteniéndose $AgNO_3$, NO, 0,27 g de azufre elemental (S) y H_2O, siendo el rendimiento de la reacción del 97%. a) Ajuste la reacción por el método del ion-electrón. b) Calcule la pureza del mineral en Ag_2S. Datos: Masas atómicas: S: 32, Ag: 108, N: 14.

a) * Números de oxidación:

$$\overset{+1}{Ag_2}\overset{-2}{S}+\overset{+1}{H}\overset{+5}{N}\overset{-2}{O_3} \rightarrow \overset{+1}{Ag}\overset{+5}{N}\overset{-2}{O_3}+\overset{+2}{N}\overset{-2}{O}+\overset{0}{S}+\overset{+1}{H_2}\overset{-2}{O}$$

* Semirreacciones: $3\cdot(S^{2-} - 2\ e^- \rightarrow S)$

$2\cdot(HNO_3 + 3\ H^+ + 3\ e^- \rightarrow NO + 2\ H_2O)$

* Ecuación iónica: $\boxed{3\ S^{2-} + 2\ HNO_3 + 6\ H^+ \rightarrow 3\ S + 2\ NO + 4\ H_2O}$

* Ecuación molecular: $\boxed{3\ Ag_2S + 8\ HNO_3 \rightarrow 6\ AgNO_3 + 2\ NO + 3\ S + 4\ H_2O}$

b) * Masa de Ag_2S inicial:

$$m = 0'27\ g\ S \cdot \frac{1\,mol\,S}{32\,g\,S} \cdot \frac{3\,mol\,Ag_2S}{3\,mol\,S} \cdot \frac{248\,g\,Ag_2S}{1\,mol\,Ag_2S} \cdot \frac{100\,g\,reales}{97\,g\,teóricos} = 2'16\ g\ Ag_2S$$

* Pureza del mineral en Ag_2S : Pureza = $\dfrac{m_{Ag2S}\cdot 100}{m_{mineral}} = \dfrac{2'16\cdot 100}{2'6} = \boxed{83'1\ \%}$

---

21) El monóxido de nitrógeno (NO) se prepara según la reacción:

$$Cu + HNO_3 \rightarrow Cu(NO_3)_2 + NO + H_2O$$

a) Ajuste la reacción molecular por el método del ion-electrón. b) Calcule la masa de Cu que se necesita para obtener 0'5 L de NO medidos a 750 mmHg y 25ºC.

Datos: Masa atómica: Cu: 63'5. R = 0'082 $atm\cdot l\cdot mol^{-1}\cdot K^{-1}$.

a) * Números de oxidación:

$$\overset{0}{Cu}+\overset{+1}{H}\overset{+5}{N}\overset{-2}{O_3} \rightarrow \overset{+2}{Cu}(\overset{+5}{N}\overset{-2}{O_3})_2+\overset{+2}{N}\overset{-2}{O}+\overset{+1}{H_2}\overset{-2}{O}$$

* Semirreacciones: $3\cdot(Cu - 2\ e^- \rightarrow Cu^{2+})$

$2\cdot(HNO_3 + 3\ H^+ + 3\ e^- \rightarrow NO + 2\ H_2O)$

* Ecuación iónica: $3\ Cu + 2\ HNO_3 + 6\ H^+ \rightarrow 3\ Cu^{2+} + 2\ NO + 4\ H_2O$

* Ecuación molecular: $\boxed{3\ Cu + 8\ HNO_3 \rightarrow 3\ Cu(NO_3)_2 + 2\ NO + 4\ H_2O}$

b) * Número de moles de NO: $n = \dfrac{P\cdot V}{R\cdot T} = \dfrac{\frac{750}{760}\cdot 0'5}{0'082\cdot 298} = 0'0202$ mol NO

* Masa de Cu que se necesita: $m = 0'0202\ mol\ NO \cdot \dfrac{3\,mol\,Cu}{2\,mol\,NO} \cdot \dfrac{63'5\,g\,Cu}{1\,mol\,Cu} = \boxed{1'92\ g\ Cu}$

---

22) Cuando se electroliza cloruro de litio fundido se obtiene Cl_2 gaseoso y Li sólido. Si inicialmente se dispone de 15 g de LiCl. a) ¿Qué intensidad de corriente será necesaria para descomponerlo totalmente en 2 horas? b) ¿Qué volumen de gas cloro, medido a 23°C y 755 mm Hg, se obtendrá en la primera media hora del proceso?
Datos: Masas atómicas: Li: 7, Cl: 35'5. R = 0'082 $atm\cdot l\cdot mol^{-1}\cdot K^{-1}$. F = 96500 C/mol e^- .

a) * Fusión del LiCl: $LiCl(s) \rightarrow Li^+(l) + Cl^-(l)$

* Semirreacciones:

$$2\cdot(Li^+ + 1\ e^- \rightarrow Li)$$

$$2\ Cl^- - 2\ e^- \rightarrow Cl_2$$

$$2\ Li^+ + 2\ Cl^- \rightarrow Li + Cl_2$$

* Reacciones completas: $2\ LiCl \rightarrow 2\ Li^+ + 2\ Cl^- \rightarrow Li + Cl_2$: se intercambian dos electrones.

* Carga necesaria: $Q = 15\ g\ LiCl \cdot \dfrac{1\,mol\,LiCl}{42'5\,g\,LiCl} \cdot \dfrac{2\,mol\,e^-}{1\,mol\,Li} \cdot \dfrac{96500\,C}{1\,mol\,e^-} = 6'81\cdot 10^4\ C$

* Intensidad de corriente: $I = \dfrac{Q}{t} = \dfrac{6'81\cdot 10^4 C}{2h} \cdot \dfrac{1h}{3600s} = \boxed{9'46\ A}$

b) * Carga: $Q = I\cdot t = 9'46\ A\cdot 0'5\ h\cdot \dfrac{3600s}{1h} = 1'70\cdot 10^4\ C$

* Número de moles de cloro: $n = 1'70\cdot 10^4\ C \cdot \dfrac{1\,mol\,e^-}{96500C} \cdot \dfrac{1\,mol\,Cl_2}{2\,mol\,e^-} = 0'0881\ mol\ Cl_2$

* Volumen de cloro: $V = \dfrac{n\cdot R\cdot T}{P} = \dfrac{0'0881\cdot 0'082\cdot 296}{\dfrac{755}{760}} = \boxed{2'15\ L\ Cl_2}$

2016

23) Se desea construir una pila en la que el cátodo está constituido por el electrodo Cu^{2+}/Cu. Para el ánodo se dispone de los electrodos: Al^{3+}/Al y I_2/I^-. a) Razone cuál de los dos electrodos se podrá utilizar como ánodo. b) Identifique las semirreacciones de oxidación y reducción de la pila. c) Calcule el potencial estándar de la pila.
Datos: $E^0\ (Cu^{2+}/Cu) = +\ 0'34\ V$; $E^0\ (Al^{3+}/Al) = -\ 1'67\ V$; $E^0\ (I_2/\ I^-) = +\ 0'54\ V$

a) Hay que utilizar el electrodo de $Al^{3+}/\ Al$. Para que una pila funcione, la reacción debe ser espontánea. Para ello, el potencial de la pila debe ser positivo. El potencial de oxidación es igual que el de reducción pero cambiado de signo: el del Al^{3+}/Al es + 1'67 V, que sumado con el + 0'34 V del Cu^{2+}/Cu daría positivo; el del $I_2/\ I^-$ sería – 0'54 V, que sumado con el + 0'34 V del Cu^{2+}/Cu daría negativo.

b) * Semirreacción de reducción: $3\cdot(Cu^{2+} + 2\,e^- \rightarrow Cu)$

* Semirreacción de oxidación: $2\cdot(Al - 3\,e^- \rightarrow Al^{3+})$

$3\,Cu^{2+} + 2\,Al \rightarrow 3\,Cu + 2\,Al^{3+}$

c) * Potencial estándar de la pila:

* Semirreacción de reducción: $3\cdot(Cu^{2+} + 2\,e^- \rightarrow Cu)$ + 0'34 V

* Semirreacción de oxidación: $2\cdot(Al - 3\,e^- \rightarrow Al^{3+})$ + 1'67 V

$3\,Cu^{2+} + 2\,Al \rightarrow 3\,Cu + 2\,Al^{3+}$ 0'34 + 1'67 = **+ 2'01 V**

---

24) a) Se hace pasar una corriente eléctrica de 1'5 A a través de 250 mL de una disolución acuosa de iones Cu^{2+} 0'1 M. ¿Cuánto tiempo tiene que transcurrir para que todo el cobre de la disolución se deposite como cobre metálico? b) Determine el volumen de Cl_2 gaseoso, medido a 27ºC y 1 atm, que se desprenderá en el ánodo durante la electrolisis de una disolución de cualquier cloruro metálico, aplicando una corriente de 4 A de intensidad durante 15 minutos.
Datos: F = 96500 C; masas atómicas: Cu = 63'5 ; Cl = 35'5. R = 0'082 $atm\cdot l\cdot mol^{-1}\cdot K^{-1}$

a) * Reducción del cobre: $Cu^{2+} + 2\,e^- \rightarrow Cu$

* Número de moles de cobre: $n = c_M\cdot V = 0'1\cdot 0'25 = 0'025$ mol Cu

* Carga necesaria: $Q = 0'025 \text{ mol Cu} \cdot \dfrac{2\,mol\,e^-}{1\,mol\,Cu} \cdot \dfrac{96500\,C}{1\,mol\,e^-} = 4825\text{ C}$

* Tiempo necesario: $I = \dfrac{Q}{t} \rightarrow t = \dfrac{Q}{I} = \dfrac{4825}{1'5} = 3217\text{ s} =$ **53 min 37 s**

b) * Oxidación del Cl_2 : $2\,Cl^- - 2\,e^- \rightarrow Cl_2$

* Carga: $I = \dfrac{Q}{t} \rightarrow Q = I\cdot t = 4\text{ A}\cdot 15\text{ min}\cdot \dfrac{60\,s}{1\,min} = 3600\text{ C}$

* Número de moles de Cl_2 : $n = 3600\text{ C} \cdot \dfrac{1\,mol\,e^-}{96500\,C} \cdot \dfrac{1\,mol\,Cl_2}{2\,mol\,e^-} = 0'0187\text{ mol } Cl_2$

* Volumen de Cl_2: $V = \dfrac{n\cdot R\cdot T}{P} = \dfrac{0'0187\cdot 0'082\cdot 300}{1} =$ **0'46 L Cl_2**

---

25) Se dispone de una pila con dos electrodos de Cu y Ag sumergidos en una disolución 1 M de sus respectivos iones, Cu^{2+} y Ag^{+}. Conteste razonadamente sobre la veracidad o falsedad de las siguientes afirmaciones: a) El electrodo de plata es el cátodo y el de cobre el ánodo. b) El potencial de la pila es de 1,14 V. c) En el ánodo de la pila tiene lugar la reducción del oxidante.
Datos: E^0 (Ag^+ / Ag) = + 0'80 V ; E^0 (Cu^{2+}/Cu) = + 0'34 V .

a) * Semirreacciones:

Cátodo: $2\cdot(Ag^+ + 1\ e^- \rightarrow Ag)$ + 0'80 V

Ánodo: $Cu - 2\ e^- \rightarrow Cu^{2+}$ – 0'34 V

$2\ Ag^+ + Cu \rightarrow 2\ Ag + Cu^{2+}$ 0'80 – 0'34 = + 0'46 V

Correcto. La plata se reduce, luego es el cátodo. El cobre se oxida, luego es el ánodo.

b) Falso. El potencial de la pila es de + 0'46 V.

$2\cdot(Ag^+ + 1\ e^- \rightarrow Ag)$ + 0'80 V

$Cu - 2\ e^- \rightarrow Cu^{2+}$ – 0'34 V

$2\ Ag^+ + Cu \rightarrow 2\ Ag + Cu^{2+}$ 0'80 – 0'34 = + 0'46 V

c) Falso. En el ánodo de la pila tiene lugar la oxidación del reductor. Por definición, en el ánodo ocurre la oxidación, la pérdida de electrones. El que pierde electrones, se los da a otro, es decir, reduce al otro; luego el que pierde electrones es un reductor.

---

26) Dada la siguiente reacción:

$$K_2Cr_2O_7 + HCl + NaNO_2 \rightarrow NaNO_3 + CrCl_3 + H_2O + KCl$$

a) Ajuste las semirreacciones de oxidación y reducción por el método de ion electrón y ajuste tanto la reacción iónica como la molecular. b) Calcule el volumen de $K_2Cr_2O_7$ 2 M necesario para oxidar 20 g de $NaNO_2$. Datos: Masas atómicas: N = 14; O = 16; Na = 23.

a) * Números de oxidación:

$$\overset{+1}{K}_2\overset{+6}{Cr}_2\overset{-2}{O}_7 + \overset{+1}{H}\overset{-1}{Cl} + \overset{+1}{Na}\overset{+3}{N}\overset{-2}{O}_2 \rightarrow \overset{+1}{Na}\overset{+5}{N}\overset{-2}{O}_3 + \overset{+3}{Cr}\overset{-1}{Cl}_3 + \overset{+1}{H}_2\overset{-2}{O} + \overset{+1}{K}\overset{-1}{Cl}$$

* Semirreacciones:

$Cr_2O_7^{2-} + 14\ H^+ + 6\ e^- \rightarrow 2\ Cr^{3+} + 7\ H_2O$

$3\cdot(NO_2^- + H_2O - 2\ e^- \rightarrow NO_3^- + 2\ H^+)$

$Cr_2O_7^{2-} + 3\ NO_2^- + 14\ H^+ + 3\ H_2O \rightarrow 2\ Cr^{3+} + 3\ NO_3^- + 6\ H^+ + 7\ H_2O$

* Ecuación iónica: $\boxed{Cr_2O_7^{2-} + 3\ NO_2^- + 8\ H^+ \rightarrow 2\ Cr^{3+} + 3\ NO_3^- + 4\ H_2O}$

* Ecuación molecular: $\boxed{K_2Cr_2O_7 + 8\ HCl + 3\ NaNO_2 \rightarrow 3\ NaNO_3 + 2\ CrCl_3 + 4\ H_2O + 2\ KCl}$

b) * Volumen de disolución de $K_2Cr_2O_7$:

$$V = 20\ g\ NaNO_2 \cdot \frac{1\,mol\ NaNO_2}{69\,g\ NaNO_2} \cdot \frac{1\,mol\ K_2Cr_2O_7}{3\,mol\ NaNO_2} \cdot \frac{1\,L\,disolución}{2\,mol\ K_2Cr_2O_7} \cdot \frac{1000\,ml\,disolución}{1\,L\,disolución} =$$

$= \boxed{48'3\text{ ml disolución } K_2Cr_2O_7}$

---

27) Dada la reacción: $KBr + H_2SO_4 \rightarrow K_2SO_4 + Br_2 + SO_2 + H_2O$
a) Ajuste las semirreacciones de oxidación y reducción por el método de ion electrón y ajuste tanto la reacción iónica como la molecular. b) ¿Cuántos mL de bromo (Br_2, líquido) se producirán al hacer reaccionar 20 gramos de bromuro de potasio con ácido sulfúrico en exceso?
Datos: Densidad Br_2 = 2'8 g/mL. Masas atómicas: Br = 80; K = 39.

a) * Números de oxidación:

$$\overset{+1}{K}\overset{-1}{Br} + \overset{+1}{H_2}\overset{+6}{S}\overset{-2}{O_4} \rightarrow \overset{+1}{K_2}\overset{+6}{S}\overset{-2}{O_4} + \overset{0}{Br_2} + \overset{+4}{S}\overset{-2}{O_2} + \overset{+1}{H_2}\overset{-2}{O}$$

* Semirreacciones: $2\ Br^- - 2\ e^- \rightarrow Br_2$

$H_2SO_4 + 2\ H^+ + 2\ e^- \rightarrow SO_2 + 2\ H_2O$

* Ecuación iónica: $\boxed{2\ Br^- + H_2SO_4 + 2\ H^+ \rightarrow Br_2 + SO_2 + 2\ H_2O}$

* Ecuación molecular: $\boxed{2\ KBr + 2\ H_2SO_4 \rightarrow K_2SO_4 + Br_2 + SO_2 + 2\ H_2O}$

b) * Volumen de bromo:

$$V = 20\ KBr \cdot \frac{1\,mol\ KBr}{119\,g\ KBr} \cdot \frac{1\ mol\ Br_2}{2\,mol\ KBr} \cdot \frac{160\,g\ Br_2}{1\,mol\ Br_2} \cdot \frac{1\,ml\ Br_2}{2'8\,g\ Br_2} = \boxed{4'80\text{ ml } Br_2}$$

---

28) La notación de una pila es: Cd(s) | Cd^{2+}(ac,1M) ‖ Cu^{2+}(ac,1M) | Cu(s)
a) Escriba e identifique las semirreacciones de oxidación y reducción. b) Escriba la ecuación neta que tiene lugar e identifique las especies oxidante y reductora. c) Si el voltaje de la pila es E^0 = 0'74 V, ¿cuál es el potencial de reducción estándar del electrodo Cd^{2+}/Cd? Dato: E^0 (Cu^{2+}/Cu) = + 0'337 V .

a) * Semirreacción de oxidación: $Cd - 2\ e^- \rightarrow Cd^{2+}$

* Semirreacción de oxidación: $Cu^{2+} + 2\ e^- \rightarrow Cu$

b) * Ecuación neta: $Cd + Cu^{2+} \rightarrow Cd^{2+} + Cu$

* La especie oxidante es el Cu^{2+} y la especie reductora es el Cd.

c) * Semirreacción de oxidación: $Cd - 2\,e^- \rightarrow Cd^{2+}$ $\quad - E^0\,(Cd^{2+}/Cd)$

* Semirreacción de oxidación: $Cu^{2+} + 2\,e^- \rightarrow Cu$ $\quad + 0'337\ V$

$Cd + Cu^{2+} \rightarrow Cd^{2+} + Cu$ $\quad + 0'74\ V$

* Potencial de reducción del electrodo Cd^{2+}/Cd:

$- E^0\,(Cd^{2+}/Cd) + 0'337 = 0'74 \rightarrow E^0\,(Cd^{2+}/Cd) = 0'337 - 0'74 = \boxed{-\,0'403\ V}$

---

29) a) El cinc metálico puede reaccionar en medio ácido oxidándose a Zn^{2+}, según la siguiente reacción rédox espontánea: $Zn + 2\,H^+ \rightarrow Zn^{2+} + H_2$. a) ¿Qué volumen de hidrógeno medido a 700 mmHg y 77ºC se desprenderá si se disuelven completamente 0'5 moles de cinc? b) Al realizar la electrolisis de una disolución de una sal de Zn^{2+} aplicando durante 2 horas una intensidad de 1'5 A, se depositan en el cátodo 3'66 g de metal. Calcule la masa atómica del cinc.
Datos: F = 96500 C; R = 0'082 $atm \cdot l \cdot mol^{-1} \cdot K^{-1}$.

a) * Número de moles de H_2 : $n = 0'5\ mol\ Zn \cdot \dfrac{1\ mol\ H_2}{1\ mol\ Zn} = 0'5\ mol\ H_2$

* Volumen de H_2 : $V = \dfrac{n \cdot R \cdot T}{P} = \dfrac{0'5 \cdot 0'082 \cdot 350}{\frac{700}{760}} = \boxed{15'6\ L\ H_2}$

b) * Carga eléctrica: $I = \dfrac{Q}{t} \rightarrow Q = I \cdot t = 1'5\ A \cdot 2\ h \cdot \dfrac{3600\,s}{1\,h} = 1'08 \cdot 10^4\ C$

* Reducción del Zn: $Zn^{2+} + 2\,e^- \rightarrow Zn$

* Masa atómica del Zn:

$$m = 1'08 \cdot 10^4\ C \cdot \frac{1\ mol\ e^-}{96500\,C} \cdot \frac{1\ mol\ Zn}{2\ mol\ e^-} \cdot \frac{M\ g\ Zn}{1\ mol\ Zn} = 3'66\ g\ Zn \rightarrow 0'0560 \cdot M = 3'66 \rightarrow$$

$$\rightarrow M = \frac{3'66}{0'0560} = \boxed{65'4\ \frac{g}{mol}}$$

2015

30) 100 g de bromuro de sodio, NaBr, se tratan con ácido nítrico concentrado, HNO_3, de densidad 1,39 $g \cdot ml^{-1}$ y riqueza del 70 % en masa, hasta la reacción completa. En esta reacción se obtiene Br_2, NO_2 y $NaNO_3$ y agua como productos de la reacción. a) Ajusta las semirreacciones de oxidación y reducción por el método del ion-electrón y ajusta tanto la reacción iónica como la molecular. b) Calcula el volumen de ácido nítrico necesario para completar la reacción.
DATOS: A_r (Br) = 80 u; A_r (Na) = 23 u.

a) * Números de oxidación:

$$\overset{+1}{Na}\overset{-1}{Br}+\overset{+1}{H}\overset{+5}{N}\overset{-2}{O_3} \rightarrow \overset{0}{Br_2}+\overset{+4}{N}\overset{-2}{O_2}+\overset{+1}{Na}\overset{+5}{N}\overset{-2}{O_3}+\overset{+1}{H_2}\overset{-2}{O}$$

* Semirreacciones: $2\,Br^- - 2\,e^- \rightarrow Br_2$

$2\cdot(HNO_3 + H^+ + 1\,e^- \rightarrow NO_2 + H_2O)$

* Ecuación iónica: $\boxed{2\,Br^- + 2\,HNO_3 + 2\,H^+ \rightarrow Br_2 + 2\,NO_2 + 2\,H_2O}$

* Ecuación molecular: $\boxed{2\,NaBr + 4\,HNO_3 \rightarrow Br_2 + 2\,NO_2 + 2\,NaNO_3 + 2\,H_2O}$

b) * Volumen de ácido nítrico necesario:

$$V = 100\text{ g NaBr}\cdot\frac{1\,mol\,NaBr}{103\,g\,NaBr}\cdot\frac{4\,mol\,HNO_3}{2\,mol\,NaBr}\cdot\frac{63\,g\,HNO_3}{1\,mol\,HNO_3}\cdot\frac{100\,g\,disolución}{70\,g\,HNO_3}\cdot$$

$$\cdot\frac{1\,ml\,disolución}{1'39\,g\,disolución} = \boxed{126\text{ ml disolución }HNO_3}$$

---

31) Sabiendo el valor de los potenciales de los siguientes pares rédox, indica razonadamente, si son espontáneas las siguientes reacciones: a) Reducción del Fe^{3+} a Fe por el Cu. b) Reducción de Fe^{2+} a Fe por el Ni. c) Reducción del Fe^{3+} a Fe^{2+} por el Zn.
DATOS: E° (Cu^{2+}/Cu) = 0,34 V; E° (Fe^{2+}/Fe) = – 0,41 V; E° (Fe^{3+}/Fe) = – 0,04 V;
E° (Fe^{3+}/Fe^{2+}) = 0,77 V; E° (Ni^{2+}/Ni) = – 0,23 V; E° (Zn^{2+}/Zn) = – 0,76 V.

Se producirá reacción si el proceso es espontáneo. Un proceso es espontáneo cuando ocurre por sí mismo, sin la intervención de un agente externo. Para que un proceso sea espontáneo, su energía de libre de Gibbs (ΔG) tiene que ser negativa o, lo que es lo mismo, su potencial (E) debe ser positivo, pues: $\Delta G = -\,n\cdot F\cdot E$

a)

$2\cdot(Fe^{3+} + 3\,e^- \rightarrow Fe)$	+ 0'77 V
$3\cdot(Cu - 2\,e^- \rightarrow Cu^{2+})$	– 0'34 V
$2\,Fe^{3+} + 3\,Cu \rightarrow 2\,Fe + 3\,Cu^{2+}$	0'77 – 0'34 = + 0'43 V

Al ser $E^0 > 0$, el proceso es espontáneo.

b)

$Fe^{2+} + 2\,e^- \rightarrow Fe$	– 0'41 V
$Ni - 2\,e^- \rightarrow Ni^{2+}$	+ 0'23 V
$Fe^{2+} + Ni \rightarrow Fe + Ni^{2+}$	– 0'41 + 0'23 = – 0'18 V

Al ser $E^0 < 0$, el proceso es no espontáneo.

c) $2\cdot(Fe^{3+} + 1\ e^- \rightarrow Fe^{2+})$ $+\ 0'77\ V$

$Zn - 2\ e^- \rightarrow Zn^{2+}$ $+\ 0'76\ V$

$2\ Fe^{3+} + Zn \rightarrow 2\ Fe^{2+} + Zn^{2+}$ $0'77 + 0'76 = +\ 1'53\ V$

Al ser $E^0 > 0$, el proceso es espontáneo.

---

32) Dada la siguiente reacción:

$$KMnO_4 + KI + KOH \rightarrow K_2MnO_4 + KIO_3 + H_2O.$$

a) Ajusta las semirreacciones de oxidación y reducción por el método del ion-electrón y ajusta tanto la reacción iónica como la molecular. b) Calcula los gramos de yoduro de potasio necesarios para que reaccionen con 120 mL de disolución de permanganato de potasio 0,67 M.
DATOS: A_r (I) = 129 u; A_r (K) = 39 u.

a) * Números de oxidación:

$$\overset{+1}{K}\overset{+7}{Mn}\overset{-2}{O_4}+\overset{+1}{K}\overset{-1}{I}+\overset{+1}{K}\overset{-2}{O}\overset{+1}{H} \rightarrow \overset{+1}{K_2}\overset{+6}{Mn}\overset{-2}{O_4}+\overset{+1}{K}\overset{+5}{I}\overset{-2}{O_3}+\overset{+1}{H_2}\overset{-2}{O}$$

* Semirreacciones: $6\cdot(MnO_4^- + 1\ e^- \rightarrow MnO_4^{2-})$

$I^- + 6\ OH^- - 6\ e^- \rightarrow IO_3^- + 3\ H_2O$

* Ecuación iónica: $\boxed{6\ MnO_4^- + I^- + 6\ OH^- \rightarrow 6\ MnO_4^{2-} + IO_3^- + 3\ H_2O}$

* Ecuación molecular: $\boxed{6\ KMnO_4 + KI + 6\ KOH \rightarrow 6\ K_2MnO_4 + KIO_3 + 3\ H_2O}$

b) * Masa de KI:

$$m = \frac{0'67\ mol\ KMnO_4}{1\ L}\cdot 0'120\ L\cdot\frac{1\ mol\ KI}{1\ mol\ KMnO_4}\cdot\frac{168\ g\ KI}{1\ mol\ KI} = \boxed{13'5\ g\ KI}$$

---

33) Dados los siguientes electrodos: Fe^{2+}/Fe; Ag^+/Ag y Pb^{2+}/Pb: a) Razone qué electrodos combinaría para construir una pila galvánica que aportara el máximo potencial. Calcule el potencial que se generaría en esta combinación. b) Escriba la reacción rédox global para la pila formada con los electrodos de plata y plomo. c) Justifique qué especie es la más oxidante.
Datos: E° (Fe^{2+}/Fe) = – 0,44 V; E° (Ag^+/Ag) = + 0,80 V ; E° (Pb^{2+}/Pb) = – 0,13 V.

a) Para que una pila funcione, su potencial debe ser positivo, pues de esta forma la energía libre de Gibbs es negativa ($\Delta G = -\ n\cdot F\cdot E$). Para elegir la combinación de mayor potencial, cogemos como cátodo la pareja de mayor potencial de reducción positivo, el Ag^+/Ag; como ánodo tomaremos la pareja de mayor potencial de oxidación o, lo que es lo mismo, la que tenga el potencial de reducción más negativo, el Fe^{2+}/Fe.

* Semirreacciones: $2\cdot(Ag^+ + 1\ e^- \rightarrow Ag)$ $+0'80$ V

$Fe - 2\ e^- \rightarrow Fe^{2+}$ $+0'44$ V

$2\ Ag^+ + Fe \rightarrow 2\ Ag + Fe^{2+}$ $0'80 + 0'44 = \boxed{1'24\ V}$

b) * Semirreacciones: $2\cdot(Ag^+ + 1\ e^- \rightarrow Ag)$ $+0'80$ V

$Pb - 2\ e^- \rightarrow Pb^{2+}$ $+0'13$ V

$\boxed{2\ Ag^+ + Pb \rightarrow 2\ Ag + Pb^{2+}}$ $0'80 + 0'13 = +0'93$ V

c) El Ag^+. El oxidante oxida a otra especie mientras el oxidante se reduce. La especie de mayor poder oxidante será aquella que tenga mayor tendencia a reducirse, es decir, la que tenga el mayor potencial de reducción. Eso corresponde a la pareja Ag^+/Ag; el Ag^+ es el mayor oxidante.

---

34) Durante la electrolisis del NaCl fundido se depositan 322 g de Na. Calcule: a) La cantidad de electricidad necesaria para ello. b) El volumen de Cl_2 medido a 35 ºC y 780 mmHg.
Datos: F = 96500 C; masas atómicas: Cl = 35,5; Na = 23. R = 0,082 $atm\cdot L\cdot mol^{-1}\cdot K^{-1}$.

a) * Fusión del NaCl: $NaCl(s) \rightarrow Na^+(l) + Cl^-(l)$

* Semirreacciones: $2\cdot(Na^+ + 1\ e^- \rightarrow Na)$

$2\ Cl^- - 2\ e^- \rightarrow Cl_2$

$2\ Na^+ + 2\ Cl^- \rightarrow 2\ Na + Cl_2$

* Reacción completa: $2\ NaCl \rightarrow 2\ Na^+ + 2\ Cl^- \rightarrow 2\ Na + Cl_2$

* Cantidad de electricidad:

$$Q = 322\ g\ Na \cdot \frac{1\,mol\ Na}{23\,g\ Na} \cdot \frac{1\,mol\ e^-}{1\,mol\ Na} \cdot \frac{96500\,C}{1\,mol\ e^-} = \boxed{1'35\cdot 10^6\ C}$$

b) * Número de moles de Cl_2 :

$$n = 322\ g\ Na \cdot \frac{1\,mol\ Na}{23\,g\ Na} \cdot \frac{1\,mol\ Cl_2}{2\,mol\ Na} = 7\ mol\ Cl_2$$

* Volumen de Cl_2 :

$$V = \frac{n\cdot R\cdot T}{P} = \frac{7\cdot 0'082\cdot 308}{\frac{780}{760}} = \boxed{172\ L\ Cl_2}$$

---

35) Dada la reacción: $KMnO_4 + HF + H_2O \rightarrow KF + MnF_2 + H_2O_2$
a) Identifique y ajuste las semirreacciones de oxidación y reducción. b) Indique la especie oxidante y la reductora. c) Razone si la reacción es espontánea en condiciones estándar, a 25 ºC.
Datos: E° (MnO_4^-/Mn^{2+}) = 1,51 V; E° (H_2O_2/H_2O) = 1,76 V.

a) * Números de oxidación:

$$\overset{+1}{K}\,\overset{+7}{Mn}\,\overset{-2}{O_4} + \overset{+1}{H}\,\overset{-1}{F} + \overset{+1}{H_2}\overset{-2}{O} \rightarrow \overset{+1}{K}\,\overset{-1}{F} + \overset{+2}{Mn}\,\overset{-1}{F_2} + \overset{+1}{H_2}\,\overset{-1}{O_2}$$

* Semirreacción de reducción: $MnO_4^- + 8\ H^+ + 5\ e^- \rightarrow Mn^{2+} + 4\ H_2O$

* Semirreacción de oxidación: $2\ H_2O - 2\ e^- \rightarrow H_2O_2 + 2\ H^+$

b) El oxidante se reduce y el reductor se oxida. El oxidante es el MnO_4^- y el reductor es el H_2O.

c) Se producirá reacción si el proceso es espontáneo. Un proceso es espontáneo cuando ocurre por sí mismo, sin la intervención de un agente externo. Para que un proceso sea espontáneo, su energía de libre de Gibbs (ΔG) tiene que ser negativa o, lo que es lo mismo, su potencial (E) debe ser positivo, pues: $\Delta G = -\ n \cdot F \cdot E$

$2 \cdot (MnO_4^- + 8\ H^+ + 5\ e^- \rightarrow Mn^{2+} + 4\ H_2O)$ + 1'51 V

$5 \cdot (2\ H_2O - 2\ e^- \rightarrow H_2O_2 + 2\ H^+)$ – 1'76 V

$2\ MnO_4^- + 10\ H_2O + 16\ H^+ \rightarrow 2\ Mn^{2+} + 5\ H_2O_2 + 8\ H_2O + 10\ H^+$

$2\ MnO_4^- + 2\ H_2O + 6\ H^+ \rightarrow 2\ Mn^{2+} + 5\ H_2O_2$ 1'51 – 1'76 = – 0'25 V

Como $E^0 < 0$, la reacción no es espontánea.

---

36) Al electrolizar cloruro de cinc fundido haciendo pasar una corriente de 0,1 A durante 1 hora: a) ¿Cuántos gramos de Zn metal pueden depositarse en el cátodo? b) ¿Qué volumen de cloro se obtendrá a 45 ºC y 1025 mmHg?
Datos: F = 96500 C; masas atómicas: Zn = 65,4; Cl = 35,5. R = 0,082 $atm \cdot L \cdot mol^{-1} \cdot K^{-1}$.

a) * Fusión del $ZnCl_2$: $ZnCl_2(s) \rightarrow Zn^{2+}(l) + 2\ Cl^-(l)$

* Semirreacciones: $Zn^{2+} + 2\ e^- \rightarrow Zn$

$2\ Cl^- - 2\ e^- \rightarrow Cl_2$

* Cantidad de corriente: $I = \frac{Q}{t} \rightarrow Q = I \cdot t = 0'1\ A \cdot 1\ h \cdot \frac{3600\,s}{1\,h} = 360\ C$

* Masa de Zn: $m = 360\ C \cdot \frac{1\,mol\,e^-}{96500\,C} \cdot \frac{1\,mol\,Zn}{2\,mol\,e^-} \cdot \frac{65'4\,g\,Zn}{1\,mol\,Zn} = \boxed{0'122\ g\ Zn}$

b) * Número de moles de Cl_2 : $n = 360\ C \cdot \frac{1\,mol\,e^-}{96500\,C} \cdot \frac{1\,mol\,Cl_2}{2\,mol\,e^-} = 1'87 \cdot 10^{-3}\ mol\ Cl_2$

* Volumen de Cl_2 : $V = \dfrac{n \cdot R \cdot T}{P} = \dfrac{1'87 \cdot 10^{-3} \cdot 0'082 \cdot 318}{\dfrac{1025}{760}} = 0'0362$ L = $\boxed{36'2 \text{ ml } Cl_2}$

2014

37) a) ¿Qué cantidad de electricidad es necesaria para que se deposite en el cátodo todo el oro contenido en 1 L de disolución 0,1 M de cloruro de oro (III)? b) ¿Qué volumen de dicloro, medido a la presión de 740 mm Hg y a 25 ºC, se desprenderá del ánodo?
DATOS: R = 0,082 atm·L·mol^{-1}·K^{-1} ; A_r (Cl) = 35,5 u; A_r (Au) = 197 u; F = 96.500 C.

a) * Disociación del $AuCl_3$: $AuCl_3(s) \rightarrow Au^{3+}(ac) + Cl^-(ac)$

* Semirreacciones:

$2 \cdot (Au^{3+} + 3\ e^- \rightarrow Au)$

$3 \cdot (2\ Cl^- - 2\ e^- \rightarrow Cl_2)$

$2\ Au^{3+} + 6\ Cl^- \rightarrow 2\ Au + 3\ Cl_2$

* Reacción global: $2\ AuCl_3 \rightarrow 2\ Au^{3+} + 6\ Cl^- \rightarrow 2\ Au + 3\ Cl_2$

* Cantidad de electricidad:

$$Q = \frac{0'1\, mol\ AuCl_3}{1\, L} \cdot 1\ L \cdot \frac{6\, mol\ e^-}{2\, mol\ AuCl_3} \cdot \frac{96500\, C}{1\, mol\ e^-} = \boxed{2'90 \cdot 10^4\ C}$$

b) * Número de moles de Cl_2 : $n = \dfrac{0'1\, mol\ AuCl_3}{1\, L} \cdot 1\ L \cdot \dfrac{3\, mol\ Cl_2}{2\, mol\ AuCl_3} = 0'15$ mol Cl_2

* Volumen de Cl_2 : $V = \dfrac{n \cdot R \cdot T}{P} = \dfrac{0'15 \cdot 0'082 \cdot 298}{\dfrac{740}{760}} = \boxed{3'76\ L\ Cl_2}$

---

38) Responda razonadamente: a) ¿Reaccionará una disolución acuosa de ácido clorhídrico con hierro metálico? b) ¿Reaccionará una disolución acuosa de ácido clorhídrico con cobre metálico? c) ¿Qué ocurrirá si se añaden limaduras de hierro a una disolución de Cu^{2+}?
Datos: E° (Cu^{2+}/Cu) = 0,34 V; E° (Fe^{2+}/Fe) = – 0,44 V y E° (H^+/H_2) = 0,0 V.

Se producirá reacción si el proceso es espontáneo. Un proceso es espontáneo cuando ocurre por sí mismo, sin la intervención de un agente externo. Para que un proceso sea espontáneo, su energía de libre de Gibbs (ΔG) tiene que ser negativa o, lo que es lo mismo, su potencial (E) debe ser positivo, pues: ΔG = – n·F·E

a) Sí, reaccionará.

* Semirreacciones:	$Fe - 2\,e^- \rightarrow Fe^{2+}$	+ 0'44 V
	$2\,H^+ + 2\,e^- \rightarrow H_2$	0'0 V
	$Fe + 2\,H^+ \rightarrow Fe^{2+} + H_2$	+ 0'44 V

Al ser $E^0 > 0$, el proceso es espontáneo.

b) No, no reaccionará.

* Semirreacciones:	$Cu - 2\,e^- \rightarrow Cu^{2+}$	– 0'34 V
	$2\,H^+ + 2\,e^- \rightarrow H_2$	0'0 V
	$Cu + 2\,H^+ \rightarrow Cu^{2+} + H_2$	– 0'34 V

Al ser $E^0 < 0$, el proceso es no espontáneo.

c) Habrá reacción. Se depositará Cu y se disolverá el hierro.

* Semirreacciones:	$Cu^{2+} + 2\,e^- \rightarrow Cu$	+ 0'34 V
	$Fe - 2\,e^- \rightarrow Fe^{2+}$	+ 0'44 V
	$Fe + Cu^{2+} \rightarrow Fe^{2+} + Cu$	+ 0'78 V

Al ser $E^0 > 0$, el proceso es espontáneo.

---

39) Justifique qué ocurrirá cuando: a) Un clavo de hierro se sumerge en una disolución acuosa de $CuSO_4$. b) Una moneda de níquel se sumerge en una disolución de HCl. c) Un trozo de potasio sólido se sumerge en agua. Datos: E° (Cu^{2+}/Cu) = 0,34 V; E° (Fe^{2+}/Fe) = – 0,44 V; E° (Ni^{2+}/Ni) = – 0,24 V; E° (K^+/K)= – 2,93 V; E° (H^+/H_2) = 0,00 V.

Se producirá reacción si el proceso es espontáneo. Un proceso es espontáneo cuando ocurre por sí mismo, sin la intervención de un agente externo. Para que un proceso sea espontáneo, su energía de libre de Gibbs (ΔG) tiene que ser negativa o, lo que es lo mismo, su potencial (E) debe ser positivo, pues: $\Delta G = - n \cdot F \cdot E$

a) Habrá reacción: el hierro se disolverá y el cobre se depositará.

* Disolución del $CuSO_4$: $CuSO_4(s) \rightarrow Cu^{2+}(ac) + SO_4^{2-}(ac)$

* Semirreacciones: $Cu^{2+} + 2\ e^- \rightarrow Cu$ $+ 0'34$ V

$Fe - 2\ e^- \rightarrow Fe^{2+}$ $+ 0'44$ V

$Fe + Cu^{2+} \rightarrow Fe^{2+} + Cu$ $+ 0'78$ V

Al ser $E^0 > 0$, el proceso es espontáneo.

b) Habrá reacción. La moneda se disolverá y se desprenderá hidrógeno.

* Disolución del HCl: $HCl \rightarrow H^+ + Cl^-$

* Semirreacciones: $Ni - 2\ e^- \rightarrow Ni^{2+}$ $+ 0'24$ V

$2\ H^+ + 2\ e^- \rightarrow H_2$ 0'0 V

$Ni + 2\ H^+ \rightarrow Ni^{2+} + H_2$ $+ 0'24$ V

Al ser $E^0 > 0$, el proceso es espontáneo.

c) Habrá reacción. El potasio se disolverá y se desprenderá hidrógeno.

* Semirreacciones: $2\cdot(K - 1\ e^- \rightarrow K^+)$ $+ 2'93$ V

$2\ H^+ + 2\ e^- \rightarrow H_2$ 0'0 V

$2\ K + 2\ H^+ \rightarrow 2\ K^+ + H_2$ $+ 2'93$ V

Al ser $E^0 > 0$, el proceso es espontáneo.

---

40) Se construye una pila electroquímica con los pares Hg^{2+}/Hg y Cu^{2+}/Cu cuyos potenciales normales de reducción son 0,95 V y 0,34 V, respectivamente. a) Escriba las semirreacciones y la reacción global. b) Indique el electrodo que actúa como ánodo y el que actúa como cátodo. c) Calcule la fuerza electromotriz de la pila.

a) * Semirreacciones: $Hg^{2+} + 2\ e^- \rightarrow Hg$

$Cu - 2\ e^- \rightarrow Cu^{2+}$

* Reacción global: $Hg^{2+} + Cu \rightarrow Hg + Cu^{2+}$

b) Como ánodo actúa el electrodo de cobre, pues en él ocurre la oxidación. Como cátodo actúa el electrodo de mercurio, pues en él ocurre la reducción.

c) * Semirreacciones: $Hg^{2+} + 2\,e^- \rightarrow Hg$ + 0'95 V

$Cu - 2\,e^- \rightarrow Cu^{2+}$ – 0'34 V

* Reacción global: $Hg^{2+} + Cu \rightarrow Hg + Cu^{2+}$ 0'95 – 0'34 = $\boxed{+\,0'61\ V}$

__2013__

41) Al burbujear sulfuro de hidrógeno a través de una disolución de dicromato de potasio, en medio ácido sulfúrico, el sulfuro de hidrógeno se oxida a azufre elemental según la siguiente reacción:

$$H_2S + K_2Cr_2O_7 + H_2SO_4 \rightarrow Cr_2(SO_4)_3 + S + H_2O + K_2SO_4$$

a) Ajuste la ecuación molecular por el método del ion-electrón. b) Qué volumen de sulfuro de hidrógeno, medido a 25 ºC y 740 mm Hg de presión, debe pasar para que reaccionen exactamente con 30 mL de disolución de dicromato de potasio 0,1 M. Dato: R = 0,082 atm·L·K^{-1}·mol^{-1} .

a) * Números de oxidación:

$$\overset{+1}{H_2}\overset{-2}{S}+\overset{+1}{K_2}\overset{+6}{Cr_2}\overset{-2}{O_7}+\overset{+1}{H_2}\overset{+6}{S}\overset{-2}{O_4} \rightarrow \overset{+3}{Cr_2}(\overset{+6}{S}\overset{-2}{O_4})_3+\overset{0}{S}+\overset{+1}{H_2}\overset{-2}{O}+\overset{+1}{K_2}\overset{+6}{S}\overset{-2}{O_4}$$

* Semirreacciones: $3\cdot(H_2S - 2\,e^- \rightarrow S + 2\,H^+)$

$Cr_2O_7^{2-} + 14\,H^+ + 6\,e^- \rightarrow 2\,Cr^{3+} + 7\,H_2O$

$3\,H_2S + Cr_2O_7^{2-} + 14\,H^+ \rightarrow 3\,S + 2\,Cr^{3+} + 6\,H^+ + 7\,H_2O$

* Ecuación iónica: $3\,H_2S + Cr_2O_7^{2-} + 8\,H^+ \rightarrow 3\,S + 2\,Cr^{3+} + 7\,H_2O$

* Ecuación molecular: $\boxed{3\,H_2S + K_2Cr_2O_7 + 4\,H_2SO_4 \rightarrow Cr_2(SO_4)_3 + 3\,S + 7\,H_2O + K_2SO_4}$

b) * Número de moles de H_2S:

$$n = \frac{0'1\,mol\,K_2Cr_2O_7}{1\,L}\cdot 0'030\ L\cdot \frac{3\,mol\,H_2S}{1\,mol\,K_2Cr_2O_7} = 9\cdot 10^{-3}\ mol\ H_2S$$

* Volumen de H_2S: $V = \dfrac{n\cdot R\cdot T}{P} = \dfrac{9\cdot 10^{-3}\cdot 0'082\cdot 298}{\frac{740}{760}} = \boxed{0'226\ L\ H_2S}$

---

42) Al pasar una corriente durante el tiempo de una hora y cincuenta minutos a través de una disolución de Cu(II), se depositan 1,82 g de cobre. a) Calcule la intensidad de la corriente que ha circulado. b) Calcule la carga del electrón. Datos: F = 96500 C. Masa atómica Cu = 63,5.

a) * Reducción del cobre: $Cu^{2+} + 2\ e^- \rightarrow Cu$

* Cantidad de corriente:

$$Q = 1'82 \text{ g Cu} \cdot \frac{1\,mol\,Cu}{63'5\,g\,Cu} \cdot \frac{2\,mol\,e^-}{1\,mol\,Cu} \cdot \frac{96500\,C}{1\,mol\,e^-} = 5532 \text{ C}$$

* Intensidad de corriente: $I = \frac{Q}{t} = \frac{5532\,C}{110\,min} \cdot \frac{1\,min}{60\,s} = \boxed{0'838 \text{ A}}$

b) * Carga del electrón:

$$\frac{6'022 \cdot 10^{23}\,e^-}{96500\,C} = \frac{1\,e^-}{e} \quad \rightarrow \quad e = \frac{96500}{6'022 \cdot 10^{23}} = \boxed{1'60 \cdot 10^{-19} \text{ C}}$$

---

43) Utilizando los valores de los potenciales de reducción estándar:

$E^o (Cu^{2+}/Cu) = 0,34$ V ; $E^o (Fe^{2+}/Fe) = -0,44$ V y $E^o (Cd^{2+}/Cd) = -0,40$ V,

justifique cuál o cuáles de las siguientes reacciones se producirá de forma espontánea:

a) $Fe^{2+} + Cu \rightarrow Fe + Cu^{2+}$; b) $Cu^{2+} + Cd \rightarrow Cu + Cd^{2+}$; c) $Fe^{2+} + Cd \rightarrow Fe + Cd^{2+}$

Se producirá reacción si el proceso es espontáneo. Un proceso es espontáneo cuando ocurre por sí mismo, sin la intervención de un agente externo. Para que un proceso sea espontáneo, su energía de libre de Gibbs (ΔG) tiene que ser negativa o, lo que es lo mismo, su potencial (E) debe ser positivo, pues: $\Delta G = -\,n \cdot F \cdot E$

a) * Semirreacciones:

$Fe^{2+} + 2\ e^- \rightarrow Fe$	$-\,0'44$ V
$Cu - 2\ e^- \rightarrow Cu^{2+}$	$-\,0'34$ V
$Fe^{2+} + Cu \rightarrow Fe + Cu^{2+}$	$-\,0'44 - 0'34 = -\,0'78$ V

Como $E^0 < 0$, el proceso es no espontáneo.

b) * Semirreacciones:

$Cu^{2+} + 2\ e^- \rightarrow Cu$	$+\,0'34$ V
$Cd - 2\ e^- \rightarrow Cd^{2+}$	$+\,0'40$ V
$Cu^{2+} + Cd \rightarrow Cu + Cd^{2+}$	$0'34 + 0'40 = +\,0'74$ V

Como $E^0 > 0$, el proceso es espontáneo.

c) * Semirreacciones:

$Fe^{2+} + 2\ e^- \rightarrow Fe$	$-\,0'44$ V
$Cd - 2\ e^- \rightarrow Cd^{2+}$	$+\,0'40$ V
$Fe^{2+} + Cd \rightarrow Fe + Cd^{2+}$	$-\,0'44 + 0'40 = -\,0'04$ V

Como $E^0 < 0$, el proceso es no espontáneo.

---

44) Dados los potenciales normales de reducción:

$E°(Na^+/Na) = -2,71$ V; $E° (Cl_2/Cl^-) = 1,36$ V; $E° (K^+/K) = -2,92$ V; $E° (Cu^{2+}/Cu) = 0,34$ V

a) Justifique cuál será la especie más oxidante y la más reductora. b) Elija dos pares para construir la pila de mayor voltaje. c) Para esa pila escriba las reacciones que tienen lugar en el cátodo y en el ánodo.

a) La más oxidante: el Cl_2 y la más reductora: el K. En las parejas rédox de los potenciales estándar de reducción, primero se escribe el oxidante y después el reductor. Un oxidante es una especie que se reduce y a la otra especie la oxida. El mayor oxidante será la primera especie de la pareja rédox que tenga el mayor potencial de reducción; esto corresponde al Cl_2. El mayor reductor será la segunda especie de la pareja rédox que tenga el potencial de reducción más negativo; esto corresponde al K.

b) Cl_2/Cl^- y K^+/K. Hay que elegir la pareja de mayor potencial de reducción como cátodo (Cl_2/Cl^-) y la pareja de potencial de reducción más negativo como ánodo (K^+/K).

c) * Semirreacción del cátodo: $Cl_2 + 2\,e^- \rightarrow 2\,Cl^-$ + 1'36 V

* Semirreacción del ándo: $2\cdot(K - 1\,e^- \rightarrow K^+)$ + 2'92 V

$Cl_2 + 2\,K \rightarrow 2\,Cl^- + 2\,K^+$ 1'36 + 2'92 = + 4'28 V

---

45) El yodo molecular en medio básico reacciona con el sulfito de sodio según la reacción:

$$I_2 + Na_2SO_3 + NaOH \rightarrow NaI + H_2O + Na_2SO_4$$

a) Ajuste la ecuación molecular según el método del ion-electrón. b) ¿Qué cantidad de sulfito de sodio reaccionará exactamente con 2,54 g de yodo molecular?
Datos: Masas atómicas: O = 16; Na = 23; S = 32; I = 127.

a) * Números de oxidación:

$$\overset{0}{I_2} + \overset{+1}{Na_2}\overset{+4}{S}\overset{-2}{O_3} + \overset{+1}{Na}\overset{-2}{O}\overset{+1}{H} \rightarrow \overset{+1}{Na}\overset{-1}{I} + \overset{+1}{H_2}\overset{-2}{O} + \overset{+1}{Na_2}\overset{+6}{S}\overset{-2}{O_4}$$

* Semirreacciones: $SO_3^{2-} + 2\,OH^- - 2\,e^- \rightarrow SO_4^{2-} + H_2O$

$I_2 + 2\,e^- \rightarrow 2\,I^-$

* Ecuación iónica: $SO_3^{2-} + I_2 + 2\,OH^- \rightarrow SO_4^{2-} + 2\,I^- + H_2O$

* Ecuación molecular: $\boxed{I_2 + Na_2SO_3 + 2\,NaOH \rightarrow 2\,NaI + H_2O + Na_2SO_4}$

b) * Masa de Na_2SO_3:

$$m = 2'54\ g\ I_2 \cdot \frac{1\,mol\,I_2}{254\,g\,I_2} \cdot \frac{1\,mol\,Na_2SO_3}{1\,mol\,I_2} \cdot \frac{126\,g\,Na_2SO_3}{1\,mol\,Na_2SO_3} = \boxed{1'26\ g\ Na_2SO_3}$$

2012

46) Una celda electrolítica contiene un litro de una disolución de sulfato de cobre (II). Se hace pasar una corriente de 2 A durante dos horas depositándose todo el cobre que había. Calcule: a) La cantidad de cobre depositado. b) La concentración de la disolución de sulfato de cobre inicial.
Datos: F = 96500 C. Masas atómicas. Cu = 63'5.

a) * Disolución del $CuSO_4$: $CuSO_4(s) \rightarrow Cu^{2+}(ac) + SO_4^{2-}(ac)$

* Reducción del cobre: $Cu^{2+} + 2\,e^- \rightarrow Cu$

* Cantidad de corriente: $I = \dfrac{Q}{t} \rightarrow Q = I \cdot t = 2\,A \cdot 2\,h \cdot \dfrac{3600\,s}{1\,h} = 1'44 \cdot 10^4\,C$

* Cantidad de cobre depositado:

$$m = 1'44 \cdot 10^4\,C \cdot \frac{1\,mol\,e^-}{96500\,C} \cdot \frac{1\,mol\,Cu}{2\,mol\,e^-} \cdot \frac{63'5\,g\,Cu}{1\,mol\,Cu} = \boxed{4'74\,g\,Cu}$$

b) * Concentración inicial de la disolución de $CuSO_4$:

$$c_M = \frac{n_s}{V_D} = \frac{m_s}{M \cdot V_D} = \frac{4'74}{63'5 \cdot 1} = \boxed{0'0746\,M}$$

---

47) Ajuste las siguientes ecuaciones iónicas, en medio ácido, por el método del ion-electrón:
a) $MnO_4^- + I^- \rightarrow Mn^{2+} + I_2$; b) $VO_4^{3-} + Fe^{2+} \rightarrow VO^{2+} + Fe^{3+}$; c) $Cl_2 + I^- \rightarrow Cl^- + I_2$

a) * Semirreacciones:

$2 \cdot (MnO_4^- + 8\,H^+ + 5\,e^- \rightarrow Mn^{2+} + 4\,H_2O)$

$5 \cdot (2\,I^- - 2\,e^- \rightarrow I_2)$

$2\,MnO_4^- + 10\,I^- + 16\,H^+ \rightarrow 2\,Mn^{2+} + 5\,I_2 + 8\,H_2O$

b) * Semirreacciones:

$VO_4^{3-} + 6\,H^+ + 1\,e^- \rightarrow VO^{2+} + 3\,H_2O$

$Fe^{2+} - 1\,e^- \rightarrow Fe^{3+}$

$VO_4^{3-} + Fe^{2+} + 6\,H^+ \rightarrow VO^{2+} + Fe^{3+} + 3\,H_2O$

c) * Semirreacciones:

$Cl_2 + 2\,e^- \rightarrow 2\,Cl^-$

$2\,I^- - 2\,e^- \rightarrow I_2$

$Cl_2 + 2\,I^- \rightarrow 2\,Cl^- + I_2$

---

48) Una corriente de 8 A atraviesa durante dos horas dos celdas electrolíticas conectadas en serie que contienen sulfato de aluminio la primera y un sulfato de cobre la segunda. a) Calcule la cantidad de aluminio depositada en la primera celda. b) Sabiendo que en la segunda celda se han depositado 18'95 g de cobre, calcule el estado de oxidación en que se encontraba el cobre.
Datos: F = 96500 C. Masas atómicas: Al = 27; Cu = 63'5.

a) * Cantidad de corriente:

$$I = \frac{Q}{t} \rightarrow Q = I \cdot t = 8\ A \cdot 2\ h \cdot \frac{3600\,s}{1\,h} = 5'76 \cdot 10^4\ C$$

* Disolución del $Al_2(SO_4)_3$: $Al_2(SO_4)_3(s) \rightarrow 2\ Al^{3+}(ac) + 3\ SO_4^{3-}(ac)$

* Reducción del aluminio: $Al^{3+} + 3\ e^- \rightarrow Al$

* Masa de aluminio depositada:

$$m = 5'76 \cdot 10^4\ C \cdot \frac{1\,mol\,e^-}{96500\,C} \cdot \frac{1\,mol\,Al}{3\,mol\,e^-} \cdot \frac{27\,g\,Al}{1\,mol\,Al} = \boxed{5'37\ g\ Al}$$

b) * Reducción del cobre: $Cu^{n+} + n\ e^- \rightarrow Cu$

* Valencia del cobre:

$$m = 5'76 \cdot 10^4\ C \cdot \frac{1\,mol\,e^-}{96500\,C} \cdot \frac{1\,mol\,Cu}{n\,mol\,e^-} \cdot \frac{63'5\,g\,Cu}{1\,mol\,Cu} = 18'95\ g\ Cu \rightarrow$$

$$\rightarrow \frac{37'9}{n} = 18'95 \rightarrow n = \frac{37'9}{18'95} = 2$$

* Estado de oxidación del cobre: $\boxed{+2}$

---

49) Considerando condiciones estándar a 25 ºC, justifique cuáles de las siguientes reacciones tienen lugar espontáneamente y cuáles sólo pueden llevarse a cabo por electrólisis:

a) $Fe^{2+} + Zn \rightarrow Fe + Zn^{2+}$; b) $I_2 + 2\ Fe^{2+} \rightarrow 2\ I^- + 2\ Fe^{3+}$; c) $Fe + 2\ Cr^{3+} \rightarrow Fe^{2+} + 2\ Cr^{2+}$

Datos: $\varepsilon°\ (Fe^{2+}/Fe) = -\ 0'44$ V; $\varepsilon°\ (Zn^{2+}/Zn) = -\ 0'77$ V; $\varepsilon°\ (Fe^{3+}/Fe^{2+}) = 0'77$ V; $\varepsilon°\ (Cr^{3+}/Cr^{2+}) = -\ 0'42$ V; $\varepsilon°\ (I_2/I^-) = 0'53$ V.

Un proceso es espontáneo cuando ocurre por sí mismo, sin la intervención de un agente externo. Para que un proceso sea espontáneo, su energía de libre de Gibbs (ΔG) tiene que ser negativa o, lo que es lo mismo, su potencial (E) debe ser positivo, pues: $\Delta G = -\ n \cdot F \cdot E$.

Un proceso rédox es no espontáneo cuando sólo puede ocurrir mediante electrolisis. Para ello, su energía libre de Gibbs (ΔG) tiene que ser positiva o, lo que es lo mismo, su potencial (E) debe ser negativo, pues: $\Delta G = -\ n \cdot F \cdot E$.

a) * Semirreacciones: $Fe^{2+} + 2\,e^- \rightarrow Fe$ $-\,0'44\ V$

$Zn - 2\,e^- \rightarrow Zn^{2+}$ $+\,0'77\ V$

$Fe^{2+} + Zn \rightarrow Fe + Zn^{2+}$ $-\,0'44 + 0'77 = -\,0'33\ V$

Al ser $E^0 < 0$, el proceso sólo puede llevarse a cabo por electrolisis.

b) * Semirreacciones: $I_2 + 2\,e^- \rightarrow 2\,I^-$ $+\,0'53\ V$

$2\cdot(Fe^{2+} - 1\,e^- \rightarrow Fe^{3+})$ $-\,0'77\ V$

$I_2 + 2\,Fe^{2+} \rightarrow 2\,I^- + 2\,Fe^{3+}$ $0'53 - 0'77 = -\,0'24\ V$

Al ser $E^0 < 0$, el proceso sólo puede llevarse a cabo por electrolisis.

c) * Semirreacciones: $Fe - 2\,e^- \rightarrow Fe^{2+}$ $+\,0'44\ V$

$2\cdot(Cr^{3+} + 1\,e^- \rightarrow Cr^{2+})$ $-\,0'42\ V$

$Fe + 2\,Cr^{3+} \rightarrow Fe^{2+} + 2\,Cr^{2+}$ $0'44 - 0'42 = +\,0'02\ V$

Al ser $E^0 > 0$, el proceso es espontáneo.

---

50) El clorato de potasio reacciona en medio ácido sulfúrico con el sulfato de hierro (II) para dar cloruro de potasio, sulfato de hierro (III) y agua: a) Escriba y ajuste la ecuación iónica y molecular por el método del ion-electrón. b) Calcule la riqueza en clorato de potasio de una muestra sabiendo que 1 g de la misma han reaccionado con 25 mL de sulfato de hierro 1 M.
Masas atómicas: O = 16; Cl = 35'5; K = 39.

a) * Números de oxidación:

$$\overset{+1}{K}\overset{+5}{Cl}\overset{-2}{O_3} + \overset{+1}{H_2}\overset{+6}{S}\overset{-2}{O_4} + \overset{+2}{Fe}\overset{+6}{S}\overset{-2}{O_4} \rightarrow \overset{+1}{K}\overset{-1}{Cl} + \overset{+3}{Fe_2}(\overset{+6}{S}\overset{-2}{O_4})_3 + \overset{+1}{H_2}\overset{-2}{O}$$

* Semirreacciones: $6\cdot(Fe^{2+} - 1\,e^- \rightarrow Fe^{3+})$

$ClO_3^- + 6\,H^+ + 6\,e^- \rightarrow Cl^- + 3\,H_2O$

* Ecuación iónica: $\boxed{6\,Fe^{2+} + ClO_3^- + 6\,H^+ \rightarrow 6\,Fe^{3+} + Cl^- + 3\,H_2O}$

* Ecuación molecular: $\boxed{KClO_3 + 3\,H_2SO_4 + 6\,FeSO_4 \rightarrow KCl + 3\,Fe_2(SO_4)_3 + 3\,H_2O}$

b) * Masa de $KClO_3$ que reacciona:

$$m = \frac{1\,mol\,FeSO_4}{1\,L}\cdot 0'025\ L\cdot \frac{1\,mol\,KClO_3}{6\,mol\,FeSO_4}\cdot \frac{122'5\,g\,KClO_3}{1\,mol\,KClO_3} = 0'51\ g\ KClO_3$$

* Riqueza de la muestra: Riqueza = $\frac{m_{KClO3} \cdot 100}{m_{muestra}} = \frac{0'51 \cdot 100}{1} = \boxed{51\ \%}$

---

51) La notación de una pila electroquímica es: $Mg/Mg^{2+}(1M)\ ||\ Ag^{+}(1M)/Ag$. a) Calcule el potencial estándar de la pila. b) Escriba y ajuste la ecuación química para la reacción que ocurre en la pila. c) Indique la polaridad de los electrodos. Datos: $\varepsilon^{o}\ (Ag^{+}/Ag) = 0'80V$; $\varepsilon^{o}(Mg^{2+}/Mg) = -\ 2'36V$.

a) * Potencial estándar de la pila: $E^{0} = E^{0}_{cátodo} - E^{0}_{ánodo} = 0'80 - (-\ 2'36) = \boxed{3'16\ V}$

b) * Semirreacciones:

$Mg - 2\ e^{-} \rightarrow Mg^{2+}$ $\qquad + 2'36\ V$

$2\cdot(Ag^{+} + 1\ e^{-} \rightarrow Ag)$ $\qquad + 0'80\ V$

$\boxed{Mg + 2\ Ag^{+} \rightarrow Mg^{2+} + Ag}$ $\qquad 2'36 + 0'80 = +\ 3'16\ V$

c) * Polaridad de los electrodos: el ánodo es el Mg/Mg^{2+} y es el electrodo negativo. El cátodo es el Ag^{+}/Ag y es el electrodo positivo.

2011

52) En la siguiente tabla se indican los potenciales estándar de distintos pares en disolución acuosa.

$Fe^{2+}/Fe = -\ 0{,}44\ V$	$Cu^{2+}/Cu = 0{,}34\ V$	$Ag^{+}/Ag = 0{,}80\ V$	$Pb^{2+}/Pb = 0{,}14\ V$	$Mg^{2+}/Mg = -2{,}34V$

a) De estas especies, razona: ¿Cuál es la más oxidante? ¿Cuál es la más reductora? b) Si se introduce una barra de plomo en una disolución acuosa de cada una de las siguientes sales: $AgNO_3$, $CuSO_4$, $FeSO_4$ y $MgCl_2$, ¿en qué caso se depositará una capa de otro metal sobre la barra de plomo? Justifica la respuesta.

a) La más oxidante: el Ag^{+} y la más reductora: el Mg. En las parejas rédox de los potenciales estándar de reducción, primero se escribe el oxidante y después el reductor. Un oxidante es una especie que se reduce y a la otra especie la oxida. El mayor oxidante será la primera especie de la pareja rédox que tenga el mayor potencial de reducción; esto corresponde al Ag^{+}. El mayor reductor será la segunda especie de la pareja rédox que tenga el potencial de reducción más negativo; esto corresponde al Mg.

b) Un proceso es espontáneo cuando ocurre por sí mismo, sin la intervención de un agente externo. Para que un proceso sea espontáneo, su energía de libre de Gibbs (ΔG) tiene que ser negativa o, lo que es lo mismo, su potencial (E) debe ser positivo, pues: $\Delta G = -\ n\cdot F\cdot E$.

Un proceso rédox es no espontáneo cuando sólo puede ocurrir mediante electrolisis. Para ello, su energía libre de Gibbs (ΔG) tiene que ser positiva o, lo que es lo mismo, su potencial (E) debe ser negativo, pues: $\Delta G = -\ n\cdot F\cdot E$.

En disolución estarán estos iones: Ag^{+}, Cu^{2+}, Fe^{2+}y Mg^{2+}. La barra de plomo es plomo metal (Pb), que lo que puede hacer es pasar a ion plomo (II), Pb^{2+}; esto tiene un potencial de – 0'14 V. Se depositarán sobre el plomo aquellos metales que tengan un potencial de reducción superior al del plomo: el cobre (0'34 V) y la plata (0'80 V).

---

53) Dados los valores de potencial de reducción estándar de los sistemas:

Cl_2/Cl^- = 1,36 V, Br_2/Br^- = 1,07 V y I_2/I^- = 0,54 V.

Indica razonadamente: a) ¿Cuál es la especie química más oxidante entre las mencionadas anteriormente? b) ¿Es espontánea la reacción entre el cloro molecular y el ion yoduro? c) ¿Es espontánea la reacción entre el yodo molecular y el ion bromuro?

a) La más oxidante: el Cl_2. En las parejas rédox de los potenciales estándar de reducción, primero se escribe el oxidante y después el reductor. Un oxidante es una especie que se reduce y oxida a otra especie. El mayor oxidante será la primera especie de la pareja rédox que tenga el mayor potencial de reducción; esto corresponde al Cl_2.

b) Sí que lo es.

* Semirreacciones:

$Cl_2 + 2\,e^- \rightarrow 2\,Cl^-$ + 1'36 V

$2\,I^- - 2\,e^- \rightarrow I_2$ – 0'54 V

$Cl_2 + 2\,I^- \rightarrow 2\,Cl^- + I_2$ 1'36 – 0'54 = + 0'82 V

Un proceso es espontáneo cuando ocurre por sí mismo, sin la intervención de un agente externo. Para que un proceso sea espontáneo, su energía de libre de Gibbs (ΔG) tiene que ser negativa o, lo que es lo mismo, su potencial (E) debe ser positivo, pues: $\Delta G = -\,n{\cdot}F{\cdot}E$.

Al ser E > 0, el proceso es espontáneo.

c) No lo es.

* Semirreacciones:

$I_2 + 2\,e^- \rightarrow 2\,I^-$ + 0'54 V

$2\,Br^- - 2\,e^- \rightarrow Br_2$ – 1'07 V

$I_2 + 2\,Br^- \rightarrow 2\,I^- + Br_2$ 0'54 – 1'07 = – 0'53 V

Al ser E < 0, el proceso es no espontáneo.

---

54) En disolución acuosa y en medio ácido sulfúrico el sulfato de hierro (II) reacciona con permanganato de potasio para dar sulfato de manganeso (II), sulfato de hierro (III) y sulfato de potasio. a) Escribe y ajusta las correspondientes reacciones iónicas y la molecular del proceso por el método del ion-electrón. b) Calcula la concentración molar de una disolución de sulfato de hierro (II) si 100 mL de esta disolución han consumido 22,3 mL de una disolución acuosa de permanganato de potasio 0,02 M.

a) * Números de oxidación:

$$\overset{+2}{Fe}\,\overset{+6}{S}\,\overset{-2}{O_4} + \overset{+1}{K}\,\overset{+7}{Mn}\,\overset{-2}{O_4} + \overset{+1}{H_2}\,\overset{+6}{S}\,\overset{-2}{O_4} \rightarrow \overset{+2}{Mn}\,\overset{+6}{S}\,\overset{-2}{O_4} + \overset{+3}{Fe_2}(\overset{+6}{S}\,\overset{-2}{O_4})_3 + \overset{+1}{K_2}\,\overset{+6}{S}\,\overset{-2}{O_4} + \overset{+1}{H_2}\,\overset{-2}{O}$$

* Semirreacciones: $5\cdot(Fe^{2+} - 1\ e^- \rightarrow Fe^{3+})$

$MnO_4^- + 8\ H^+ + 5\ e^- \rightarrow Mn^{2+} + 4\ H_2O$

* Ecuación iónica: $\boxed{5\ Fe^{2+} + MnO_4^- + 8\ H^+ \rightarrow 5\ Fe^{3+} + Mn^{2+} + 4\ H_2O}$

* Ecuación molecular:

$$\boxed{10\ FeSO_4 + 2\ KMnO_4 + 8\ H_2SO_4 \rightarrow 2\ MnSO_4 + 5\ Fe_2(SO_4)_3 + K_2SO_4 + 8\ H_2O}$$

b) * Molaridad de la disolución de $FeSO_4$:

$$v_o\cdot c_{Mo}\cdot V_o = v_r\cdot c_{Mr}\cdot V_r \rightarrow c_{Mr} = \frac{v_o\cdot c_{Mo}\cdot V_o}{v_r\cdot V_r} = \frac{5\cdot 0'02\cdot 22'3}{1\cdot 100} = \boxed{0'0223\ M}$$

---

55) En el cátodo de una cuba electrolítica se reduce la especie $Cr_2O_7^{2-}$ a Cr^{3+}, en medio ácido. Calcule: a) ¿Cuántos moles de electrones deben llegar al cátodo para reducir un mol de $Cr_2O_7^{2-}$? b) Para reducir toda la especie $Cr_2O_7^{2-}$ presente en 20 mL de disolución, se requiere una corriente eléctrica de 2'2 amperios durante 15 minutos. Calcule la carga que se consume, expresada en Faraday, y deduzca cuál será la concentración inicial de $Cr_2O_7^{2-}$. Datos: F = 96500 C.

a) * Reducción del $Cr_2O_7^{2-}$: $Cr_2O_7^{2-} + 14\ H^+ + 6\ e^- \rightarrow 2\ Cr^{3+} + 7\ H_2O$

$\boxed{\text{Deben llegar 6 moles de electrones}}$

b) * Cantidad de corriente: $I = \frac{Q}{t} \rightarrow Q = I\cdot t = 2'2\ A\cdot 15\ min\cdot \frac{60\,s}{1\,min} = 1980\ C$

* Carga que se consume en faradays: $Q = 1980\ C\cdot \frac{1\,F}{96500\,C} = \boxed{0'0205\ F}$

* Número de moles de $Cr_2O_7^{2-}$: $n = 1980\ C\cdot \frac{1\,mol\,e^-}{96500\,C}\cdot \frac{1\,mol\,Cr_2O_7^{2-}}{6\,mol\,e^-} = 3'42\cdot 10^{-3}\ mol\ Cr_2O_7^{2-}$

* Concentración inicial de $Cr_2O_7^{2-}$: $c_M = \frac{n_{Cr2O72^-}}{V_D} = \frac{3'42\cdot 10^{-3}}{0'020} = \boxed{0'171\ M}$

---

56) Se construye una pila conectando dos electrodos formados introduciendo una varilla de cobre en una disolución 1'0 M de Cu^{2+} y otra varilla de aluminio en una disolución de Al^{3+} 1'0 M. a) Escriba las semirreacciones que se producen en cada electrodo, indicando razonadamente cuál será el cátodo y cuál el ánodo. b) Escriba la notación de la pila y calcule el potencial electroquímico de la misma, en condiciones estándar. Datos: $E^o(Al^{3+}/Al) = -1'67$ V ; $E^o(Cu^{2+}/Cu) = 0'35$ V.

a) Para que una pila funcione, el proceso tiene que ser espontáneo. Para que el proceso sea espontáneo, su energía libre de Gibbs (ΔG) debe ser negativo o, lo que es lo mismo, su potencial (E) debe ser positivo, pues $\Delta G = -\, n \cdot F \cdot E$. Para que el potencial sea positivo, actuará como cátodo el de mayor potencial de reducción (el cobre) y como ánodo el de menor potencial de reducción (el aluminio).

* Semirreacciones:

$$3\cdot(Cu^{2+} + 2\,e^- \rightarrow Cu)$$

$$2\cdot(Al - 3\,e^- \rightarrow Al^{3+})$$

$$3\,Cu^{2+} + 2\,Al \rightarrow 3\,Cu + 2\,Al^{3+}$$

b) * Notación de la pila: **(–) Al |Al³⁺(1 M) || Cu²⁺(1 M) | Cu (+)**

$$\boxed{(-)\,Al\,|Al^{3+}(1\,M)\;||\;Cu^{2+}(1\,M)\,|\,Cu\,(+)}$$

* Semirreacciones:

$$3\cdot(Cu^{2+} + 2\,e^- \rightarrow Cu) \qquad +\,0'35\ V$$

$$2\cdot(Al - 3\,e^- \rightarrow Al^{3+}) \qquad +\,1'67\ V$$

$$3\,Cu^{2+} + 2\,Al \rightarrow 3\,Cu + 2\,Al^{3+} \qquad 0'35 + 1'67 = \boxed{+\,2'02\ V}$$

---

57) Calcule: a) Los gramos de cinc depositados en el cátodo al pasar una corriente de 1’87 amperios durante 42’5 minutos por una disolución acuosa de Zn^{2+}. b) El tiempo necesario para producir 2’79 g de I_2 en el ánodo al pasar una corriente de 1’75 amperios por una disolución acuosa de KI.
Datos: F = 96500 C. Masas atómicas: Zn = 65’4; I = 127.

a) * Cantidad de corriente: $I = \dfrac{Q}{t} \rightarrow Q = I\cdot t = 1'87\ A\cdot 42'5\ min\cdot \dfrac{60\,min}{1\,min} = 4768\ C$

* Reducción del cinc: $Zn^{2+} + 2\,e^- \rightarrow Zn$

* Masa de cinc depositada: $m = 4768\ C \cdot \dfrac{1\,mol\,e^-}{96500\,C}\cdot\dfrac{1\,mol\,Zn}{2\,mol\,e^-}\cdot\dfrac{65'4\,g\,Zn}{1\,mol\,Zn} = \boxed{1'62\ g\ Zn}$

b) * Disolución del KI: $KI(s) \rightarrow K^+(ac) + I^-(ac)$

* Oxidación del I^-: $2\,I^- - 2\,e^- \rightarrow I_2$

* Cantidad de corriente: $Q = 2'79\ g\ I_2 \cdot \dfrac{1\,mol\,I_2}{254\,g\,I_2}\cdot\dfrac{2\,mol\,e^-}{1\,mol\,I_2}\cdot\dfrac{96500\,C}{1\,mol\,e^-} = 2120\ C$

* Tiempo necesario: $I = \dfrac{Q}{t} \rightarrow t = \dfrac{Q}{I} = \dfrac{2120}{1'75} = 1211\ s = \boxed{20\ min\ 11\ s}$

---

58) Un método de obtención de cloro gaseoso se basa en la oxidación del HCl con HNO_3 produciéndose simultáneamente NO_2 y H_2O. a) Ajuste la reacción molecular por el método del ion-electrón. b) Calcule el volumen de cloro obtenido, a 25 ºC y 1 atm, cuando reaccionan 500 mL de una disolución acuosa 2 M de HCl con HNO_3 en exceso, si el rendimiento de la reacción es del 80 %.
Datos: R = 0'082 atm·L·K^{-1}·mol^{-1}.

a) * Números de oxidación:

$$\overset{+1}{H}\overset{-1}{Cl}+\overset{+1}{H}\overset{+5}{N}\overset{-2}{O_3} \rightarrow \overset{0}{Cl_2}+\overset{+4}{N}\overset{-2}{O_2}+\overset{+1}{H_2}\overset{-2}{O}$$

* Semirreacciones:

$$2\,HCl - 2\,e^- \rightarrow Cl_2 + 2\,H^+$$

$$2\cdot(HNO_3 + H^+ + 1\,e^- \rightarrow NO_2 + H_2O)$$

$$2\,HCl + 2\,HNO_3 + 2\,H^+ \rightarrow Cl_2 + 2\,H^+ + 2\,NO_2 + 2\,H_2O$$

* Ecuación molecular:

$$\boxed{2\,HCl + 2\,HNO_3 \rightarrow Cl_2 + 2\,NO_2 + 2\,H_2O}$$

b) * Número de moles de Cl_2 :

$$n = \frac{2\,mol\,HCl}{1\,L} \cdot 0'5\text{ L}\cdot \frac{1\,mol\,Cl_2}{2\,mol\,HCl} \cdot \frac{80\,mol\,HCl\,reales}{100\,mol\,HCl\,teóricos} = 0'4\text{ mol HCl}$$

* Volumen de Cl_2 : $$V = \frac{n\cdot R\cdot T}{P} = \frac{0'4\cdot 0'082\cdot 298}{1} = \boxed{9'77\text{ L }Cl_2}$$

2010

59) El gas cloro se puede obtener por reacción de ácido clorhídrico con ácido nítrico, produciéndose simultáneamente dióxido de nitrógeno y agua. a) Ajusta la ecuación iónica y molecular por el método del ion-electrón. b) Calcula el volumen de cloro obtenido, a 17 ºC y 720 mm de Hg, cuando reaccionan 100 mL de disolución de ácido clorhídrico 0,5 M, con ácido nítrico en exceso.
DATOS: R = 0,082 atm·L·mol^{-1}·K^{-1}.

a) * Números de oxidación:

$$\overset{+1}{H}\overset{-1}{Cl}+\overset{+1}{H}\overset{+5}{N}\overset{-2}{O_3} \rightarrow \overset{0}{Cl_2}+\overset{+4}{N}\overset{-2}{O_2}+\overset{+1}{H_2}\overset{-2}{O}$$

* Semirreacciones:

$$2\,HCl - 2\,e^- \rightarrow Cl_2 + 2\,H^+$$

$$2\cdot(HNO_3 + H^+ + 1\,e^- \rightarrow NO_2 + H_2O)$$

* Ecuación iónica:

$$\boxed{2\,HCl + 2\,HNO_3 + 2\,H^+ \rightarrow Cl_2 + 2\,H^+ + 2\,NO_2 + 2\,H_2O}$$

* Ecuación molecular:

$$\boxed{2\,HCl + 2\,HNO_3 \rightarrow Cl_2 + 2\,NO_2 + 2\,H_2O}$$

b) * Número de moles de Cl_2 : $n = \frac{0'5\,mol\,HCl}{1\,L} \cdot 0'1\,L \cdot \frac{1\,mol\,Cl_2}{2\,mol\,HCl} = 0'025\,mol\,Cl_2$

* Volumen de Cl_2 : $V = \frac{n \cdot R \cdot T}{P} = \frac{0'025 \cdot 0'082 \cdot 290}{\frac{720}{760}} = \boxed{0'628\,L\,Cl_2}$

---

60) a) Justifica si los siguientes procesos son rédox:

i) $HCO_3^- + H^+ \rightarrow CO_2 + H_2O$ ii) $I_2 + HNO_3 \rightarrow HIO_3 + NO + H_2O$

b) Escribe las semiecuaciones de oxidación y de reducción en el que proceda.

Un proceso es rédox cuando hay una transferencia de electrones de una especie a otra. Para ello, una especie tiene que disminuir su número de oxidación (se reduce) y la otra tiene que aumentarlo (se oxida).

i) * Números de oxidación:

$$\overset{+1}{H}\overset{+4}{C}\overset{-2}{O_3^-}+\overset{+1}{H^+} \rightarrow \overset{+4}{C}\overset{-2}{O_2}+\overset{+1}{H_2}\overset{-2}{O}$$

No es una reacción rédox porque no hay cambios en los números de oxidación de cada elemento.

ii) * Números de oxidación:

$$\overset{0}{I_2}+\overset{+1}{H}\overset{+5}{N}\overset{-2}{O_3} \rightarrow \overset{+1}{H}\overset{+5}{I}\overset{-2}{O_3}+\overset{+2}{N}\overset{-2}{O}+\overset{+1}{H_2}\overset{-2}{O}$$

b) * Semiecuación de oxidación: $I_2 + 6\,H_2O - 10\,e^- \rightarrow 2\,HIO_3 + 10\,H^+$

* Semiecuación de reducción: $HNO_3 + 3\,H^+ + 3\,e^- \rightarrow NO + 2\,H_2O$

QUÍMICA ORGÁNICA

2018

1) Dados los siguientes compuestos: $CH_3 - CH = CH_2$, $CH_3 - CH = CH - CH_2$
elija el más adecuado para cada caso, escribiendo la reacción que tiene lugar: a) El compuesto reacciona con agua en medio ácido para dar otro compuesto que presenta isomería óptica. b) La combustión de dos moles de compuesto produce 6 moles de CO_2. c) El compuesto reacciona con HBr para dar otro compuesto que no presenta isomería óptica.

a) alqueno + H^+/H_2O $\rightarrow$ alcohol ;

$CH_3 - CH = CH - CH_2 + H^+/H_2O \rightarrow CH_3 - CH_2 - C^*HOH - CH_2$
but-2-eno ácido butan-2-ol

b) hidrocarburo + O_2 $\rightarrow$ $CO_2 + H_2O$

$2\ CH_3 - CH = CH_2 + 9\ O_2 \rightarrow 6\ CO_2 + 6\ H_2O$
propeno + oxígeno $\rightarrow$ dióxido de carbono + agua

c) alqueno + HBr $\rightarrow$ bromuro de alquilo

$CH_3 - CH = CH_2 + HBr \rightarrow CH_3 - CHBr - CH_3$
propeno + bromuro de hidrógeno $\rightarrow$ 2-bromopropano

---

2) Sean los siguientes compuestos:
$CH_3 - COOCH_3$, $CH_3 - CH_2 - CONH_2$, $CH_3 - CH(CH_3)COCH_3$ y $CH_3 - CH(OH)CHO$
a) Identifique y nombre los grupos funcionales presentes en cada uno de ellos. b) Justifique si alguno posee actividad óptica. c) ¿Alguno presenta un carbono terciario? Razone la respuesta.

a) $CH_3 - COOCH_3$: – COOR: grupo éster.
$CH_3 - CH_2 - CONH_2$: – $CONH_2$: grupo amida.
$CH_3 - CH(CH_3)COCH_3$: – CO – : grupo cetona.
$CH_3 - CH(OH)CHO$: – OH: grupo alcohol y – CHO: grupo aldehido.

b) Tendrán actividad óptica los compuestos que tengan algún carbono asimétrico, es decir, algún carbono unido a cuatro grupos distintos. Sólo la tiene este: $CH_3 - C^*H(OH)CHO$: el 2-hidroxipropanal. El carbono 2 es asimétrico.

c) Un carbono terciario es aquel que está unido a tres átomos de carbono. La presenta este compuesto: $CH_3 - CH(CH_3)COCH_3$: metilbutanona; el tercer carbono es terciario.

---

3) Complete las siguientes reacciones orgánicas, indicando el tipo de reacción

a) $CH_3CH_2CH_3 + Br_2 \xrightarrow{h\cdot\upsilon} \ldots + \ldots$

b) $\ldots \xrightarrow{H_2SO_4\text{ , calor}} CH_3 - CH = CH - CH_3 + \ldots$

c) C_6H_6 (benceno) + $HNO_3 \xrightarrow{H_2SO_4} \ldots + H_2O$

a) $CH_3CH_2CH_3 + Br_2 \xrightarrow{h\cdot\upsilon} CH_3 - CH_2 - CH_2Br + CH_3 - CHBr - CH_3$

Es una halogenación catalítica, una reacción de sustitución.

b) $CH_3 - CHOH - CH_2 - CH_3 \xrightarrow{H_2SO_4\text{ , calor}} CH_3 - CH = CH - CH_3 + H_2O$

Es una deshidratación, una eliminación.

c) C_6H_6 (benceno) + $HNO_3 \xrightarrow{H_2SO_4} C_6H_5NO_2 + H_2O$

Es una nitración del benceno, una sustitución.

---

4) Para el compuesto $CH_2 = CH - CH_2 - CH_2 - CH_3$, escriba: a) La reacción ajustada de combustión. b) La reacción con bromuro de hidrógeno (HBr) que da lugar al producto mayoritario. c) Una reacción que produzca un hidrocarburo saturado.

a) $2\ CH_2 = CH - CH_2 - CH_2 - CH_3 + 15\ O_2 \rightarrow 10\ CO_2 + 10\ H_2O$

b) $CH_2 = CH - CH_2 - CH_2 - CH_3 + HBr \rightarrow CH_3 - CHBr - CH_2 - CH_2 - CH_3$

pent-1-eno + bromuro de hidrógeno $\rightarrow$ 2-bromopentano

c) $CH_2 = CH - CH_2 - CH_2 - CH_3 + H_2$ (Pd o Pt) $\rightarrow CH_3 - CH_2 - CH_2 - CH_2 - CH_3$

pent-1-eno + hidrógeno $\rightarrow$ pentano

---

5) a) Escriba la reacción de adición de bromuro de hidrógeno (HBr) al propeno $CH_3 - CH = CH_2$. b) Escriba y ajuste la reacción de combustión del butano ($CH_3 - CH_2 - CH_2 - CH_3$). c) Escriba el compuesto que se obtiene cuando el cloro molecular (Cl_2) reacciona con el metilpropeno, $CH_2 = C(CH_3)CH_3$, e indique el tipo de reacción que tiene lugar.

a) $CH_3 - CH = CH_2 + HBr \rightarrow CH_3 - CHBr - CH_3$

propeno + bromuro de hidrógeno $\rightarrow$ 2-bromopropano

b) $2\ CH_3 - CH_2 - CH_2 - CH_3 + 13\ O_2 \rightarrow 8\ CO_2 + 10\ H_2O$

butano + oxígeno $\rightarrow$ dióxido de carbono + agua

c) $CH_2 = C(CH_3)CH_3 + Cl_2 \rightarrow CH_2Cl - CCl(CH_3)CH_3$

metilpropeno + dicloro $\rightarrow$ 1,2-diclorometilpropeno

Esta es una adición al doble enlace.

---

6) Empleando compuestos de 4 átomos de carbono, represente: a) Dos hidrocarburos que sean isómeros de cadena entre sí. b) Dos hidrocarburos que sean isómeros cis-trans. c) Un alcohol que desvíe el plano de la luz polarizada.

a) $CH_3 - CH_2 - CH_2 - CH_3$ y $CH_3 - CH(CH_3) - CH_3$
      butano   metilpropano

b)

$$\begin{array}{cc} CH_3 \diagdown \quad \diagup CH_3 \\ C=C \\ H \diagup \quad \diagdown H \end{array} \qquad \begin{array}{cc} H \diagdown \quad \diagup CH_3 \\ C=C \\ CH_3 \diagup \quad \diagdown H \end{array}$$

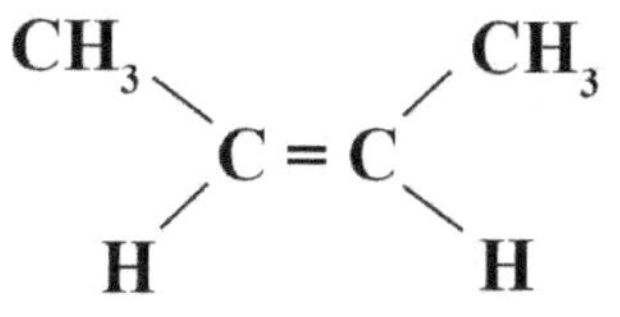

cis-but-2-eno   **trans-but-2-eno**

c) $CH_3 - C^*HOH - CH_2 - CH_3$
      butan-2-ol

---

7) Escriba las fórmulas de los siguientes compuestos: a) El aldehído que es isómero del propen-2-ol ($CH_2 = COH - CH_3$). b) Un alqueno de 4 átomos de carbono que no presente isomería cis-trans. c) Un compuesto con dos carbonos quirales.

a) $CHO - CH_2 - CH_3$: propanal.

b) $CH_3 - CH_2 - CH = CH_2$: buteno.

c) $CH_3 - CH_2 - C^*H(CH_3) - C^*HOH - CH_3$: 3-metilpentan-2-ol

---

8) Dados los siguientes reactivos: HI, I_2, H_2/catalizador, NaOH y H_2O/H_2SO_4, ¿cuál de ellos será el adecuado para obtener $CH_3-CH_2-CH_2-CH(OH)-CH_3$ en cada caso? Escriba la reacción correspondiente:
a) A partir de $CH_2 = CH - CH_2 - CH_2 - CH_3$.
b) A partir de $CH_3 - CH_2 - CH_2 - CH(I) - CH_3$.
c) A partir de $CH_3 - CH = CH - CH(OH) - CH_3$.

a) $CH_2 = CH - CH_2 - CH_2 - CH_3 + H_2O/H_2SO_4 \rightarrow CH_3 - CH_2 - CH_2 - CH(OH) - CH_3$
pent-1-eno + ácido sulfúrico $\rightarrow$ pentan-2-ol

b) $CH_3 - CH_2 - CH_2 - CH(I) - CH_3 + NaOH \rightarrow CH_3 - CH_2 - CH_2 - CH(OH) - CH_3$
2-yodopentano + hidróxido de sodio $\rightarrow$ pentan-2-ol

c) $CH_3 - CH = CH - CH(OH) - CH_3 + H_2$/catalizador $\rightarrow CH_3 - CH_2 - CH_2 - CH(OH) - CH_3$
pent-3-en-2-ol + dihidrógeno $\rightarrow$ pentan-2-ol

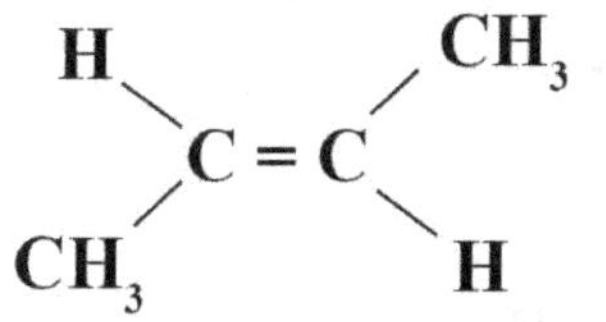

9) Para el compuesto: $CH_3 - CH_2 - CHOH - CH_3$, escriba:
a) Un isómero de posición. b) Un isómero de función. c) Un isómero de cadena.

a) $CH_3 - CH_2 - CH_2 - CH_2OH$: butan-1-ol

b) $CH_3 - CH_2 - O - CH_2 - CH_3$: dietiléter

c) $CH_3 - CH(CH_3) - CH_2OH$: metilpropan-1-ol

2017

10) Dado el siguiente compuesto $CH_3CH_2CHOHCH_3$
a) Justifique si presenta o no isomería óptica.
b) Escriba la estructura de un isómero de posición y otro de función.
c) Escriba el alqueno a partir del cual se obtendría el alcohol inicial mediante una reacción de adición.

a) Sí la presenta, pues tiene un carbono asimétrico, es decir, un carbono unido a cuatro grupos distintos.
$CH_3CH_2C^*HOHCH_3$

b) Isómero de posición: $CH_3 - CH_2 - CH_2 - CH_2OH$: butan-1-ol

Isómero de función: $CH_3 - CH_2 - O - CH_2 - CH_3$: dietiléter

c) Alqueno + H^+/H_2O $\rightarrow$ alcohol
$CH_3 - CH_2 - CH = CH_2 + H^+/H_2O \rightarrow CH_3 - CH_2 - CHOH - CH_3$
but-1-eno + ácido $\rightarrow$ butan-2-ol

---

11) a) Formule dos isómeros del $CH_3CH_2CH_2CH_2CHO$, indicando el tipo de isomería.
b) Justifique si el $CH_3CHBrCH_2CH_3$ presenta isomería óptica.
c) Justifique si existe isomería geométrica en el compuesto $CH_3CHClCCl{=}CH_2$.

a) $CH_3 - CH_2 - CH(CH_3) - CHO$:isómero de cadena
2-metilbutanal

$CH_2 = CH - CH_2 - CH_2 - CH_2OH$: isómero de función.
pent-4-en-1-ol

b) Sí que la presenta, pues tiene un carbono asimétrico, es decir, un carbono unido a cuatro grupos distintos: $CH_3C^*HBrCH_2CH_3$

c) No, no la presenta. Para tener isomería geométrica, los carbonos del doble enlace deben tener un hidrógeno y otro grupo. Esto no lo cumplen estos carbonos.

---

12) Para el compuesto A de fórmula $CH_3CH_2CH_2CH_2CH_3$, escriba: a) La reacción de combustión completa de A. b) Un compuesto que por hidrogenación catalítica dé lugar a A. c) La reacción fotoquímica de 1 mol de A en presencia de 1 mol de Cl_2 .

a) $CH_3CH_2CH_2CH_2CH_3 + 8 O_2 \rightarrow 5 CO_2 + 6 H_2O$
pentano + dioxígeno → dióxido de carbono + agua

b) $CH_3 - CH_2 - CH_2 - CH = CH_2 + H_2$ (Pd o Pt) → $CH_3 - CH_2 - CH_2 - CH_2 - CH_3$
but-1-eno + dihidrógeno → pentano

c) $CH_3 - CH_2 - CH_2 - CH_2 - CH_3 + Br_2 \rightarrow CH_3 - CH_2 - CH_2 - CH_2 - CH_2Br + HBr$
pentano + dibromo → bromuro de pentilo + bromuro de hidrógeno
En realidad, se obtiene una mezcla de isómeros.

---

13) Escriba las siguientes reacciones completas para el etanol (CH_3CH_2OH): a) Deshidratación del etanol con ácido sulfúrico. b) Sustitución del OH del etanol por un halogenuro. c) Combustión del etanol.

a) Alcohol + H_2SO_4, calor → alqueno
$CH_3 - CH_2OH + H_2SO_4$, calor → $CH_2 = CH_2 + H_2O$
etanol + ácido sulfúrico → eteno + agua

b) alcohol + halogenuro de hidrógeno → haluro de alquilo + agua
$CH_3 - CH_2OH + HCl \rightarrow CH_3 - CH_2Cl + H_2O$
etanol + cloruro de hidrógeno → cloruro de etilo + agua

c) alcohol + $O_2 \rightarrow CO_2 + H_2O$
$CH_3 - CH_2OH + 3 O_2 \rightarrow 2 CO_2 + 3 H_2O$
etanol + dioxígeno → dióxido de carbono + agua

---

14) Indique: a) Un alcohol secundario quiral de cuatro átomos de carbono. b) Dos isómeros geométricos de fórmula molecular C_5H_{10}. c) Una amina secundaria de cuatro átomos de carbono.

a) $CH_3 - C*HOH - CH_2 - CH_3$: butan-2-ol

b)

$$\underset{H}{\overset{CH_3}{\diagdown}} C = C \underset{H}{\overset{CH_2-CH_3}{\diagup}} \qquad \underset{CH_3}{\overset{H}{\diagdown}} C = C \underset{H}{\overset{CH_2-CH_3}{\diagup}}$$

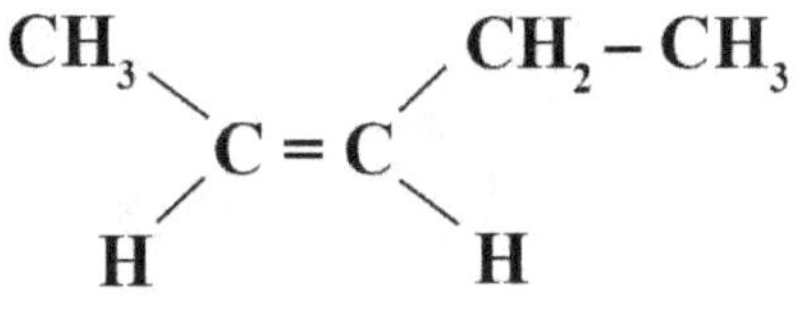

cis-pent-2-eno　　**trans-pent-2-eno**

c) $CH_3 - CH(NH_2) - CH_2 - CH_3$
butan-2-amina

---

15) Indique razonadamente si las siguientes afirmaciones son verdaderas o falsas: a) Cuando un grupo hidroxilo (OH^-) está unido a un carbono saturado, el compuesto resultante es un éster. b) El dimetiléter ($CH_3 - O - CH_3$) y el etanol ($CH_3 - CH_2OH$) son isómeros de función. c) La siguiente reacción orgánica: $R - CH_2Br + NaOH \rightarrow R - CH_2OH + NaBr$, es una reacción de eliminación.

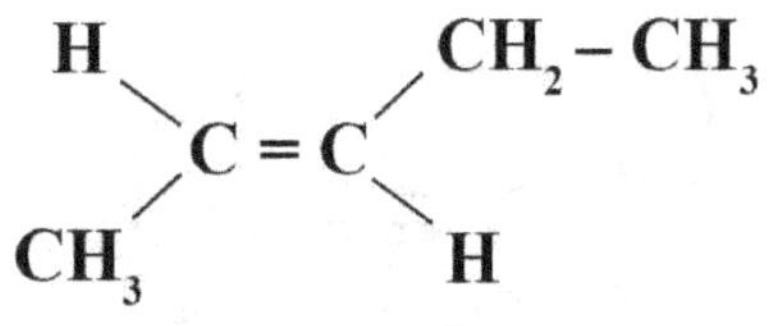

a) Falso. Un éster es un compuesto con este grupo funcional: R – COO – R' .

b) Verdadero. Los isómeros de función son compuestos con la misma fórmula molecular pero distinto grupo funcional.

c) Falso. Es una reacción de sustitución, pues se sustituye el átomo – Br por el grupo – OH.

---

16) Dadas las moléculas C_2H_2, C_2H_4, C_2H_6, razone si las siguientes afirmaciones son verdaderas o falsas: a) En la molécula C_2H_4 los dos átomos de carbono presentan hibridación sp^3. b) La molécula C_2H_6 puede dar reacciones de sustitución. c) La molécula de C_2H_2 es lineal.

a) Falso. En el eteno ($CH_2 = CH_2$ o C_2H_4), cada átomo de carbono presenta hibridación sp^2.
Ecuación de hibridación: 1 O.A. 2s + 2 O.A. 2p = 3 O.H. sp^2
Orbitales disponibles en cada carbono: 3 O.H. sp^2 + 1 O.A. 2p

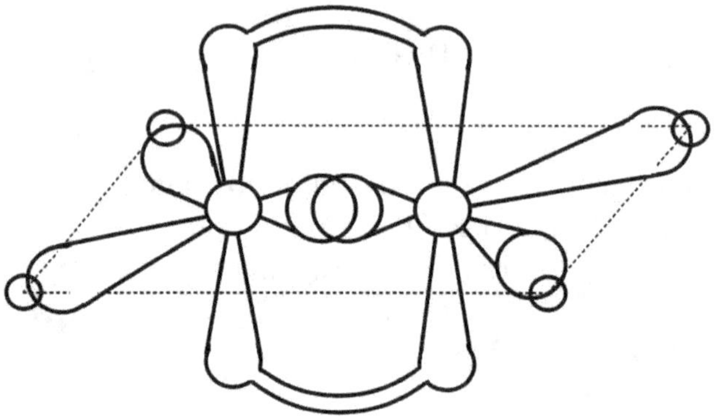

b) Correcto. Por ejemplo: una halogenación catalítica:
$CH_3 - CH_3 + Cl_2 \rightarrow CH_3 - CH_2Cl + HCl$
etano + dicloro → cloruro de etilo + cloruro de hidrógeno

c) Correcto. El etino ($HC \equiv CH$)
Ecuación de hibridación: 1 O.A. 2s + 1 O.A. 2p = 2 O.H. sp
Orbitales disponibles en cada carbono: 2 O.H. sp + 2 O.A. 2P

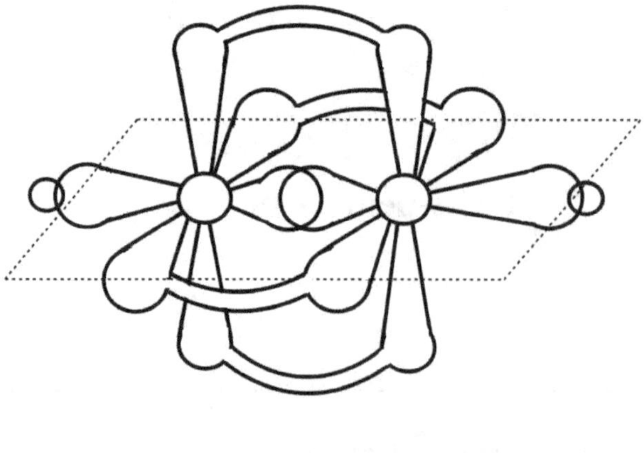

---

17) Complete las siguientes reacciones e indique de qué tipo son:
a) $CH_3CH{=}CH_2$ + H_2O (catalizado por H_2SO_4) → ....
b) $CH_3CH_2CH_3$ + Cl_2 (en presencia de luz ultravioleta) → .... + HCl
c) $CH_3CH{=}CH_2$ + H_2 (catalizador) → ....

a) $CH_3 - CH = CH_2 + H_2O/H_2SO_4 \rightarrow CH_3 - CHOH - CH_3$
Es una adición de agua al doble enlace.

b) $CH_3 - CH_2 - CH_3 + Cl_2$ (luz) → $CH_3 - CH_2 - CH_2Cl + HCl$
Es una halogenación catalítica, una reacción de sustitución.

c) $CH_3 - CH = CH_2 + H_2$ (Pd o Pt) → $CH_3 - CH_2 - CH_3$
Es una hidrogenación catalítica, una adición al doble enlace.

2016

18) Dado el compuesto $CH_2 = CH - CH_2 - CH_3$, justifique, si las siguientes afirmaciones son verdaderas o falsas: a) El compuesto reacciona con H_2O/H_2SO_4 para dar dos compuestos isómeros geométricos. b) El compuesto reacciona con HCl para dar un compuesto que no presenta isomería óptica. c) El compuesto reacciona con H_2 para dar un alquino.

a) Falso. El compuesto obtenido es el $CH_3 - CHOH - CH_2 - CH_3$, que no tiene isomería geométrica, pues no presenta enlaces dobles.
$CH_2 = CH - CH_2 - CH_3 + H_2O/H_2SO_4 \rightarrow CH_3 - CHOH - CH_2 - CH_3$
but-1-eno + ácido sulfúrico → butan-2-ol

b) Falso.
$CH_2 = CH - CH_2 - CH_3 + HCl \rightarrow CH_3 - C^{*}HCl - CH_2 - CH_3$
but-1-eno + cloruro de hidrógeno → 2-clorobutano

El compuesto obtenido presenta isomería óptica porque tiene un carbono asimétrico, es decir, un carbono unido a cuatro grupos distintos.

c) Falso.
$CH_2 = CH - CH_2 - CH_3 + H_2$ (Pd o Pt) → $CH_3 - CH_2 - CH_2 - CH_3$
but-1-eno + dihidrógeno → butano

Cuando un alqueno se hidrogena, se saturan sus enlaces y se obtiene un alcano.

---

19) Dado el compuesto $CH_3CH_2CH{=}CH_2$: a) Justifique si puede formar enlaces de hidrógeno. b) Escriba la reacción de adición de HCl. c) Escriba el compuesto resultante de la reacción de hidrogenación en presencia de un catalizador.

a) No, no puede. Para formar enlaces de hidrógeno, una molécula tiene que tener algún átomo de hidrógeno unido a un átomo muy electronegativo, como O, F, Cl o S; el C no es lo bastante electronegativo.

b) $CH_3 - CH_2 - CH = CH_2 + HCl \rightarrow CH_3 - CH_2 - CHCl - CH_3$
but-1-eno + cloruro de hidrógeno $\rightarrow$ 2-clorobutano

c) $CH_3 - CH_2 - CH = CH_2 + H_2$ (Pd o Pt) $\rightarrow CH_3 - CH_2 - CH_2 - CH_3$
but-1-eno + dihidrógeno $\rightarrow$ butano

---

20) Para el compuesto A de fórmula $CH_3CH_2CH_2CH_2CH_3$ escriba: a) La reacción de combustión de A ajustada. b) Una reacción que por hidrogenación catalítica dé lugar a A. c) La reacción fotoquímica de 1 mol de A en presencia de 1 mol de cloro (Cl_2).

a) $CH_3 - CH_2 - CH_2 - CH_2 - CH_3 + 8\ O_2 \rightarrow 5\ CO_2 + 6\ H_2O$
pentano + dioxígeno $\rightarrow$ dióxido de carbono + agua

b) $CH_3 - CH_2 - CH_2 - CH = CH_2 + H_2$ (Pd o Pt) $\rightarrow CH_3 - CH_2 - CH_2 - CH_2 - CH_3$
pent-1-eno + dihidrógeno $\rightarrow$ pentano

c) $CH_3 - CH_2 - CH_2 - CH_2 - CH_3 + Cl_2 \rightarrow CH_3 - CH_2 - CH_2 - CH_2 - CH_2Cl + HCl$
pentano + dicloro $\rightarrow$ 1-cloropentano + cloruro de hidrógeno
En realidad, se obtiene una mezcla de isómeros.

---

21) De los siguientes compuestos: $CH_3CHClCH_2OH$, $ClCH_2CH_2CH_2OH$, $ClCH_2CH_2COCH_3$
a) Justifique qué compuesto puede presentar isomería óptica. b) Indique qué compuestos son isómeros de posición. c) Indique qué compuesto es isómero funcional del $ClCH_2CH_2CH_2CHO$.

a) $CH_3C^*HClCH_2OH$. Presenta isomería óptica porque tiene un carbono asimétrico, es decir, un carbono unido a cuatro grupos distintos.

b) $CH_3CHClCH_2OH$ y $ClCH_2CH_2CH_2OH$. Son isómeros de posición porque tienen la misma fórmula molecular (C_3H_7ClO) y distinta posición del grupo funcional, en este caso, el cloro.

c) $ClCH_2CH_2COCH_3$. Es isómero funcional porque tiene la misma fórmula molecular (C_4H_7ClO) y distinto grupo funcional.

2015

22) Dados los compuestos: $CH_3CH_2CH_2Br$ y $CH_3CH_2CH = CH_2$,
indica, escribiendo la reacción correspondiente: a) El que reacciona con H_2O/H_2SO_4 para dar un alcohol. b) El que reacciona con $NaOH/H_2O$ para dar un alcohol. c) El que reacciona con HCl para dar 2-clorobutano.

a) $CH_3 - CH_2 - CH = CH_2 + H_2O/H_2SO_4 \rightarrow CH_3 - CH_2 - CHOH - CH_3$
but-1-eno + ácido sulfúrico $\rightarrow$ butan-2-ol

b) $CH_3 - CH_2 - CH_2Br + NaOH/H_2O \rightarrow CH_3 - CH_2 - CH_2OH + NaBr$
bromuro de propilo + hidróxido de sodio $\rightarrow$ propan-1-ol + bromuro de sodio

c) $CH_3 - CH_2 - CH = CH_2 + HCl \rightarrow CH_3 - CH_2 - CHCl - CH_3$
but-1-eno + cloruro de hidrógeno → 2-clorobutano

---

23) Dada la molécula $HC{\equiv}CCH_2CH_2CH_3$:
a) Indique la hibridación que presenta cada uno de los átomos de carbono de la molécula. b) Escriba la estructura de un isómero de esta molécula e indique de qué tipo es. c) Escriba el compuesto que se obtiene cuando un mol de esta sustancia reacciona con dos moles de H_2 en presencia del catalizador adecuado.

a) sp , sp, sp^3, sp^3, sp^3

b) $HC \equiv C - CH(CH_3) - CH_3$: es un isómero de cadena.

c) $HC \equiv C - CH_2 - CH_2 - CH_3 + 2\ H_2\ (Pd\ o\ Pt) \rightarrow CH_3 - CH_2 - CH_2 - CH_2 - CH_3$
pent-1-ino + dihidrógeno → pentano

---

24) Dado el compuesto $CH_3CH{=}CH_2$: a) Escriba la reacción de adición de Cl_2. b) Escriba la reacción de hidratación con disolución acuosa de H_2SO_4, indicando el producto mayoritario. c) Escriba la reacción ajustada de combustión.

a) $CH_3 - CH = CH_2 + Cl_2 \rightarrow CH_3 - CHCl - CH_2Cl$
propeno + dicloro → 1,2-dicloropropano

b) $CH_3 - CH = CH_2 + H_2SO_4/H_2O \rightarrow CH_3 - CHOH - CH_3$
propeno + ácido sulfúrico acuoso → propan-2-ol

c) $2\ CH_3 - CH = CH_2 + 9\ O_2 \rightarrow 6\ CO_2 + 6\ H_2O$
propeno + dioxígeno → dióxido de carbono + agua

---

25) Razone la veracidad o falsedad de las siguientes afirmaciones:
a) El compuesto $CH_3CH{=}CHCH_3$ presenta isomería geométrica. b) Dos compuestos que posean el mismo grupo funcional siempre son isómeros. c) El compuesto 2-metilpentano presenta isomería óptica.

a) Verdadero. Para que una molécula tenga isomería geométrica o cis-trans debe tener un doble enlace y cada uno de los carbonos del doble enlace debe tener un hidrógeno y otro grupo.

b) Falso. Para ser isómeros es imprescindible tener la misma fórmula molecular y dos compuestos con el mismo grupo funcional pueden tener distinta fórmula molecular. Por ejemplo: el butan-1-ol y el butan-2-ol.

c) Falso. Para presentar isomería óptica, la cadena debe tener algún carbono asimétrico, es decir, algún carbono unido a cuatro grupos distintos. No hay ningún carbono que cumpla esta condición en la molécula de: $CH_3 - CH(CH_3) - CH_2 - CH_2 - CH_3$.

---

26) Escriba la estructura de un compuesto que se ajuste a cada una de las siguientes condiciones:
a) Un alcohol primario quiral de cinco carbonos. b) Dos isómeros geométricos de fórmula molecular C_5H_{10}. c) Una amina secundaria de cuatro carbonos.

a) $CH_3 - C^*HOH - CH_2 - CH_2 - CH_3$: el pentan-2-ol

b)

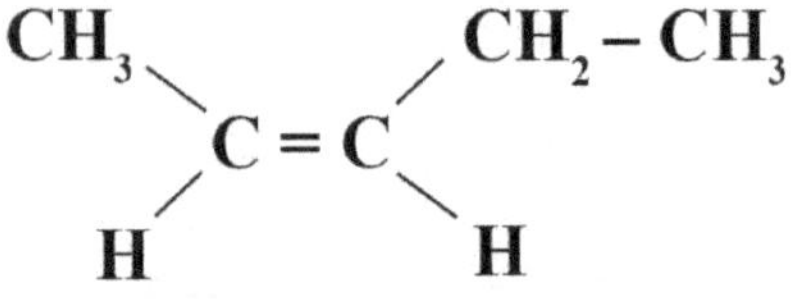

cis-pent-2-eno

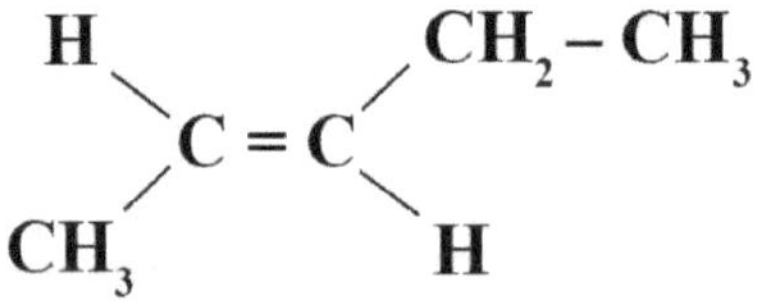

trans-pent-2-eno

c) $CH_3 - CH(NH_2) - CH_2 - CH_3$

<u>**2014**</u>

27) Dado el siguiente compuesto: $CH_3 - CH = CH - CH_3$, indica, justificando la respuesta, si las siguientes afirmaciones son verdaderas o falsas:
a) El compuesto reacciona con bromo para dar dos compuestos isómeros geométricos. b) El compuesto reacciona con HCl para dar un compuesto que no presenta isomería óptica. c) El compuesto reacciona con H_2 para dar $CH_3 - C \equiv C - CH_3$.

a) Falso.
$CH_3 - CH = CH - CH_3 + Br_2 \rightarrow CH_3 - CHBr - CHBr - CH_3$
but-2-eno + dibromo $\rightarrow$ 2,3-dibromobutano
Es una adición de bromo al doble enlace. Para que exista isomería geométrica es imprescindible tener doble enlace.

b) Falso.
$CH_3 - CH = CH - CH_3 + HCl \rightarrow CH_3 - C^*HCl - CH_2 - CH_3$
but-2-eno + cloruro de hidrógeno $\rightarrow$ 2-clorobutano
El compuesto obtenido sí presenta isomería óptica, pues presenta un carbono asimétrico, es decir, un carbono unido a cuatro carbonos distintos.

c) Falso.
$CH_3 - CH = CH - CH_3 + H_2 \rightarrow CH_3 - CH_2 - CH_2 - CH_3$
but-2-eno + dihidrógeno (Pd o Pt) $\rightarrow$ butano
Se trata de una hidrogenación catalítica, una adición al doble enlace. Se saturan los enlaces y se obtiene un alcano, no un alquino.

---

28) Escribe para cada compuesto el isómero que corresponde:
a) Isómero de cadena de $CH_3CHBrCH_2CH_3$.
b) Isómero de función de CH_3COCH_3 .
c) Isómero de posición de $CH_2 = CHCH_2CH_3$.

a) $CH_3 - CBr(CH_3) - CH_3$: 2-bromometilpropano

b) $CH_3 - CH_2 - CHO$: propanal

c) $CH_3 - CH = CH - CH_3$: but-2-eno

---

29) Para el $CH_3CH_2CHOHCH_3$, escriba: a) Un isómero de posición. b) Un isómero de función. c) Un isómero de cadena.

a) $CH_3 - CH_2 - CH_2 - CH_2OH$: butan-1-ol

b) $CH_3 - CH_2 - O - CH_2 - CH_3$: dietiléter

c) $CH_3 - CH(CH_3) - CH_2OH$: metilpropan-1-ol

---

30) Escriba los compuestos orgánicos mayoritarios que se esperan de las siguientes reacciones:
a) $CH_3CH_2CH(CH_3)CH{=}CH_2$ con H_2 en presencia de un catalizador.
b) Un mol de $CH_3CH(CH_3)CH_2C{\equiv}CH$ con dos moles de Br_2 .
c) Un mol de $CH_2{=}CHCH_2CH_2CH{=}CH_2$ con dos moles de HBr.

a) $CH_3 - CH_2 - CH(CH_3) - CH = CH_2 + H_2$ (Pd o Pt) $\rightarrow$ $CH_3 - CH_2 - CH(CH_3) - CH_2 - CH_3$
3-metilpent-1-eno + dihidrógeno $\rightarrow$ 3-metilpentano

b) $CH_3 - CH(CH_3) - CH_2 - C \equiv CH + 2\ Br_2$ $\rightarrow$ $CH_3 - CH(CH_3) - CH_2 - CBr_2 - CHBr_2$
4-metilpent-1-ino + dibromo $\rightarrow$ 1,1,2,2-tetrabromo-4-metilpentano

c) $CH_2 = CH - CH_2 - CH_2 - CH = CH_2 + 2\ HBr$ $\rightarrow$ $CH_3 - CHBr - CH_2 - CH_2 - CHBr - CH_3$
hexa-1,5-dieno + bromuro de hidrógeno $\rightarrow$ 2,5-dibromohexano

---

31) Dado el compuesto $CH_3CH_2CH_2CH{=}CH_2$.
a) Escriba la reacción de adición de Cl_2 . b) Escriba la reacción de hidratación con disolución acuosa de H_2SO_4 que genera el producto mayoritario. c) Escriba la reacción de combustión ajustada.

a) $CH_3 - CH_2 - CH_2 - CH = CH_2 + Cl_2$ $\rightarrow$ $CH_3 - CH_2 - CH_2 - CHCl - CH_2Cl$
pent-1-eno + dicloro $\rightarrow$ 1,2-dicloropentano

b) $CH_3 - CH_2 - CH_2 - CH = CH_2 + H_2SO_4/H_2O$ $\rightarrow$ $CH_3 - CH_2 - CH_2 - CHOH - CH_3$
pent-1-eno + ácido sulfúrico acuoso $\rightarrow$ pentan-2-ol

c) $2\ CH_3 - CH_2 - CH_2 - CH = CH_2 + 15\ O_2$ $\rightarrow$ $10\ CO_2 + 10\ H_2O$
pent-1-eno + dioxígeno $\rightarrow$ dióxido de carbono + agua

---

2013

32) Dado el siguiente compuesto $CH_3-CH_2-CHOH-CH_3$, justifica si las afirmaciones siguientes son verdaderas o falsas: a) El compuesto reacciona con H_2SO_4 concentrado para dar dos compuestos isómeros geométricos. b) El compuesto no presenta isomería óptica. c) El compuesto adiciona H_2 para dar $CH_3-CH_2-CH_2-CH_3$.

a) Verdadero.
$CH_3-CH_2-CHOH-CH_3 + H_2SO_4 \rightarrow CH_3-CH=CH-CH_3$
butan-2-ol + ácido sulfúrico → but-2-eno

Para que un compuesto tenga isomería geométrica debe tener un doble enlace y cada carbono del doble enlace debe tener un hidrógeno y otro grupo.

b) Falso. Presenta isomería óptica porque tiene un carbono asimétrico, es decir, un carbono unido a cuatro grupos distintos: $CH_3-CH_2-C^*HOH-CH_3$

c) Falso. El compuesto que adicionaría dihidrógeno para dar butano sería el but-2-eno:
$CH_3-CH=CH-CH_3 + H_2$ (Pd o Pt) $\rightarrow CH_3-CH_2-CH_2-CH_3$
but-2-eno + dihidrógeno → butano

---

33) Escriba un compuesto que se ajuste a las siguientes condiciones: a) Una amina secundaria de cuatro carbonos con un átomo de nitrógeno unido a un carbono con hibridación sp^3 y que contenga átomos con hibridación sp^2. b) Un éter de tres carbonos conteniendo átomos con hibridación sp. c) El isómero cis de un alcohol primario de cuatro carbonos.

a) $CH_3-CH(NH_2)-CH=CH_2$

b) $HC\equiv C-O-CH_3$

c)

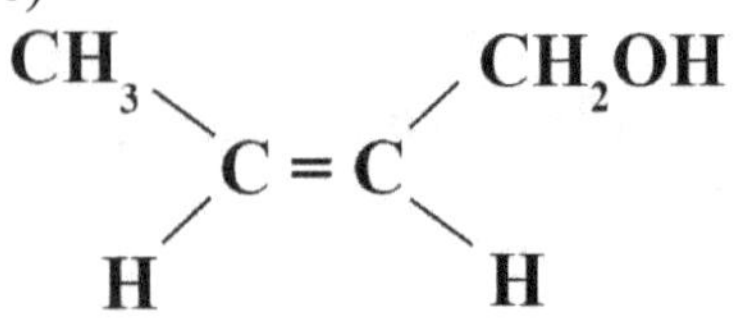

cis-but-2-en-1-ol

---

34) Dado el compuesto $HOCH_2CH_2CH_2CH=CH_2$
a) Escriba la reacción de adición de Br_2. b) Escriba la reacción de combustión ajustada. c) Escriba la reacción de deshidratación con H_2SO_4 concentrado.

a) $HOCH_2-CH_2-CH_2-CH=CH_2 + Br_2 \rightarrow HOCH_2-CH_2-CH_2-CHBr-CHBr$
pent-4-en-1-ol + dibromo → 4,5-dibromopentan-1-ol

b) $2\ HOCH_2-CH_2-CH_2-CH=CH_2 + 15\ O_2 \rightarrow 10\ CO_2 + 10\ H_2O$
pent-4-en-1-ol + dioxígeno → dióxido de carbono + agua

c) $HOCH_2 - CH_2 - CH_2 - CH = CH_2 + H_2SO_4/H_2O \rightarrow HOCH_2 - CH_2 - CH_2 - CHOH - CH_3$
pent-4-en-1-ol + ácido sulfúrico acuoso → pentano-1,4-diol

---

35) Escriba para cada compuesto el isómero que corresponda:
a) Isómero de posición de $CH_3CHClCH_3$.
b) Isómero de cadena de $CH_3CH_2CH_2CH_3$.
c) Isómero de función de CH_3CH_2OH.

a) $CH_3 - CH_2 - CH_2Cl$: cloruro de propilo.

b) $CH_3 - CH(CH_3) - CH_3$: metilpropano.

c) $CH_3 - O - CH_3$: dimetiléter.

2012

36) Sean las fórmulas $CH_3CHClCH_2CH_2OH$ y $CH_3CH=CHCH_3$. Indique, razonadamente: a) La que corresponda a dos compuestos que desvían en sentido contrario el plano de polarización de la luz polarizada. b) La que corresponda a dos isómeros geométricos. c) La que corresponda a un compuesto que pueda formar enlaces de hidrógeno.

a) $CH_3C^*HClCH_2CH_2OH$. Desvía el plano de polarización de la luz porque tiene un carbono asimétrico, es decir, un carbono unido a cuatro grupos distintos. Tiene dos isómeros ópticos: uno desvía el plano de polarización de la luz hacia la derecha y otro hacia la izquierda.

b) $CH_3CH=CHCH_3$.

$$\begin{array}{cc}
\text{CH}_3\diagdown\quad\diagup\text{CH}_3 & \text{H}\diagdown\quad\diagup\text{CH}_3 \\
\quad\text{C} = \text{C} & \quad\text{C} = \text{C} \\
\text{H}\diagup\quad\diagdown\text{H} & \text{CH}_3\diagup\quad\diagdown\text{H}
\end{array}$$

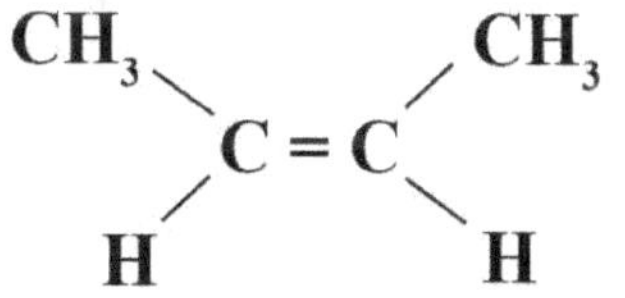

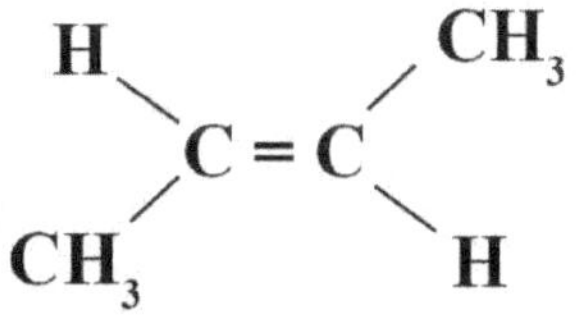

cis-but-2-eno   **trans-but-2-eno**

Para tener isomería geométrica hay que tener un doble enlace y cada átomo del doble enlace debe tener un hidrógeno y otro grupo.

c) $CH_3CHClCH_2CH_2OH$. Para que una molécula forme enlaces de hidrógeno debe tener hidrógeno unido a un átomo muy electronegativo, como el oxígeno. El enlace de hidrógeno se establece entre el oxígeno y el hidrógeno de una molécula y el oxígeno de una vecina.

---

37) Dados los siguientes compuestos: $CH_3CH_2CH=CH_2$; CH_3CH_2CHO; CH_3OCH_3 ;
$CH_3CH=CHCH_3$; CH_3CH_2OH; CH_3COCH_3. Indique:
a) Los que son isómeros de posición. b) Los que presentan isomería geométrica. c) Los que son isómeros de función.

a) $CH_3CH_2CH{=}CH_2$ y $CH_3CH{=}CHCH_3$

b) $CH_3CH{=}CHCH_3$

c) Por un lado: CH_3OCH_3 y CH_3CH_2OH. Por otro lado: CH_3CH_2CHO y CH_3COCH_3

---

38) a) Escriba la reacción de adición de cloruro de hidrógeno a $CH_3CH_2CH{=}CH_2$. b) Escriba y ajuste la reacción de combustión del propano. c) Escriba el compuesto que se obtiene cuando el cloro molecular se adiciona al metilpropeno.

a) $CH_3 - CH_2 - CH = CH_2 + HCl \rightarrow CH_3 - CH_2 - CHCl - CH_3$
but-1-eno + cloruro de hidrógeno → 2-clorobutano

b) $CH_3 - CH_2 - CH_3 + 5\ O_2 \rightarrow 3\ CO_2 + 4\ H_2O$
propano + dioxígeno → dióxido de carbono + agua

c) $CH_3 - C(CH_3) = CH_2 + Cl_2 \rightarrow CH_3 - CCl(CH_3) - CH_2Cl$
metilpropeno + dicloro → 1,2-diclorometilpropano

2011

39) Dada la siguiente transformación química $CH \equiv C - CH_2 - CH_3 + x\ A \rightarrow B$.
Justifica si las siguientes afirmaciones son verdaderas o falsas:
a) Cuando $x = 2$ y $A = Cl_2$, el compuesto B presenta isomería geométrica.
b) Cuando $x = 1$ y $A = H_2$, el compuesto B presenta isomería geométrica.
c) Cuando $x = 1$ y $A = Br_2$, el compuesto B presenta isomería geométrica.

a) Falso.
$CH \equiv C - CH_2 - CH_3 + 2\ Cl_2 \rightarrow CHCl_2 - CCl_2 - CH_2 - CH_3$
but-1-ino + dicloro → 1,1,2,2-diclorobutano

Para que la molécula tenga isomería geométrica es indispensable tener un doble enlace.

b) Falso.
$CH \equiv C - CH_2 - CH_3 + H_2 \rightarrow CH_2 = CH - CH_2 - CH_3$
but-1-ino + dihidrógeno → but-1-eno

Para tener isomería geométrica, la molécula debe tener un doble enlace y cada carbono del doble enlace debe tener un hidrógeno y otro grupo.

c) Falso.
$CH \equiv C - CH_2 - CH_3 + Br_2 \rightarrow CHBr = CBr - CH_2 - CH_3$
but-1-ino + dibromo → 1,2-dibromobut-1-eno

Para tener isomería geométrica, la molécula debe tener un doble enlace y cada carbono del doble enlace debe tener un hidrógeno y otro grupo.

---

40) Escribe la fórmula desarrollada de los siguientes compuestos y nombra el grupo funcional que presentan: a) CH_3CH_2CHO. b) $CH_3CH_2CONH_2$. c) $CH_3CH_2COOCH_2CH_3$.

a) Propanal

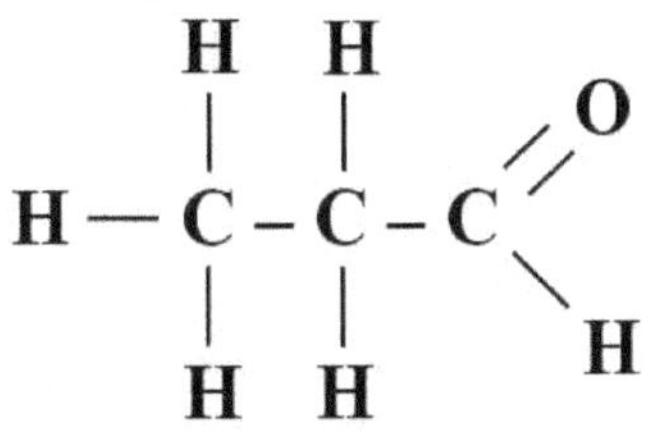

– CHO: grupo aldehido

b) Propanamida

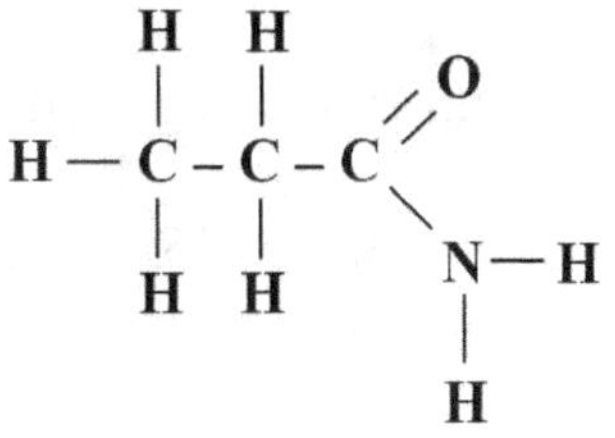

– $CONH_2$: grupo amida

c) Propanoato de etilo

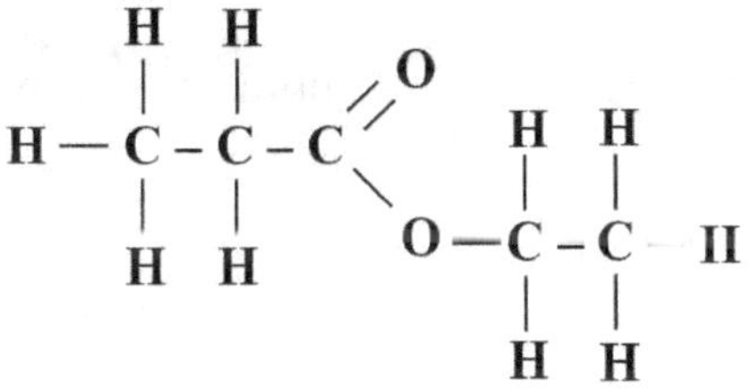

– COO – : grupo éster

---

41) Escriba un compuesto que se ajuste a las siguientes condiciones: a) Un alcohol primario de cuatro carbonos conteniendo átomos con hibridación sp^2. b) Un aldehído de tres carbonos conteniendo átomos con hibridación sp. c) Un ácido carboxílico de tres carbonos que no contenga carbonos con hibridación sp^3 .

a) $CH_2 = CH – CH_2 – CH_2OH$: but-3-en-1-ol.

b) $HC \equiv C – CHO$: propinal.

c) $CH_2 = CH – COOH$: ácido propenoico.

---

42) a) Represente las fórmulas desarrolladas de los dos isómeros geométricos de $CH_3CH{=}CHCH_3$
b) Escriba un isómero de función de CH_3CH_2CHO.
c) Razone si el compuesto $CH_3CH_2CHOHCH_3$ presenta isomería óptica.

a)

$$\begin{array}{cc} CH_3 & CH_3 \\ \diagdownC=C\diagup \\ H & H \end{array} \qquad \begin{array}{cc} H & CH_3 \\ \diagdownC=C\diagup \\ CH_3 & H \end{array}$$

      cis-but-2-eno   **trans-but-2-eno**

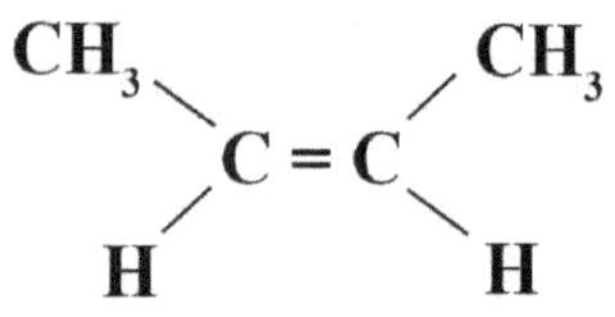

b) $CH_3 - CO - CH_3$: propanona.

c) Sí la presenta porque tiene un carbono asimétrico, es decir, un carbono unido a cuatro grupos distintos: $CH_3 - CH_2 - C^*HOH - CH_3$.

---

43) Dados los reactivos: H_2, H_2O/H_2SO_4 y HBr, elija aquéllos que permitan realizar la siguiente transformación química: $CH_3 - CH_2 - CH = CH_2 \rightarrow$ A, donde A es:
a) Un compuesto que puede formar enlaces de hidrógeno. b) Un compuesto cuya combustión sólo produce CO_2 y agua. c) Un compuesto que presenta isomería óptica. Justifique las respuestas escribiendo las reacciones correspondientes.

a) H_2O/H_2SO_4
Reacción correspondiente: $CH_3 - CH_2 - CH = CH_2 + H_2O/H_2SO_4 \rightarrow CH_3 - CH_2 - CHOH - CH_3$
but-1-eno + ácido sulfúrico acuoso $\rightarrow$ butan-2-ol

El butan-2-ol puede formar enlaces de hidrógeno porque tiene hidrógeno unido a un átomo muy electronegativo: el oxígeno.

b) H_2
Reacción correspondiente: $CH_3 - CH_2 - CH = CH_2 + H_2 \rightarrow CH_3 - CH_2 - CH_2 - CH_3$
but-1-eno + dihidrógeno $\rightarrow$ butano

Combustión del butano: $2\ CH_3 - CH_2 - CH_2 - CH_3 + 13\ O_2 \rightarrow 8\ CO_2 + 10\ H_2O$

c) HBr
Reacción correspondiente: $CH_3 - CH_2 - CH = CH_2 + HBr \rightarrow CH_3 - CH_2 - CHBr - CH_3$
but-1-eno + bromuro de hidrógeno $\rightarrow$ 2-bromobutano

El 2-bromobutano presenta isomería óptica porque tiene un carbono asimétrico, es decir, un carbono unido a cuatro grupos distintos: $CH_3 - CH_2 - C^*HBr - CH_3$

2010

44) Dados los compuestos orgánicos; CH_3OH, $CH_3CH = CH_2$ y $CH_3CH = CHCH_3$,
indica razonadamente: a) El que puede formar enlaces de hidrógeno. b) Los que pueden experimentar reacciones de adición. c) El que presenta isomería geométrica.

a) CH_3OH. Puede formar enlaces de hidrógeno porque en la molécula hay un hidrógeno unido a un átomo muy electronegativo: el oxígeno. Se establece el enlace de hidrógeno entre el oxígeno y el hidrógeno de la misma molécula y el oxígeno de una molécula vecina.

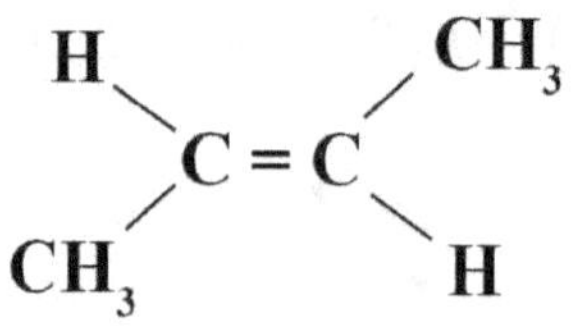

b) $CH_3CH = CH_2$ y $CH_3CH = CHCH_3$. Los alquenos y los alquinos pueden experimentar reacciones de adición al doble enlace, es decir, se suman átomos o grupos de átomos a los carbonos con doble enlace.

c) $CH_3CH = CHCH_3$. Para tener isomería geométrica o cis-trans hay que tener un doble enlace y cada carbono del doble enlace debe tener un hidrógeno y otro grupo.

---

45) Indique los reactivos adecuados para realizar las siguientes transformaciones:
a) $CH_3 - CH_2 - COOH \rightarrow CH_3 - CH_2COOCH_3$
b) $CH_2 = CH - CH_2Cl \rightarrow CH_3 - CH_2 - CH_2Cl$
c) $CH_2 = CH - CH_2Cl \rightarrow ClCH_2 - CHCl - CH_2Cl$

a) Reactivo: CH_3OH
ácido + alcohol $\rightarrow$ éster + agua
$CH_3 - CH_2 - COOH + CH_3OH \rightarrow CH_3 - CH_2COOCH_3 + H_2O$

b) Reactivo: H_2 (Pd o Pt)
$CH_2 = CH - CH_2Cl + H_2$ (Pd o Pt) $\rightarrow CH_3 - CH_2 - CH_2Cl$

c) Reactivo: Cl_2
$CH_2 = CH - CH_2Cl + Cl_2 \rightarrow ClCH_2 - CHCl - CH_2Cl$

---

46) Complete las siguientes reacciones e indique el tipo al que pertenecen:
a) $C_6H_6 + Cl_2 \rightarrow$
b) $CH_2 = CH_2 + H_2O \xrightarrow{H_2SO_4}$
c) $CH_3 - CH_2OH + H_2SO_4$ (conc.) $\rightarrow$

a) $C_6H_6 + Cl_2 \rightarrow C_6H_5Cl + HCl$: sustitución electrofílica.

b) $CH_2 = CH_2 + H_2O \xrightarrow{H_2SO_4} CH_3 - CH_2OH$: adición electrofílica.

c) $CH_3 - CH_2OH + H_2SO_4$ (conc.) $\rightarrow CH_2 = CH_2 + H_2O$: eliminación.

---

47) a) Escriba la ecuación de la reacción de adición de un mol de cloro a un mol de etino. b) Indique la fórmula desarrollada de los posibles isómeros obtenidos en el apartado anterior. c) ¿Qué tipo de isomería presentan los compuestos anteriores?

a) $HC \equiv CH + Cl_2 \rightarrow CHCl = CHCl$
Etino + dicloro $\rightarrow$ 1,2-dicloroeteno

b)

$$\begin{array}{c}Cl\\ \\ H\end{array}\!\!\!C=C\!\!\!\begin{array}{c}Cl\\ \\ H\end{array} \qquad \begin{array}{c}H\\ \\ Cl\end{array}\!\!\!C=C\!\!\!\begin{array}{c}Cl\\ \\ H\end{array}$$

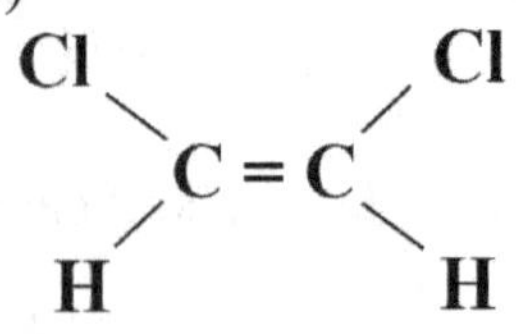

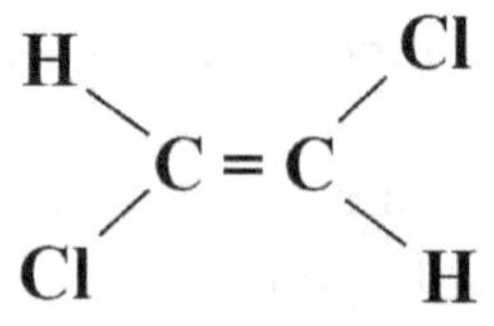

cis-1,2-dicloroeteno   trans-1,2-dicloroeteno

c) Se trata de isomería geométrica o cis-trans.

2009

48) Dados los compuestos CH_3OH, $CH_3 - CH = CH_2$ y $CH_2 - CH = CH - CH_3$, indica razonadamente:
a) Los que puedan presentar enlaces de hidrógeno. b) Los que puedan experimentar reacciones de adición. c) Los que puedan presentar isomería geométrica.

a) CH_3OH. Puede presentar enlaces de hidrógeno porque en la molécula hay un hidrógeno unido a un átomo muy electronegativo: el oxígeno. El enlace de hidrógeno se establece entre el oxígeno y el hidrógeno de una molécula y el oxígeno de una molécula vecina.

b) $CH_3 - CH = CH_2$ y $CH_2 - CH = CH - CH_3$. Los alquenos y los alquinos pueden experimentar reacciones de adición al doble enlace, es decir, se suman átomos o grupos de átomos a los carbonos con doble enlace.

c) $CH_2 - CH = CH - CH_3$. Para tener isomería geométrica, la molécula debe tener un doble enlace y cada carbono del doble enlace debe tener un hidrógeno y otro grupo.

---

49) Dado 1 mol de $CH \equiv C - CH_2 - CH_3$ escribe el producto principal que se obtiene en la reacción con: a) Un mol de H_2. b) Dos moles de Br_2. c) Un mol de HCl.

a) $CH \equiv C - CH_2 - CH_3 + H_2$ (Pd o Pt) $\rightarrow$ $CH_2 = CH - CH_2 - CH_3$
but-1-ino + dihidrógeno $\rightarrow$ but-1-eno

b) $CH \equiv C - CH_2 - CH_3 + 2\ Br_2 \rightarrow CHBr_2 - CBr_2 - CH_2 - CH_3$
but-1-ino + dibromo $\rightarrow$ 1,1,2,2-tetrabromobutano

c) $CH \equiv C - CH_2 - CH_3 + HCl \rightarrow CH_2 = CCl - CH_2 - CH_3$
but-1-ino + cloruro de hidrógeno $\rightarrow$ 2-clorobut-1-eno

2008

50) Indica el compuesto orgánico que se obtiene en las siguientes reacciones:

a) $CH_2 = CH_2 + Br_2 \rightarrow$

b) C_6H_6 (benceno) + Cl_2 $\xrightarrow{\text{catalizador}}$

c) $CH_3 - CHCl - CH_3$ $\xrightarrow{\text{KOH + etanol}}$

a) $CH_2Br - CH_2Br$: 1,2-dibromoetano

b) C_6H_5Cl : clorobenceno

c) $CH_3 - CH = CH_2$: propeno

---

51) Indica el producto que se obtiene en cada una de las siguientes reacciones:

a) $CH_3 - CH = CH_2 + Cl_2 \rightarrow$

b) $CH_3 - CH = CH_2 + HCl \rightarrow$

c) C_6H_6 (benceno) + HNO_3 $\xrightarrow{H_2SO_4}$

a) $CH_3 - CHCl - CH_2Cl$: 1,2-dicloropropano

b) $CH_3 - CHCl - CH_3$: 2-cloropropano

c) $C_6H_5NO_2$: nitrobenceno

---

52) Dados los compuestos: $(CH_3)_2CHCOOCH_3$; CH_3OCH_3 ; $CH_2{=}CHCHO$

a) Identifique y nombre la función que presenta cada uno. b) Razone si presentan isomería cis-trans. c) Justifique si presentan isomería óptica.

a) – COO – : grupo éster; – O – : grupo éter: – CHO: grupo aldehido

b) No, ninguno. Para presentar isomería geométrica o cis-trans la molécula debe tener un doble enlace y cada carbono del doble enlace debe tener un hidrógeno y otro grupo.

c) Ninguno presenta isomería óptica, pues ninguno tiene algún carbono asimétrico, es decir, algún carbono unido a cuatro grupos distintos.

---

53) Para el compuesto $CH_3CH{=}CHCH_3$ escriba: a) La reacción con HBr. b) La reacción de combustión. c) Una reacción que produzca $CH_3CH_2CH_2CH_3$

a) $CH_3 - CH = CH - CH_3 + HBr \rightarrow CH_3 - CH_2 - CHBr - CH_3$
but-2-eno + bromuro de hidrógeno → 2-bromobutano

b) $CH_3 - CH = CH - CH_3 + 6\ O_2 \rightarrow 4\ CO_2 + 4\ H_2O$
but-2-eno + dioxígeno → dióxido de carbono + agua

c) $CH_3 - CH = CH - CH_3 + H_2$ (Pd o Pt) → $CH_3 - CH_2 - CH_2 - CH_3$
but-2-eno + dihidrógeno → butano

---

54) Para cada compuesto, formule: a) Los isómeros cis-trans de $CH_3CH_2CH{=}CHCH_3$. b) Un isómero de función de $CH_3OCH_2CH_3$. c) Un isómero de posición del derivado bencénico $C_6H_4Cl_2$

a)

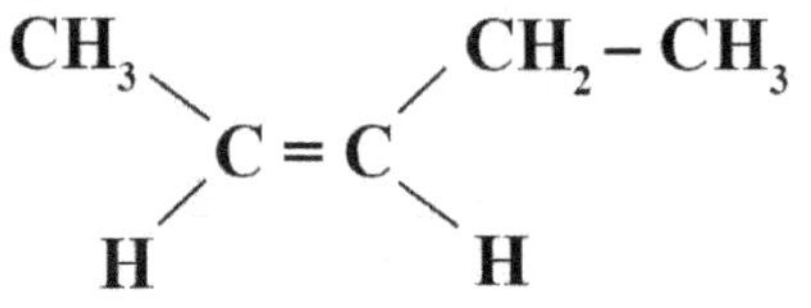

cis-pent-2-eno

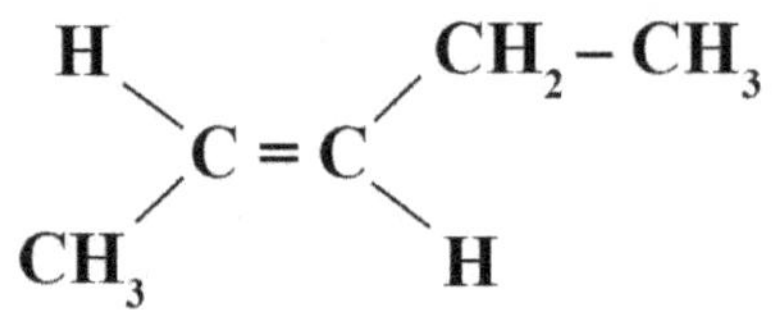

trans-pent-2-eno

b) $CH_3 - CH_2 - CH_2OH$: propan-1-ol

c)

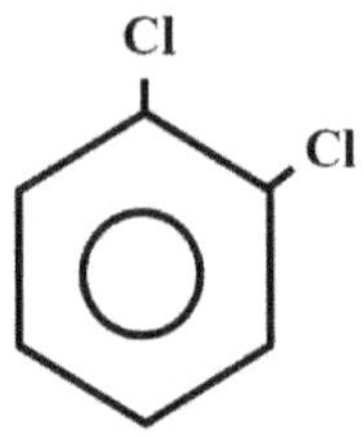

<u>**2007**</u>

55) Para los siguientes compuestos: $CH_3 - CH_3$; $CH_2 = CH_2$ y $CH_3 - CH_2OH$: a) Indica cuál o cuáles son hidrocarburos. b) Razona cuál será más soluble en agua. c) Explica cuál sería el compuesto con mayor punto de ebullición.

a) $CH_3 - CH_3$ y $CH_2 = CH_2$

b) $CH_3 - CH_2OH$. Será más soluble en agua porque establecerá puentes de hidrógeno con las moléculas de agua. Los demás compuestos son apolares y no se disuelven en agua.

c) $CH_3 - CH_2OH$. Cuando una sustancia molecular hierve, se rompen sus fuerzas intermoleculares. Cuanto mayor sea la intensidad de estas fuerzas, mayor será el punto de ebullición. El etanol tiene unas fuerzas intermoleculares más intensas que los otros dos, pues el grupo – OH forma enlaces de hidrógeno con otras moléculas de alcohol.

El etano y el eteno tienen fuerzas de van der Waals, que son más débiles que el enlace de hidrógeno.

---

56) Escriba:
a) Un isómero de cadena de $CH_3CH_2CH{=}CH_2$
b) Un isómero de función de $CH_3OCH_2CH_3$
c) Un isómero de posición de $CH_3CH_2CH_2CH_2COCH_3$
a) $CH_3 - C(CH_3) = CH_2$: metilpropeno

b) $CH_3 - CH_2 - CH_2OH$: propan-1-ol

c) $CH_3 - CH_2 - CO - CH_2 - CH_2 - CH_3$: hexan-3-ona

---

57) Indique los productos que se obtienen en cada una de las siguientes reacciones:
a) $CH_3CH = CH_2 + Cl_2 \rightarrow$
b) $CH_3CH = CH_2 + HCl \rightarrow$
c) $CH_3CH = CH_2 + O_2 \rightarrow$

a) $CH_3 - CHCl - CH_2Cl$: 1,2-dicloropropano

b) $CH_3 - CHCl - CH_3$: 2-cloropropano

c) $CO_2 + H_2O$

---

58) Escriba: a) Dos hidrocarburos saturados que sean isómeros de cadena entre sí. b) Dos alcoholes que sean entre sí isómeros de posición. c) Un aldehido que muestre isomería óptica.

a) $CH_3 - CH_2 - CH_2 - CH_3$ y $CH_3 - CH(CH_3) - CH_3$
butano y metilpropano

b) $CH_3 - CH_2 - CH_2OH$ y $CH_3 - CHOH - CH_3$
propan-1-ol y propan-2-ol

c) $CH_3 - CH_2 - CH(CH_3) - CHO$
2-metilbutanal

---

59) Complete las siguientes reacciones químicas:
a) $CH_3CH_3 + O_2 \rightarrow$
b) $CH_3CHOHCH_3 \xrightarrow{\text{KOH + etanol}}$
c) $CH \equiv CH + 2\ Br_2 \rightarrow$

a) $2\ CH_3CH_3 + 7\ O_2 \rightarrow 4\ CO_2 + 6\ H_2O$
etano + dioxígeno → dióxido de carbono + agua

$$CH_3CHOHCH_3 \xrightarrow{\text{KOH + etanol}} CH_3 - CH = CH_2 + H_2O$$

b) $CH_3CHOHCH_3 \xrightarrow{\text{KOH + etanol}} CH_3 - CH = CH_2 + H_2O$
propan-2-ol + hidróxido de potasio en etanol → propeno + agua

c) $CH \equiv CH + 2\ Br_2 \rightarrow CHBr_2 - CHBr_2$
eteno + dibromo → 1,1,2,2-tetrabromoetano

2006

60) Utilizando un alqueno como reactivo, escribe: a) La reacción de adición de HBr. b) La reacción de combustión ajustada. c) La reacción que produce el correspondiente alcano.

a) $CH_3 - CH = CH_2 + HBr \rightarrow CH_3 - CHBr - CH_3$
propeno + bromuro de hidrógeno → 2-bromopropano

b) $2\ CH_3 - CH = CH_2 + 9\ O_2 \rightarrow 6\ CO_2 + 6\ H_2O$
propeno + dioxígeno → dióxido de carbono + agua

TEORÍA RPECV					
Tipo de molécula	**Pares e^- enlace**	**Pares e^- libres**	**Geometría**	**Dibujo**	**Ejemplos**
AX_2	2	0	Lineal	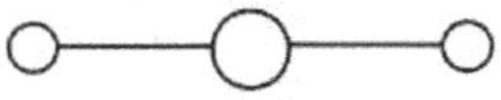	$BeCl_2$
AX_2	2	1	Angular	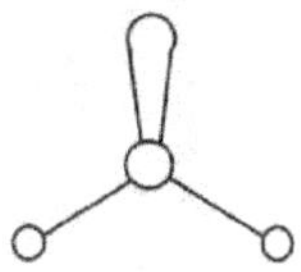	$SnCl_2$, SO_2
AX_2	2	2	Angular	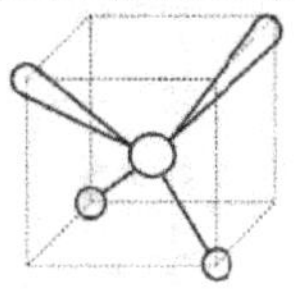	H_2O, SF_2
AX_2	2	3	Lineal	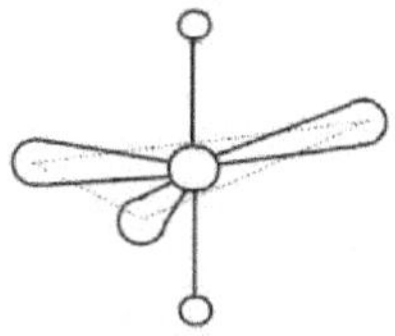	XeF_2, IF_2^-
AX_3	3	0	Plana trigonal	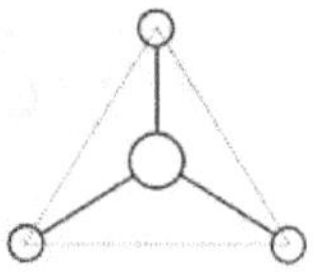	BF_3
AX_3	3	1	Piramidal trigonal	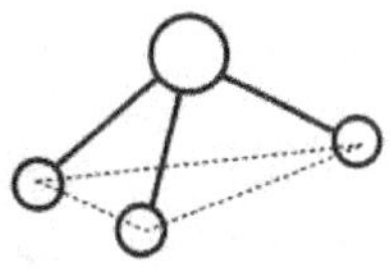	NH_3, PCl_3
AX_3	3	2	Forma de T	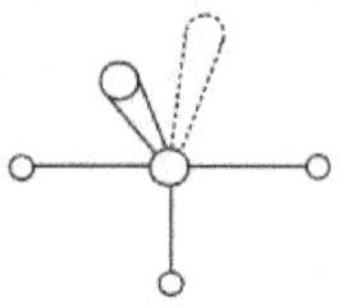	ClF_3
AX_4	4	0	Tetraédrica	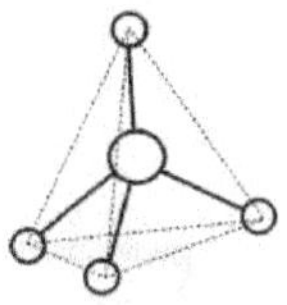	CF_4

TABLA PERIÓDICA Y CONFIGURACIÓN ELECTRÓNICA

Periodo	Grupo 1	Grupo 2	Grupo 3	Grupo 4	Grupo 5	Grupo 6	Grupo 7	Grupo 8	Grupo 9	Grupo 10	Grupo 11	Grupo 12	Grupo 13	Grupo 14	Grupo 15	Grupo 16	Grupo 17	Grupo 18
	ALCA LINOS	ALCA LINO TÉRRE OS	GRUPO DEL ESCAN DIO	GRUPO DEL TITA NIO	GRUPO DEL VANA DIO	GRUPO DEL CRO MO	GRUPO DEL MAN GA NESO	GRUPO DEL HIE RRO	GRUPO DEL CO BALTO	GRUPO DEL NÍ QUEL	GRUPO DEL COBRE	GRUPO DEL CINC	TÉ RRE OS	CARBO NOIDE OS	NITRO GENOI DEOS	ANFÍ GENOS /CAL CÓGE NOS	HALÓ GENOS	GASES NO BLES/ INER TES
	ns^1	ns^2	$(n-1)d^1$ ns^2	$(n-1)d^2$ ns^2	$(n-1)d^3$ ns^2	$(n-1)d^4$ ns^2	$(n-1)d^5$ ns^2	$(n-1)d^6$ ns^2	$(n-1)d^7$ ns^2	$(n-1)d^8$ ns^2	$(n-1)d^9$ ns^2	$(n-1)d^{10}$ ns^2	ns^2 np^1	ns^2 np^2	ns^2 np^3	ns^2 np^4	ns^2 np^5	ns^2 np^6
n = 1							**H** HIDRÓ GENO											**He** HELIO
n = 2	**Li** LITIO	**Be** BERI LIO											**B** BORO	**C** CAR BONO	**N** NITRÓ GENO	**O** OXÍGE NO	**F** FLÚOR	**Ne** NEÓN
n = 3	**Na** SODIO	**Mg** MAG NESIO											**Al** ALUMI NIO	**Si** SILICIO	**P** FÓS FORO	**S** AZU FRE	**Cl** CLORO	**Ar** ARGÓN
n = 4	**K** POTA SIO	**Ca** CAL CIO	**Sc** ESCAN DIO	**Ti** TITA NIO	**V** VANA DIO	**Cr** CRO MO	**Mn** MAN GA NESO	**Fe** HIE RRO	**Co** COBAL TO	**Ni** NÍ QUEL	**Cu** COBRE	**Zn** ZINC/ CINC	**Ga** GALIO	**Ge** GER MANIO	**As** ARSÉ NICO	**Se** SELE NIO	**Br** BRO MO	**Kr** CRIP TÓN
n = 5	**Rb** RUBI DIO	**Sr** ES TRON CIO	**Y** ITRIO	**Zr** CIRCO NIO	**Nb** NIOBIO	**Mo** MOLIB DENO	**Tc** TECNE CIO	**Ru** RUTE NIO	**Rh** RODIO	**Pd** PALA DIO	**Ag** PLATA	**Cd** CAD MIO	**In** INDIO	**Sn** ESTA ÑO	**Sb** ANTI MONIO	**Te** TELU RO	**I** IODO/ YODO	**Xe** XENÓN
n = 6	**Cs** CESIO	**Ba** BARIO	**La** LANTA NO	**Hf** HAF NIO	**Ta** TÁNTA LO	**W** WOL FRA MIO	**Re** RENIO	**Os** OSMIO	**Ir** IRIDIO	**Pt** PLA TINO	**Au** ORO	**Hg** MERCU RIO	**Tl** TALIO	**Pb** PLOMO	**Bi** BIS MUTO	**Po** POLO NIO	**At** AS TATO	**Rn** RADÓN
n = 7	**Fr** FRAN CIO	**Ra** RADIO	**Ac** ACTI NIO															

NÚMEROS DE OXIDACIÓN

								H +1, -1									**He** -
Li +1	**Be** +2											**B** +3, -3	**C** +2, +4, -4	**N** +1, +2, +3, +4, +5, -3	**O** -1, -2	**F** -1	**Ne** -
Na +1	**Mg** +2											**Al** +3	**Si** +2, +4, -4	**P** +3, +5, -3	**S** +2, +4, +6, -2	**Cl** +1, +3, +5, +7, -1	**Ar** -
K +1	**Ca** +2	**Sc** +3	**Ti** +2, +3, +4	**V** +2, +3, +4, +5	**Cr** +2, +3, +6	**Mn** +2, +3, +4, +6, +7	**Fe** +2, +3	**Co** −2, +3	**Ni** +2, +3	**Cu** +1, +2	**Zn** +2	**Ga** +3	**Ge** +2, +4	**As** +3, +5, -3	**Se** +2, +4, +6, -2	**Br** +1, +3, +5, +7, -1	**Kr** -
Rb +1	**Sr** +2	**Y** +3	**Zr** +3, +4	**Nb** +2, +3, +4, +5	**Mo** +2, +3, +4, +5, +6	**Tc** +4, +5, +6, +7	**Ru** +2, +3, +4, +5, +6, +7	**Rh** −2, +3, −4, +5, +6	**Pd** +2, +4	**Ag** +1	**Cd** +2	**In** +3	**Sn** +2, +4	**Sb** +3, +5, -3	**Te** +2, +4, +6, -2	**I** +1, +3, +5, +7, -1	**Xe** -
Cs +1	**Ba** +2	**La** +3	**Hf** +3, +4	**Ta** +3, +4, +5	**W** +2, +3, +4, +5, +6	**Re** +2, +3, +4, +6, +7	**Os** +2, +3, +4, +5, +6, +7, +8	**Ir** +2, +3, +4, +5, +6	**Pt** +2, +4	**Au** +1, +3	**Hg** +1, +2	**Tl** +1, +3	**Pb** +2, +4	**Bi** +3, +5	**Po** +2, +4, +6, -2	**At** +1, +5, -1	**Rn** -
Fr +1	**Ra** +2	**Ac** +3															

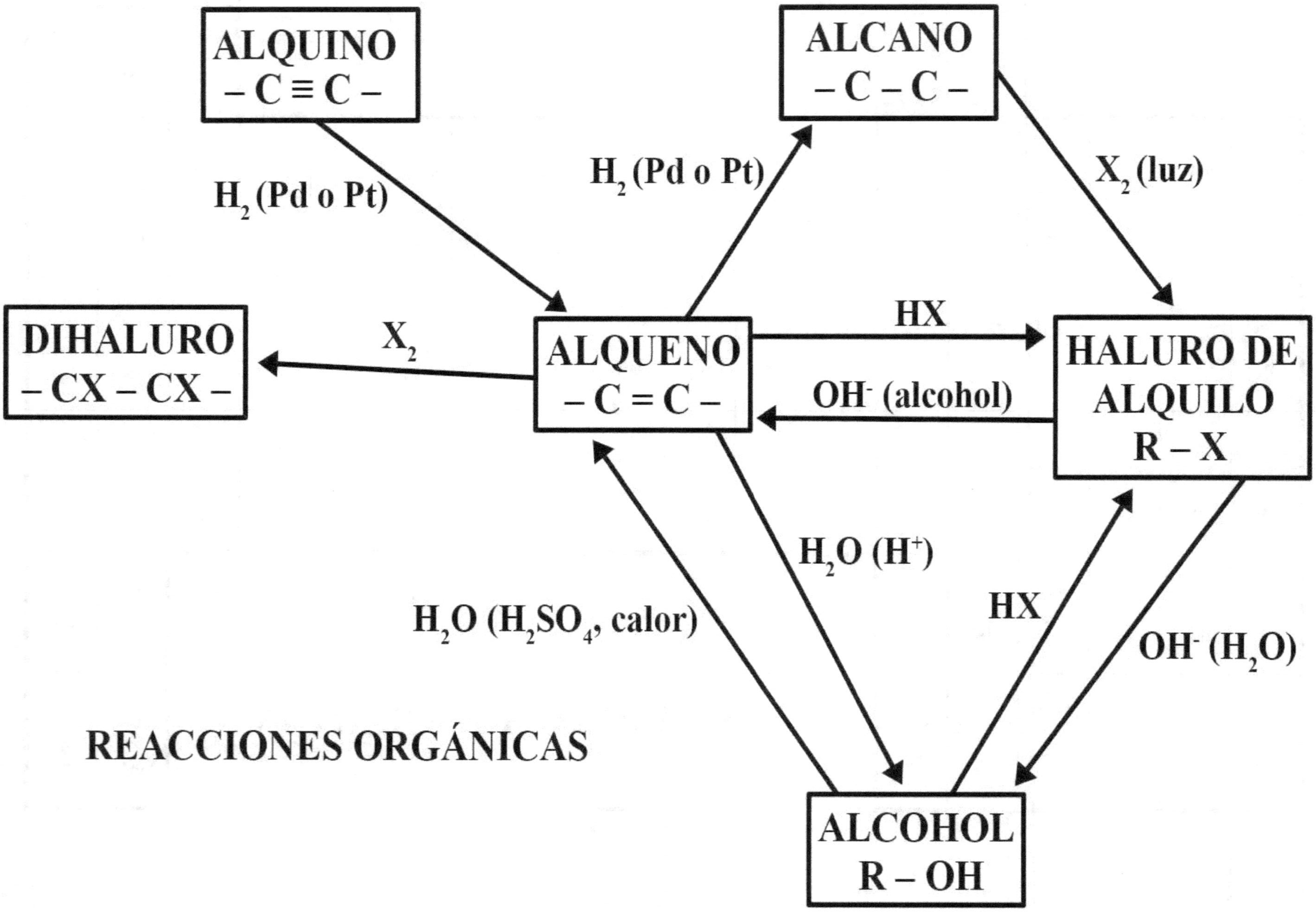

REACCIONES ORGÁNICAS

ELECTRONEGATIVIDADES

								H 2,1									He –
Li 1,0	Be 1,5											B 2,0	C 2,5	N 3,0	O 3,5	F 4,0	Ne –
Na 0,9	Mg 1,2											Al 1,5	Si 1,8	P 2,1	S 2,5	Cl 3,0	Ar –
K 0,8	Ca 1,0	Sc 1,3	Ti 1,5	V 1,6	Cr 1,6	Mn 1,5	Fe 1,8	Co 1,8	Ni 1,8	Cu 1,9	Zn 1,6	Ga 1,6	Ge 1,8	As 2,0	Se 2,4	Br 2,8	Kr –
Rb 0,8	Sr 1,0	Y 1,2	Zr 1,4	Nb 1,6	Mo 1,8	Tc 1,9	Ru 2,2	Rh 2,2	Pd 2,2	Ag 1,9	Cd 1,7	In 1,7	Sn 1,8	Sb 1,9	Te 2,1	I 2,5	Xe –
Cs 0,8	Ba 0,9	La 1,1	Hf 1,3	Ta 1,5	W 2,4	Re 1,9	Os 2,2	Ir 2,2	Pt 2,2	Au 2,4	Hg 1,9	Tl 1,8	Pb 1,8	Bi 1,9	Po 2,0	At 2,2	Rn –
Fr 0,7	Ra 0,9	Ac 1,1															

TABLA PERIÓDICA DE LOS ELEMENTOS

	1	2	3	4	5	6	7	8	9	10	11	12	13	14	15	16	17	18
1	1 H 1.0079 HIDRÓGENO																	2 He 4.0026 HELIO
2	3 Li 6.941 LITIO	4 Be 9.0122 BERILIO											5 B 10.811 BORO	6 C 12.011 CARBONO	7 N 14.007 NITRÓGENO	8 O 15.999 OXÍGENO	9 F 18.998 FLÚOR	10 Ne 20.180 NEÓN
3	11 Na 22.990 SODIO	12 Mg 24.305 MAGNESIO											13 Al 26.982 ALUMINIO	14 Si 28.086 SILICIO	15 P 30.974 FÓSFORO	16 S 32.065 AZUFRE	17 Cl 35.543 CLORO	18 Ar 39.948 ARGÓN
4	19 K 39.098 POTASIO	20 Ca 40.078 CALCIO	21 Sc 44.956 ESCANDIO	22 Ti 47.867 TITANIO	23 V 50.942 VANADIO	24 Cr 51.996 CROMO	25 Mn 54.938 MANGANESO	26 Fe 55.845 HIERRO	27 Co 58.933 COBALTO	28 Ni 58.693 NÍQUEL	29 Cu 63.546 COBRE	30 Zn 65.38 ZINC	31 Ga 69.723 GALIO	32 Ge 72.64 GERMANIO	33 As 74.922 ARSÉNICO	34 Se 78.96 SELENIO	35 Br 79.904 BROMO	36 Kr 83.798 KRIPTÓN
5	37 Rb 85.468 RUBIDIO	38 Sr 87.62 ESTRONCIO	39 Y 88.906 ITRIO	40 Zr 91.224 CIRCONIO	41 Nb 92.906 NIOBIO	42 Mo 95.96 MOLIBDENO	43 Tc (98) TECNECIO	44 Ru 101.07 RUTENIO	45 Rh 102.91 RODIO	46 Pd 106.42 PALADIO	47 Ag 107.87 PLATA	48 Cd 112.41 CADMIO	49 In 114.82 INDIO	50 Sn 118.71 ESTAÑO	51 Sb 121.76 ANTIMONIO	52 Te 127.60 TELURO	53 I 126.90 YODO	54 Xe 131.29 XENÓN
6	55 Cs 132.91 CESIO	56 Ba 137.33 BARIO	57 - 71 La-Lu Lantánidos	72 Hf 178.49 HAFNIO	73 Ta 180.95 TÁNTALO	74 W 183.84 WOLFRAMIO	75 Re 186.21 RENIO	76 Os 190.23 OSMIO	77 Ir 192.22 IRIDIO	78 Pt 195.08 PLATINO	79 Au 196.97 ORO	80 Hg 200.59 MERCURIO	81 Tl 204.38 TALIO	82 Pb 207.20 PLOMO	83 Bi 208.98 BISMUTO	84 Po (209) POLONIO	85 At (210) ASTATO	86 Rn (222) RADÓN
7	87 Fr (223) FRANCIO	88 Ra (226) RADIO	89 - 103 Ac-Lr Actínidos	104 Rf (267) RUTHERFORDIO	105 Db (268) DUBNIO	106 Sg (271) SEABORGIO	107 Bh (272) BOHRIO	108 Hs (277) HASSIO	109 Mt (276) MEITNERIO	110 Ds (281) DARMSTADTIO	111 Rg (280) ROENTGENIO	112 Cn (285) COPERNICIO	113 Nh (284) NIHONIO	114 Fl (289) FLEROVIO	115 Mc (288) MOSCOVIO	116 Lv (292) LIVERMORIO	117 Ts (294) TÉNESO	118 Og (294) OGANESÓN

57 La 138.91 LANTANO	58 Ce 140.12 CERIO	59 Pr 140.91 PRASEODIMIO	60 Nd 144.24 NEODIMIO	61 Pm (145) PROMETIO	62 Sm 150.36 SAMARIO	63 Eu 151.96 EUROPIO	64 Gd 157.25 GADOLINIO	65 Tb 158.93 TERBIO	66 Dy 162.50 DISPROSIO	67 Ho 164.93 HOLMIO	68 Er 167.26 ERBIO	69 Tm 168.93 TULIO	70 Yb 173.05 YTERBIO	71 Lu 174.97 LUTECIO
89 Ac (227) ACTINIO	90 Th 232.04 TORIO	91 Pa 231.04 PROTACTINIO	92 U 238.03 URANIO	93 Np (237) NEPTUNIO	94 Pu (244) PLUTONIO	95 Am (243) AMERICIO	96 Cm (247) CURIO	97 Bk (247) BERKELIO	98 Cf (251) CALIFORNIO	99 Es (252) EINSTEINIO	100 Fm (257) FERMIO	101 Md (258) MENDELEVIO	102 No (259) NOBELIO	103 Lr (262) LAWRENCIO

Número atómico — 5
Masa atómica — 10.811
Símbolo — B
Nombre del elemento — BORO

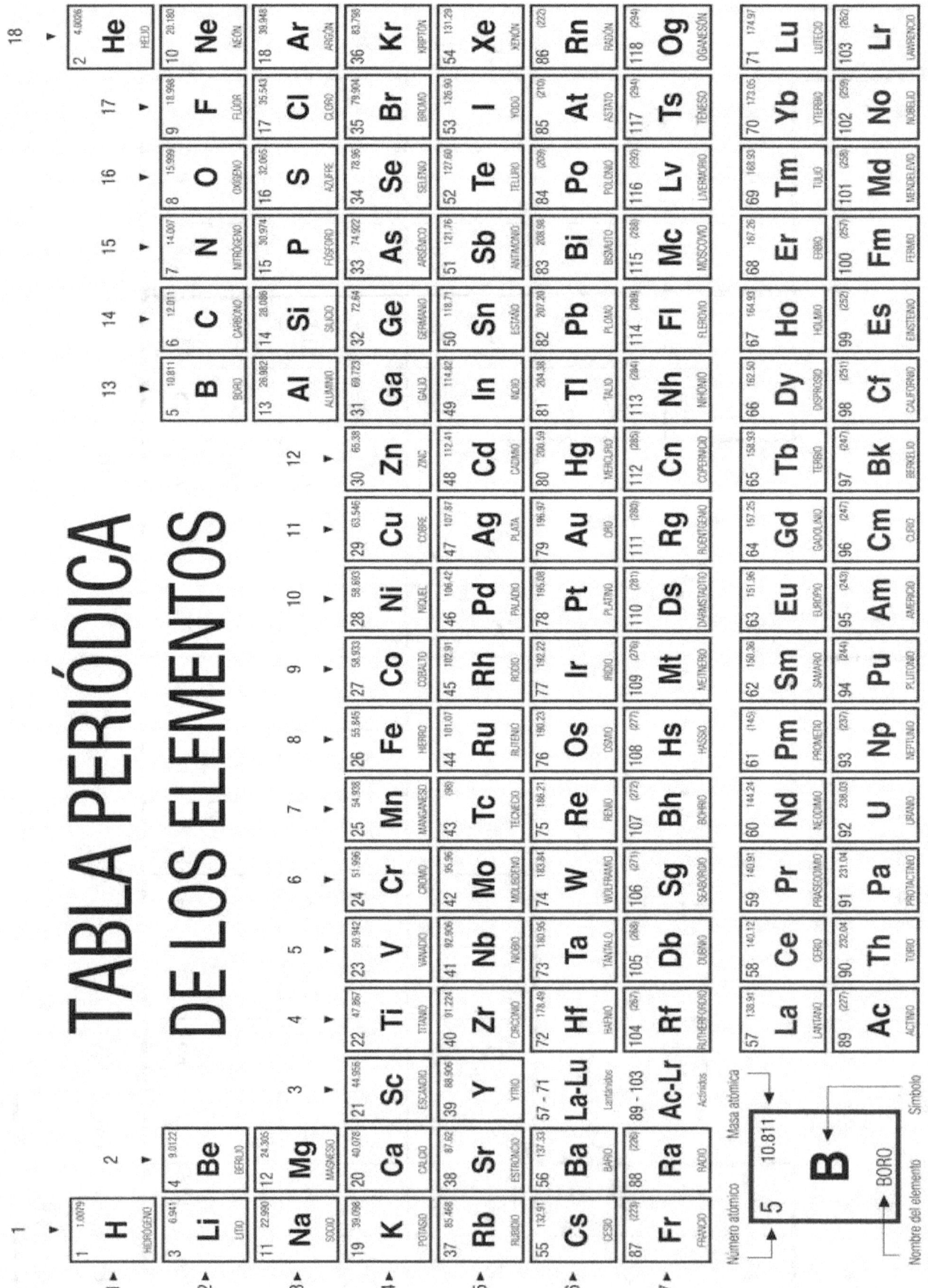

www.ingramcontent.com/pod-product-compliance
Lightning Source LLC
Chambersburg PA
CBHW080908170526
45158CB00008B/2031
* 9 7 8 1 0 9 6 6 7 1 6 5 7 *